U0367619

鄱阳湖枯水情势与湿地植被生态特征研究

李相虎　叶许春　徐力刚　张　丹 等著

南京大学出版社

图书在版编目(CIP)数据

鄱阳湖枯水情势与湿地植被生态特征研究 / 李相虎等著. —南京：南京大学出版社，2023.12

ISBN 978-7-305-27147-2

Ⅰ.①鄱… Ⅱ.①李… Ⅲ.①鄱阳湖—干旱—水文情势—研究 ②鄱阳湖—沼泽化地—植被—生态特性—研究 Ⅳ.①P333 ②Q948.52

中国国家版本馆CIP数据核字(2023)第129784号

出版发行 南京大学出版社
社　　址 南京市汉口路22号　　邮　编 210093

书　　名 **鄱阳湖枯水情势与湿地植被生态特征研究**
POYANGHU KUSHUI QINGSHI YU SHIDI ZHIBEI SHENGTAI TEZHENG YANJIU
著　　者 李相虎　叶许春　徐力刚　张　丹　等
责任编辑 田　甜　　编辑热线 025-83593947

照　　排 南京开卷文化传媒有限公司
印　　刷 南京凯德印刷有限公司
开　　本 718 mm×1000 mm　1/16　印张 15.25　字数 250千
版　　次 2023年12月第1版　2023年12月第1次印刷
ISBN 978-7-305-27147-2
定　　价 178.00元

网　　址：http://www.njupco.com
官方微博：http://weibo.com/njupco
微信服务号：njuyuexue
销售咨询热线：(025)83594756

* 版权所有，侵权必究
* 凡购买南大版图书，如有印装质量问题，请与所购图书销售部门联系调换

前言

鄱阳湖是我国最大的淡水湖泊，也是目前长江中游为数不多的典型的大型通江湖泊之一。鄱阳湖面积与容积巨大，是我国重要的战略水源地，在调节长江洪水、维持长江中下游水资源供给等方面具有重要作用。同时，鄱阳湖湿地是亚洲最为重要的越冬候鸟栖息地，已被列入国际重要湿地名录。而且，鄱阳湖独特的湿地生态系统，具有极其丰富的湿地植被资源与物种多样性，发挥着巨大的生态服务功能，对调节长江中下游地区水量平衡与生物地球化学循环等都具有不可替代的作用。

鄱阳湖与周围水系的水量交换关系复杂，特殊的地理环境再叠加气候变化与人类活动的影响，使该区域成为我国洪旱灾害最严重的地区之一。观测数据表明，历史上鄱阳湖区域洪涝灾害频繁出现，仅 20 世纪 90 年代，大的洪涝灾害就有 4 次，比历史上任何时段都更为频繁。其中，1998 年特大洪水湖口实测水位最高达 22.59 m，为当时有记录以来的最高水位。近期 2019—2020 年，鄱阳湖又连续出现大洪水，2020 年 7 月 13 日星子站实测水位达 22.60 m，超警戒水位 3.6 m，更是刷新了 1998 年大洪水的最高水位纪录，导致 673.3 万人和 74.2 hm^2 农作物受灾，直接经济损失超 310 亿元。另一方面，受气候变化与人类活动的双重影响，鄱阳湖区的干旱问题更为严峻。尤其是 2003 年以来，受流域及湖区强人类活动的干扰和长江上游大型水利工程的影响，江湖关系变化，水量平衡关系改变，使鄱阳湖季节性水资源紧张、汛后水位消退加速、湖泊萎缩等干旱化问题日益严重，枯水位屡创新低，引起了社会各界的广泛关注。特别是2022年8月鄱阳湖提前100天进入枯水期，创71年来最早纪录，出现“汛期反枯”的罕见现象，并于9月23日刷新有记录以来历史最低水位(7.11 m)。枯水位降低，枯水期提前，枯水持续时间延长以及春夏连旱，伏秋连旱，这是近年来鄱阳湖区干旱特征的集中写照。

鄱阳湖极端水情频繁出现，打破了湿地生态系统与周期性水文变化之间的动态平衡，易使湿地生态系统发生质的变化。尤其是湖区干旱不断加剧，已严重影响湿地植被群落演替过程与分布格局，影响湿地植被生态系统的结构与功能，甚至威胁整个湿地生态系统的完整性和稳定性，鄱阳湖面临前所未有的水安全和生态安全压力。保障长江中下游水安全，确保鄱阳湖河—湖系统的健康格局，维持湿地生态服务功能，避免生态灾变，这已成为国家亟须研究和解决的重大科技问题。

在国家重点研发计划项目“长江中下游湖泊变化水生态环境效应调控与功能提升关键技术”(2022YFC3204102)和“大湖流域生态—水安全保障关键技术研究及应用示范”(2018YFE0206400)、国家自然科学基金面上项目“鄱阳湖极端水情对典型洲滩湿地植被群落稳定性的影响机制”(41871093)和“通江湖泊水文变异的复合驱动机制及洪泛湿地生态效应”(42071028)、江西省重点研发计划项目“河湖水质安全监测创新技术研发与应用”(20212BBG71002)、江西省重大科技研发专项“揭榜挂帅”项目“鄱阳湖水量水质水生态协同治理与安全保障关键技术研究及示范”(20213AAG01012)以及江西省赣鄱俊才支持计划—主要学科学术和技术带头人培养项目“干旱加剧对鄱阳湖湿地植被生产力及水分利用效率的影响机制”(20232BCJ22011)等项目的资助下，本书开展了鄱阳湖枯水情势及其对典型湿地植物群落动态特征的影响研究，分析了鄱阳湖流域水储量变化及枯水特征，明确了鄱阳湖—流域—长江系统水文干旱联合概率特征及干旱传递过程与多因素驱动机制，阐明了鄱阳湖湿地景观类型空间格局及转移变化过程，揭示了典型湿地植物群落稳定性变化及生物量、NPP时空分布格局对水情变化的响应关系。对这些问题的深入研究，是科学应对鄱阳湖极端干旱事件，实现趋利避害，保障湖泊水安全的迫切需要，也是湿地生态系统保护与功能提升研究工作在新形势下的新要求。本书可为研究鄱阳湖极端枯水的发生机理和揭示鄱阳湖极端水文事件的生态环境效应提供重要的科技支撑，也为衡量鄱阳湖湿地生态系统健康状况和可持续发展水平、提高湿地生态系统稳定性与抵抗力、保障湿地生态服务功能等提供重要参考。

本书共分前言和八个章节，李相虎负责全书总体框架的构思。前言由李相虎、徐力刚撰写；第一章由李相虎、张丹、叶许春、徐力刚撰写；第二章由张丹、叶许春、李相虎撰写；第三章由李相虎、李珍、张丹撰写；第四章由叶许春、李相虎撰写；第五章由李相虎、蔺亚玲、叶许春、谭志强撰写；第六章由李相虎、蔺亚玲、薛晨阳、谭志强撰写；第七章由叶许春、孟元可撰写；第八章由李相虎、叶许春、徐力刚、张丹撰写。

本书成果得到了中国科学院南京地理与湖泊研究所鄱阳湖湖泊湿地综合研究站和中国科学院流域地理学重点实验室的大力支持，在此表示诚挚感谢。

希望本书可为长期关注并从事鄱阳湖相关研究的同行提供借鉴。由于作者水平有限，书中疏漏和不妥之处在所难免，恳请广大读者批评指正。

目 录

第一章　绪论

1.1　问题的提出

湖泊是地球陆地表层水体的重要组成部分，在水文循环、水量调节、区域社会经济发展、生物多样性保护以及为人类社会提供淡水和食物来源等方面发挥着重要作用(Maltby et al.,2011;张奇　等,2020;谭志强　等,2022)。据统计，全球共有150多万个面积大于0.1 km^2 的湖泊，总面积达 2.7×10^6 km^2，占陆地总面积的2%(南极洲冰川和格陵兰除外)(GLWD,Global Lakes and Wetlands Database)，总容积达 181.9×10^3 km^3(Messager et al.,2016;Woolway et al.,2020;张奇　等,2020);面积大于0.01 km^2 的湖泊数量甚至可能超过1 500万个(Lehner et al.,2004)。而我国的湖泊数量也众多，且分布广泛、类型多样，2005—2006年的第二次湖泊调查表明，全国共有1 km^2 以上的自然湖泊2 693个，总面积81 414.6 km^2，约占全国国土面积的0.9%，青藏高原和东部平原地区是我国湖泊分布最为集中的区域(马荣华　等,2011)。

近年来，在全球变化的影响下，热浪和暴雨的强度及频率都呈现增加的趋势，导致湖泊极端水文事件的发生频率及强度呈增加、增强趋势，严重威胁了湖区沿岸人类生命财产安全，并对水生生态、湿地生态系统带来了复杂的影响(Shabani et al.,2020; Sun et al., 2018; Ung et al., 2019; 李群　等, 2020; 欧朝敏　等, 2011)。国际水文计划政府间理事会第20届会议通过了以“水安全:应对地方、区域和全球挑战”为主题的国际水文计划第八阶段(IHP-Ⅷ,2014—2021)执行概要，而“与水有关的灾害和水文变化”主题是该阶段关注的首要重点问题。因此，研究全球变化下湖泊极端水文事件的发生机理及其生态环境效应，是当前水文水资源领域研究的重大热点问题之一，对湖泊防洪抗旱减灾与可持续发展具有重要的现实意义。

鄱阳湖是我国第一大淡水湖泊，也是长江中游重要的自然通江湖泊之一，是重要的天然径流调节库。鄱阳湖承纳赣江、抚河、信江、饶河、修水五大河及环湖区间来水，经湖盆调蓄后由湖口北注长江，形成完整的鄱阳湖水系。鄱阳湖流域面积16.2万km^2，约占长江流域面积的9%，年均径流量占长江流域年均径流量的16.3%，每年注入长江的水量超过黄河、海河、淮河的径流总量，承担着保障长江中下游水安全和生态安全的重要使命(胡振鹏 等，2009；2010)。鄱阳湖是一个季节性吞吐型湖泊，其水位受流域内五河入湖水量和长江顶托拉空作用的双重影响，无论是年内还是年际间，湖泊水位和面积变幅巨大。年内水位变幅在9.79～15.36 m，而年际间的水位差异更大，最高、最低水位差达16.68 m。正是由于鄱阳湖水位的这种巨大变幅，湖泊在一年内呈现交替扩大和缩小，对应的湖泊面积在洪水期可达近4 000 km^2，而在枯水期不足1 000 km^2，形成了鄱阳湖"洪水一片，枯水一线"的独特景观(胡振鹏 等，2010)。

季节性的水位波动使得鄱阳湖洲滩呈现出周期性的淹没与出露，形成了众多的浅水洼地和大面积的洲滩湿地(刘青 等，2012)。鄱阳湖湿地具有极其丰富的湿地植被资源与物种多样性(黄金国 等，2007)，是我国湿地生态系统中生物资源最丰富的地区，是众多野生植物的物种宝库。鄱阳湖湿地也是被首批列入《世界重要湿地名录》的国际重要湿地，巨大的湿地面积为候鸟提供了广阔的栖息地和丰富的食物来源，是亚洲最大的冬季候鸟栖息地，也是世界最大的白鹤越冬地。同时，鄱阳湖湿地在涵养水源、调蓄洪水、调节气候、净化水质、控制侵蚀、保护土壤以及维持生态平衡与生物多样性等方面发挥着巨大的生态服务功能，对调节长江中下游地区水量平衡与生物地球化学循环等都具有重要意义(王晓鸿，2005；朱海虹 等，1997)。

然而，受气候变化与人类活动的双重影响，近年来鄱阳湖水文情势发生了巨大变化，主要表现为季节性水资源紧缺、汛后水位消退加速、湖泊面积萎缩等一系列干旱化问题。尤其是2003年以来，受流域及湖区强人类活动的干扰和长江上游大型水利工程的影响，江湖关系变化，水量平衡关系改变，湖区干旱事件更为频繁，且日趋严重，引起了社会各界的广泛关注。如2003年、2006年、2007年、2011年、2014年、2015年、2017年、2018年湖区都发生了持续性的严重干旱，枯水位屡创新低。人民网、《光明日报》、网易新闻、《江西日报》等主要媒体有关鄱阳湖干旱的报道累计达4 000多次，*Nature* 等国际顶级刊物也多次发文关注(Lu et al.，2011；Qiu，2011)。特别是

2022 年 8 月 6 日鄱阳湖提前进入枯水期，为 1951 年有记录以来最早进入枯水期的年份，较原最早进入年份（2006 年 8 月 22 日）提前 16 天，较 1951—2002 年平均出现时间提前 100 天，较 2003—2021 年平均出现时间提前 69 天，并于 9 月 23 日刷新有记录以来历史最低水位（7.11 m）。枯水位降低，枯水期提前，枯水持续时间延长以及春夏连旱，伏秋连旱，这是近年来鄱阳湖区干旱特征的集中写照。

鄱阳湖区干旱不断加剧，使得鄱阳湖湿地系统正面临着生态退化、演替速率加快、固碳功能下降、物种多样性减小等一系列威胁（Han et al.，2015；刘旭颖 等，2016）。枯水期提前使得高位滩地提前出露，湿地面积破碎化，植被出现明显的矮化和旱化趋势（胡振鹏 等，2010）。高位滩地的芦苇群落分布面积萎缩，而苔草群落不断向湖心扩展。同时，湿地植被生物量整体下降，苔草群落生物量下降了近 2/3，芦苇群落生物量不足 20 年前的 1/10（吴建东 等，2010）。枯水期水位的提前下降还使得沉水植被大量死亡，处于水陆过渡带的湿地植物物种多样性减少。此外，由于干旱对植被的影响具有累积和滞后效应，因此干旱事件结束后仍然对植被的水分传导属性及生理生态等持续产生影响（Huang et al.，2018）。这些变化已严重影响了鄱阳湖湿地生态系统的完整性和稳定性，威胁整个湿地生态系统的结构与功能。

1.2 国内外研究进展

1.2.1 湖泊极端水文情势

（1）湖泊极端水文事件的定义与识别方法

湖泊极端水文事件指在特定时间尺度上湖泊水文过程发生的小概率事件，一般具有相对水文极值、持续一定的时间、对湖泊水安全和水生态环境产生了严重的影响等特征（Beniston et al.，2007；Lei et al.，2019；张利平 等，2011）。研究湖泊极端水文事件最常用的水文变量是湖泊降水和水位，这些变量相对易于获取且时间序列较长，对湖泊水文特征的描述最为直观（Alsdorf et al.，2000；Carter et al.，2018；Li et al.，2018；Zhang et al.，2018；李云良 等，2015；王鹏 等，2014）。随着遥感技术和水文水动力模型的不断发展，湖泊水面积、蓄水量、流速、洲滩湿地的淹没面积等水文变量也逐渐被用来研究湖泊极端水文事件，这些变量的使用对于进一步探索极端水文事件对湿地生态水文过程、湖泊水生态系统和水环境的影响具有非常重要的意义(Batt et al., 2017; Buma et al., 2019; Li et al., 2019; Tan et al., 2019; Zhang G et al., 2017; 边多 等, 2006)。

目前,关于湖泊极端水文事件的识别并没有统一的标准,其中湖泊水文极值的确定是湖泊极端水文事件识别的关键内容。湖泊水文极值的确定方法主要包括三种:① 经验法,主要根据湖泊水文变量(通常指水位)大小对当地生产和生活产生的影响来确定(Bolgov et al., 2017; Li et al., 2017; Yao et al., 2016; 闵骞 等, 2010);② 极值法,特定时间段内湖泊水文变量的最大/最小值(Carter et al., 2018; Klamt et al., 2020; Lei et al., 2019; Shankman et al., 2006; Zhang et al., 2018; Zhang et al., 2019; Zhu et al., 2019);③ 极值分布函数,水文变量的分布超过一定的概率,如广义极值分布函数、皮尔逊Ⅲ型函数、韦布函数等(Jalbert et al., 2019; Liu et al., 2016; Paynter et al., 2011; Zhang D et al., 2017)。根据研究的区域和时间尺度,不同的学者选择不同的湖泊水文变量和水文极值识别方法来识别相应的湖泊极端水文事件,进而对湖泊极端水文事件的基本特征进行分析,主要包括:极端事件的起止时间、持续时间、严重程度、峰值、发生频率、幅度、变化趋势等,这是湖泊极端水文研究中讨论最为广泛的部分(Buma et al., 2019; Kienzler et al., 2015; Lei et al., 2019; Liu et al., 2016; Nandintsetseg et al., 2007; Paynter et al., 2011; Shankman et al., 2006; Sun et al., 2018; Zhang D et al., 2017; Zola et al., 2006; 孙占东 等, 2015; 姚静 等, 2017; 赵化雄, 2003)。

(2) 湖泊极端水文事件成因的识别

湖泊极端水文事件的产生是流域入/出湖水文过程和湖泊自身水量收支过程共同作用的结果(Carter et al., 2018; Ghale et al., 2018; Lei et al., 2019; Satge et al., 2017; Sun et al., 2013; Zhang et al., 2014)。流域水文过程受到气候、土地利用/覆被变化和社会经济发展用水的综合影响,湖泊本身作为陆—气交互作用的特殊界面,水热条件(降水和蒸发)剧烈波动,加之湖区人类活动的影响,使得湖泊极端水文事件的成因异常复杂。常用的湖泊极端事件成因的识别方法可分为统计分析法和数值模拟法,其中统计分析法主要用于湖泊极端水文事件成因的定性识别,包括相关分析法和联合分布函数法(Assani et al., 2016; Biron et al., 2014; Ghale et al., 2018; Tian et al., 2014; Zhang D et al., 2017; 郭华 等, 2012; 李景保 等, 2011);数值模拟法主要用于湖泊极端水文事件成因的定量识别，包括机器学习法和水文水动力方法（Liu et al.，2018；Myronidis et al.，2012；Shiri et al.，2016；Sun et al.，2015；Zola et al.，2006；李云良 等，2015；姚静 等，2017）（图 1.1）。此外，基准期（未发生极端事件的时期）的选定是研究湖泊极端水文事件成因的前提，它直接影响到极端水文事件的归因结果。基准期的选定有两种：一是选择没有发生湖泊极端水文事件的历史时期；二是模拟没有发生湖泊极端水文事件时的假定情景。

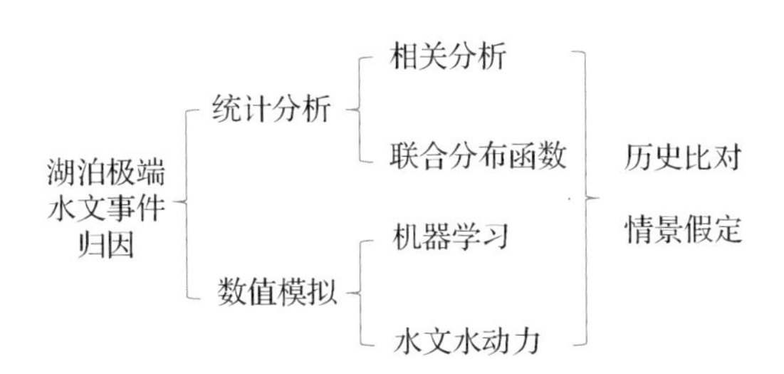

图 1.1 湖泊极端水文事件成因识别方法

大量的学者采用上述方法研究了流域来水、湖泊降水和蒸发、湖泊出流对极端水文事件的影响。其中，流域来水和湖泊本身的水量收支（降水和蒸发）作为极端水文事件产生的水分来源，是影响湖泊极端水文事件的关键因素，它们均受气象条件和人类活动的影响。为了更好地探讨湖泊极端水文事件的成因，粗略地将湖泊极端水文事件分为湖泊洪水事件和湖泊干旱事件。就湖泊洪水事件而言，其发生的主导因素一般是气象条件，即发生了极端来水或湖泊本身发生了极端降水事件（Abbasi et al.，2019；Bing et al.，2018；Carter et al.，2018；Li et al.，2016；Riboust et al.，2015；Shankman et al.，2012；匡燕鹉 等，2019；叶正伟，2006）。比如，Riboust 等（2015）采用水文水动力模型，发现气象条件是影响 2011 年安大略湖洪水事件的主要因素；匡燕鹉等（2019）采用统计分析法，发现 2017 年洞庭湖特大洪水是由流域极端来水和湖区极端降水共同引起的。相较于湖泊洪水事件，湖泊干旱事件的成因比较复杂。这是因为湖泊干旱事件涉及的各因素之间有着强烈的陆—气交互作用，且干旱事件的持续时间较长，影响范围较广，加之湖泊类型、所处气候区和研究尺度的差异，不同的研究得出的湖泊干旱事件的主导因素有所差异。主要包括：① 气象条件主导型。气象条件（降水、冰雪融水）引起的流域来水减少、湖泊降水减少和蒸发增加，是湖泊干旱发生的触发器，这种类型的湖泊干旱事件可发生于全球所有气候类型的湖泊(Tian et al., 2014; Yao et al., 2016; Zhang et al., 2009; 刘元波 等, 2014)。比如，Zhang 等(2009)采用统计方法，发现美国中部平原地区小型湖泊的干旱事件主要受到冰雪融水引起的入湖径流减少和蒸发增加的影响；Yao 等(2016)采用水文水动力模型，发现流域降水减少引起的入湖径流降低是 1963 年鄱阳湖春季干旱发生的主要原因。② 人类活动主导型。人类活动一方面影响入湖径流的大小(下垫面改变、人类取用水和水库调蓄)，另一方面直接影响湖泊的蓄水量(湖区人类取用水和围垦)，这种类型的湖泊干旱事件主要发生在水资源比较匮乏、人类活动强度较大的干旱区湖泊(Ghale et al., 2018; Satge et al., 2017; 王青 等, 2013)。比如王青等(2013)通过统计分析法，发现人类活动引起的入湖径流量减少是白洋淀发生干旱的主要原因；Ghale 等(2018)采用统计分析法，发现人类活动对 1999—2010 年伊朗西部的乌尔米亚湖干旱事件的贡献量为 72%～87%。值得注意的是，对于过水型湖泊和吞吐型湖泊而言，除了入湖水文过程、湖泊降水和蒸发的影响外，湖泊出流过程也是影响极端水文事件的重要因素(Biron et al., 2014; Li et al., 2017; Li et al., 2016; Yao et al., 2016; 赖锡军 等, 2008)。以鄱阳湖为例，Yao 等(2016)发现 2006 年秋季的鄱阳湖干旱是因为长江来水减少引起的拉空作用使得湖泊出流增加。

(3) 未来发展

总的来说，湖泊极端水文事件的研究取得了丰富的成果，这对区域水资源管理与湖泊水灾害事件的应对提供了科学参考。在以后湖泊极端水文事件的研究中，可以加强开展以下几个方面的工作：

① 自然波动和人为因素对入湖水文过程的影响方式与强度。入湖水文过程直接影响湖泊水文过程。气候变化、土地利用/覆被变化、社会经济用水和水库调蓄作为影响入湖水文过程的外部驱动力，均受到自然波动和人为因素的双重胁迫，尤其在人口众多、经济较为发达的湖泊—流域系统中，人为因素对入湖水文过程产生了深远的影响。辨识自然和人为因素对入湖水文过程的影响方式与程度，是从“山水林田湖草”出发，科学管理和调控湖泊—流域系统水安全的重要内容。

② 外部驱动力、流域水文极值与湖泊水文极值之间的传递与响应关系。对湖泊—流域系统而言，外部驱动、流域水文过程、湖泊水文过程具有显著的联动效应，气候、植被、社会经济用水、水库调蓄多因素共同作用于湖泊—流域系统的关键水文过

程，引起湖泊水文过程在较短的时间尺度上发生剧烈波动。因此，明确外部驱动力、流域水文与湖泊水文之间的传递与响应关系，是揭示湖泊水文极值生消机理的关键环节。

1.2.2 水情变化对湿地植被的影响

水文条件变化是控制湿地特征的关键因子，是湿地典型的扰动特征之一（徐治国 等，2006）。湿地水文条件对湿地生态系统结构和功能具有重要的影响作用，直接控制着湿地生态系统的形成和演化（邓伟 等，2003），控制着许多生态学格局和生态过程，特别是控制了基本的植被分布格局（黄奕龙，2003；李旭 等，2009），是湿地生态系统演替的主要驱动力（Maltchik et al.，2007）。湿地水文条件的轻微改变，如湿地水分条件和水位变化将直接影响湿地物种的萌发、存活、生长和繁殖（Dwire et al.，2006；章光新 等，2008；陈敏建 等，2008；Hammersmark et al.，2009）。研究发现，土壤近饱和或地表浅积水（0～3 cm）是芦苇根茎萌发的最适宜环境条件，地表水深 0 cm 时芦苇的萌发率达 90%，淹水 4 cm 时萌发率降低至 60%，而淹水 15 cm 时仅 2%（Yu et al.，2012）。此外，淹水时间和频率也会影响物种的萌发和幼苗生长。Casanova 等（2000）研究发现，完全不淹水条件下幼苗的生物量最大，而始终淹水显著降低了幼苗的植株密度和生物量，短频率的淹水会促进萌发期的物种丰富度。

水文条件变化也会影响湿地植物的生理活动，如光合作用、呼吸速率、细胞内的叶绿素和酶含量等。Li 等（2004）研究发现，淹水和间歇性淹水有利于提高香蒲的净光合速率、气孔导度和生物量，间接性干旱会降低香蒲叶片叶绿素含量和生物量。Pagter 等（2005）研究了不同水分胁迫程度对芦苇生理生态特征的影响，结果显示，极端干旱胁迫下芦苇 CO_2 同化速率和蒸腾速率显著减小，游离脯氨酸和渗透压增大，最终导致叶面积指数大大减小。Vretare 等（2001）对芦苇和莎草等湿生植物的研究表明，地上地下生物量比值与根茎直径会随着水深的增加而显著增大，同时发现，深水环境生长的芦苇株高更高，根茎埋深更浅，Engloner（2004）也有类似的发现。

水文条件的改变还可以影响植被空间分布格局和演替过程（李胜男 等，2008），导致生物区系在物种组成、物种丰富度和多样性以及生态系统生产力方面较大幅度的变化（Mitsch et al.，2000）。研究发现，湿地植物种具有沿水位梯度分布的格局，随着水位梯度的增加，植被群落优势种将经历“旱生—湿生—水生”的转变（田迅 等，2004）。如 Watt 等（2007）对地中海地区的季节性洪泛湿地的地下水位进行了实时监测和植被调查，结果表明夏、秋季节的平均地下水埋深是决定植被组成和分布的主要环境因素。Bornman 等（2008）通过典范对应分析发现南非河口湿地植被空间分布主要受土壤含水量和地下水埋深的共同影响。此外，周期性的高低水位交替变化有利于维持湿地生物多样性，有利于 r 策略物种的生存，这一结论已基本成为生态学界的共识（Riis et al.，2002）。进一步研究发现，流水环境及周期性高低水位交替变化可显著提高湿地的初级生产力，有利于维持湿地的生物多样性（Wagner et al.，2000）。而水位波动幅度和持续周期不同时，水位波动的影响效果也存在明显差别。如 Riis 等（2002）对新西兰 21 个湖泊湖滨植被群落的调查发现，当水位变幅接近 1 m 时，30 d 左右的出露期对维持当地植物群落物种多样性最为有利。Blanch 等（1999）的研究发现，湿地植物丰富度与水位波动过程中水深处于 0～60 cm 的淹没时间及1 m 以上的出露时间相关。

而极端的水文条件变化，如长期洪水或干旱，易使湿地生态系统发生质的变化，向水生或陆生生态系统转变，同时伴随植物物种的减少和生物多样性的下降（Bond et al.，2008）。如 1998 年大洪水导致鄱阳湖区水生植物生物量骤降，物种减少，湖区初级生产力降低。Gacia 等（1996）发现，在一次持续时间较长的洪水过后，原水韭属植物的生长位置上移，新的生存高度相应提升。Vandervalk 等（1994）对水位永久上升后湿地植被的调查表明，样区的物种数、根系密度和 Shannon-Wiener 多样性指数全面下降。而频发的干旱及其滞后作用也会对湿地植被的生长、演替以及生态系统结构和功能属性造成严重影响（Berdugo et al.，2020）。干旱期间水文连通性降低，阻碍了湿地斑块间的物质循环和能量流动，湿地景观类型会依据水文梯度发生变化（余新晓 等，2006）。随着干旱的持续，一些植物失去适宜生态位，造成湿地植被大面积死亡，植物群落构成发生变化，稳定性降低，原有湿地景观萎缩，并向均质化和旱化的方向发展（章光新 等，2008；陈敏建 等，2008）。持续性严重干旱甚至会直接改变整个湿地生态系统的原有结构，导致湿地植被生产力的下降和生态系统碳的流失（Huang et al.，2016），进而导致生态系统各项功能下降（Griffin-Nolan et al.，2018）。例如，Laine 等（1995）对排干 3～55 年的不同沼泽湿地进行研究，发现了以莎草种消失为显著特征的沼生植被向森林植被演替的过程，同时伴随着整个研究区的 γ 多样性显著降低。

总的来说，目前的研究对系统、全面地认识湿地植被对不同水文要素变化的响应产生了积极的作用。相对于周期性的水文要素波动变化而言，非周期性的极端水情变化对湿地生态系统的影响更大，会使湿地植被系统发生质的变化，但目前的研究涉及极端水情的不多，如何确定长时间淹水、干旱胁迫等极端水情条件对湿地植被时空分布格局和演替过程的影响以及如何确定典型湿地植被群落对于这些水情条件的耐受阈值，仍有待于进一步研究。

1.2.3 陆地植被 NPP 研究进展

陆地生态系统的碳循环过程通过一系列生物地球化学过程，吸收或释放 CO_2 和 CH_4 等温室气体，控制大气以及地表的能量和水分交换，从而显著影响未来的气候状态，已成为当前全球变化研究的一个热点问题(朴世龙 等，2019；张婷 等，2022；曹明奎 等，2004；Lu et al.，2018；He et al.，2019；杨元合 等，2022；Krüger et al.，2022)。陆地生态系统的净初级生产力(NPP)指绿色植物在单位面积、单位时间内所累积的有机物数量，表现为光合作用固定的有机碳中扣除植物本身呼吸消耗的部分，这一部分用于植被的生长和生殖，也称净第一性生产力。NPP 作为地表碳循环的重要组成部分，不仅直接反映了植被群落在自然环境条件下的生产能力，表征陆地生态系统的质量状况，而且是判定生态系统碳源/碳汇和调节生态过程的主要因子，在全球变化及碳平衡中扮演着重要的作用(方精云 等，2001；Running et al.，2004；Xu et al.，2019)。

由于植被 NPP 在陆地碳循环中的重要性，所以准确估算植被 NPP 至关重要。早期的 NPP 估算主要基于实地站点测量，测量方法主要有直接收割法、光合作用测定法、微根管法、CO_2 测定法等(贺金生 等，2004；Ni，2004)。然而，实测法虽精度较高，但是其只能适用于点式 NPP 测定及小范围观测。模型模拟法是通过构建数学模型来进行生态系统碳循环模拟和生产力定量估算的方法，方法机理性强但模型参数数据不易获取。随着对陆地生态系统 NPP 研究工作的深入开展，以及航天、遥感、GIS 和计算机技术的快速发展，大量基于遥感的 NPP 估算模型先后出现，为区域和全球尺度的 NPP 估算及相关应用研究带来了新的活力。到目前为止，各种建立的碳循环模型大致可以总结为四类：气候生产力模型、生态过程模型、光能利用率模型以及生态遥感耦合模型(洪长桥 等，2017)。现如今，国内外针对陆地植被生产力的研究已然取得了长足的进展，但是由于陆地表层系统的高度空间异质性，不同模型在参数、结构方面的差异以及输入数据的影响，碳循环模型的模拟结果往往存在较大的不确定性（Verbeeck et al.，2006；Cramer et al.，2010）。目前，相对成熟的光能利用率模型，由于区域尺度转化容易，所需参数较少，通过遥感可以直接获得大量输入数据，在大范围生态系统模拟中具有一定的优势和可靠性，是陆地生态系统生产力估算比较好的方法之一（赵国帅 等，2011）。此类模型的代表有 CASA、GLO-PEM、SDBM 等，其中，CASA 模型由于操作简单、精度高而被广泛应用于不同区域和尺度的 NPP 估算（董丹 等，2011；孟元可 等，2018）。

植被 NPP 受气候条件以及下垫面土地利用/覆盖变化、生态工程建设、城市化扩张等多种因素的影响，其动态变化过程相当复杂。气象因素决定了区域水热条件，直接影响植被生长。研究表明，在全球尺度上，陆地生态系统生产力呈纬向分布规律，低纬度地区高于高纬度地区，纬度每升高 1°，NPP 减少 11.05 $g\ C \cdot m^{-2} \cdot a^{-1}$（Ji et al.，2020；Wu et al.，2020）。主要气候因子中，温度与植被生长呈正相关，而降水的影响则随地区湿度而变化（Yu et al.， 2013；Xu et al.，2014）。在干旱半干旱地区，植被生长主要受降水控制，温度和辐射的影响相对较弱（Austin et al.，2006）。在机制上，气候变化对植被生产力的影响主要通过影响光合作用、呼吸和土壤有机碳的分解过程来实现（Chiew et al.，1995；Schreider et al.，1996）。人类活动作用是引起植被 NPP 变化的另一个重要驱动因素。土地利用变化和城市化通过改变陆地生态系统的碳储量和通量进而影响碳循环（Hutyra et al.，2011）。城市化是人类活动引起植被 NPP 变化的关键驱动因素之一，其作用机制也很复杂。研究表明，1992 年至 2000 年，由于城市化的发展，美国东南部的年均 NPP 下降了 0.4%（Milesi et al.，2003）。在中国长江三角洲的城市地区，城市化进程在 1999—2010 年造成了 4.7 $g\ C \cdot m^{-2} \cdot a^{-1}$ 的 NPP 下降趋势（Wu et al.，2014）。

值得注意的是，20 世纪中期以来，以全球变暖为主要特征的气候变化，使得全球和区域水分循环加速，导致极端气候干湿事件的频率和强度明显增加，对陆地生态系统的结构和功能产生了深远的影响，已成为当今研究的热点（朴世龙 等，2019；Jiang et al.，2020；齐贵增 等，2021）。Hilker 等（2014）指出自 2000 年以来，降雨量的减少已经降低了亚马孙大部分地区的植被绿色度，在厄尔尼诺事件期间，NDVI 在高达 10% 的范围内降低了约 16.6%。John 等（2013）对蒙古高原的研究发现，沙漠生物群落比草原生物群落更容易受到干旱的影响。Song 等（2019）发现我国西南地区 2009—

2010 年冬春干旱期间植被覆盖度和 NPP 下降，2011 年夏季干旱期间植被变绿，NPP 增加。尽管不同陆地生态系统对极端气候的敏感性不同，但干旱在不同陆地生态系统中无疑是驱动 NPP 减少的主要因素之一。如果气候变化诱导的干旱持续增强，将会通过“碳—气候”正反馈调节而加速全球变暖（Ivits et al.，2014；Ma et al.，2012），从而产生更加严重的干旱，并且可能会导致生态系统不可逆的退化。干旱同时也影响生态系统中的植被生长，不同植被在应对干旱时的不同生理反应决定了对水亏损的抵抗力稳定性和恢复力稳定性的水平（Vicente-Serrano et al.，2013）。极端气候事件对生态系统具有较大的负面影响，彻底理解生态系统对极端气候变化的响应，不仅对提高全球变化情景下植被转移预测精度具有重要理论意义，而且对提高气候波动和气候变化对植被造成的脆弱性认知具有重要的科学价值。

湿地生态系统作为陆地与水体的过渡生态系统类型，与海洋、森林并称为全球三大生态系统，在世界各地分布广泛，约占全球陆地总面积的 6%（刘红玉 等，2003）。相比于其他生态系统，湿地生态系统具有更高的生产力和碳元素密度，全球湿地总碳储量约占陆地生态系统总储量的 14%（Sharifi et al.，2013）。湿地的水文特征独特，既不同于排水良好的陆地生态系统，也相异于开放式的水生生态系统，其独特性也使得湿地系统在防御洪水、净化水质、涵养水源、固碳释氧、调节区域气候、保护物种多样性以及维护生态系统平衡等各个方面均发挥着不可替代的重要作用（崔保山 等，2006）。目前，国内区域性 NPP 的模拟研究主要集中在青藏高原（沃笑 等，2014）、内陆干旱区（龙慧灵 等，2010）、西南（董丹 等，2011）以及东北（Mao et al.，2014）等地的生态敏感区，植被类型主要集中于林地、草地、沼泽湿地等，这些重点研究区域植被 NPP 往往受气候变化（气温、降水、辐射等）影响较为显著。然而，与通常的陆地生态系统不同，水文条件的变化对通江湖泊洪泛湿地植被发育及 NPP 时空格局变化有着不可忽视的作用。当前，受制于高时空分辨率植被覆盖数据以及不同植被生物量获取的困难，有关长江中下游通江湖泊洪泛湿地植被 NPP 时空变化的系统研究还很少见。孟元可等（2018）曾利用多源遥感数据，并借助采用改进 CASA（Carnegie-Ames-Stanford-Approach）模型，模拟分析了 2000—2015 年鄱阳湖区 NPP 的时空变化状况。该研究指出，通过构建高时空分辨率卫星遥感数据驱动的生态模型，是研究高动态洪泛湖泊湿地生态系统 NPP 动态的最有效方法。

1.2.4 鄱阳湖湿地植被与水文过程关系研究

鄱阳湖洪泛湿地是典型的水陆界面频繁交换的湿地类型,湖泊水位变化是鄱阳湖湿地植被群落分布及演替的主控因子(胡振鹏 等,2010)。湖泊水位的巨大变幅引起了鄱阳湖洲滩出露面积变化,进而决定了湿地面积在时间和空间上的剧烈变化(Feng et al.,2012;谢冬明 等,2011),影响了湿地植被空间分布格局及生物量的变化(叶春 等,2013)。同时,受水位梯度的影响,各典型植被群落占据特定的水分生态位空间,呈现出沿水岸线呈条带状、环状分布的总体格局(胡振鹏 等,2010)。针对水情变化驱动鄱阳湖湿地植被生态响应,目前已开展了大量研究,如葛刚等(2011)通过野外调查发现,鄱阳湖洲滩湿地植被对水分梯度的依赖性是种群分布格局形成的主要原因。周云凯等(2017)利用实地测量数据,结合遥感与GIS技术研究了鄱阳湖湿地洲滩优势植物灰化苔草的固碳功能及其空间分异,发现灰化苔草全年固碳量约为88.15×10^4 t,年均固碳能力远高于其生长季内的碳释放能力,是鄱阳湖湿地的一个重要碳汇。他还进一步揭示了灰化苔草种群生产力对水淹条件和干旱胁迫的响应规律(周云凯 等,2018)。张丽丽等(2012)以鄱阳湖自然保护区为研究对象,通过构建植被群落—水文参数直方图和计算敏感性指数,分析了不同植被群落对水文条件变化的耐受性和敏感性。余莉等(2011)、吴琴等(2012)、胡豆豆等(2013)、许秀丽等(2014)通过对鄱阳湖典型洲滩湿地不同植被类型地下水、土壤水的变化特征及生物量的测定分析,发现水位降低是导致苔草生物量减少的主要因素。王鑫等(2019)还研究了不同土壤湿度条件下鄱阳湖湿地3种优势植物芽库萌发和生长的影响,发现南荻和虉草芽的萌发率随土壤湿度的增加呈现先升高后降低的趋势,而灰化苔草芽的萌发率随土壤湿度的增加而显著下降。薛晨阳等(2022)对鄱阳湖湿地植物群落稳定性的最新研究发现,芦苇+南荻群落和狗牙根群落的稳定性与湖泊水情及洲滩土壤水分变化存在明显的关系。

除野外调查与原位监测研究外,部分学者还专门通过控制实验揭示湿地植被特征对特定水情变化的响应机制。如游海林等(2013)通过盆栽控制实验研究了鄱阳湖典型植被根系生长对极端水情条件的响应,结果显示极端旱化处理下植物主根长度显著高于须根长度。冯文娟等(2018;2020)开展了不同地下水埋深及淹水情景对灰化苔草种群生理生态指标影响的控制实验,发现株高和叶宽随着地下水埋深的增加而减小，而夏季淹水时长增加会阻碍秋季植被的生长恢复，但可能会对第二年春季的萌发产生促进作用。李文等（2018）、陈亚松（2020）也通过类似的控制实验分别研究了不同淹水深度、淹水时长对鄱阳湖洲滩湿地植物生长、功能性状及生物量的影响。

此外，在景观尺度，诸多学者还借助卫星遥感手段，通过对鄱阳湖湿地植被生物量和分布面积等进行遥感定量，从而揭示不同时期洲滩出露面积、植被空间分布与水位变化的响应关系。如叶春等（2014）利用长期卫星遥感数据，结合植被生物量野外调查，以2003和2006年极端干旱年份为例，从湿地植被面积、生物量密度和总生物量的角度分析了鄱阳湖湿地植被生物量对于极端干旱的响应。吴桂平等（2015）通过MODIS植被指数产品和同期的植被生物量调查，对鄱阳湖湿地2000—2011年植被生物量及生物量密度进行了有效重建，发现植被群落生长分布具有特定的季相变化特征，鄱阳湖水位的周期性涨落是影响其变化的一个重要扰动因子。张方方等（2011）、戴雪（2015）的研究也有类似结论。史林鹭等（2018）基于MODIS增强植被指数EVI数据，并利用EVI时间序列模型研究了水文连通性对鄱阳湖湿地植被覆盖和生产力时空动态的影响。杜飞（2018）基于Landsat TM/ETM^{+}遥感影像数据，还从鄱阳湖湿地生态景观变化的角度分析了其对低枯水位的响应特征。

目前，对于鄱阳湖湿地植被的研究成果颇丰，也为进一步揭示鄱阳湖湿地植被群落分布格局及其演替过程等提供了很好的基础。但总体来看，已有成果主要侧重于鄱阳湖湿地植被群落分布、景观格局及生物多样性等方面的研究，对洪泛湿地景观类型的转移过程、植被群落稳定性变化以及湿地植被NPP等研究存在不足，尤其是近年来鄱阳湖极端水情频繁出现，如何定量识别以洪涝、干旱等为主的极端水文情势对鄱阳湖湿地植被群落结构、功能及稳定性的影响是当前亟待解决的科学问题，具有现实紧迫性。

1.3 鄱阳湖概况

1.3.1 鄱阳湖自然属性

鄱阳湖（28°24′～29°46′N，115°49′～116°46′E）位于江西省境内北部，长江中游南岸，在湖口与长江连通，是我国最大的淡水湖泊。鄱阳湖南北长约173 km，东西平均宽度约17 km，最大宽度约74 km，最窄处宽度约2.8 km，平均水深8.4 m，最深处

25.1 m左右，湖岸线曲折复杂，总长度约1 200 km(朱海虹 等，1997)。鄱阳湖是江西人民的“母亲湖”，素有“鱼米之乡”“赣抚粮仓”的美誉。

鄱阳湖以松门山为界，分为南北两部分。南部水面开阔，宽度达到50～70 km，为主湖区；北部为入江通道区，因受两侧山地约束，水域狭长，呈瓶颈状，宽度一般为5～8 km，其中湖口区因梅家洲自西向东伸展，宽度仅有1.5～2 km，成为长江与鄱阳湖水

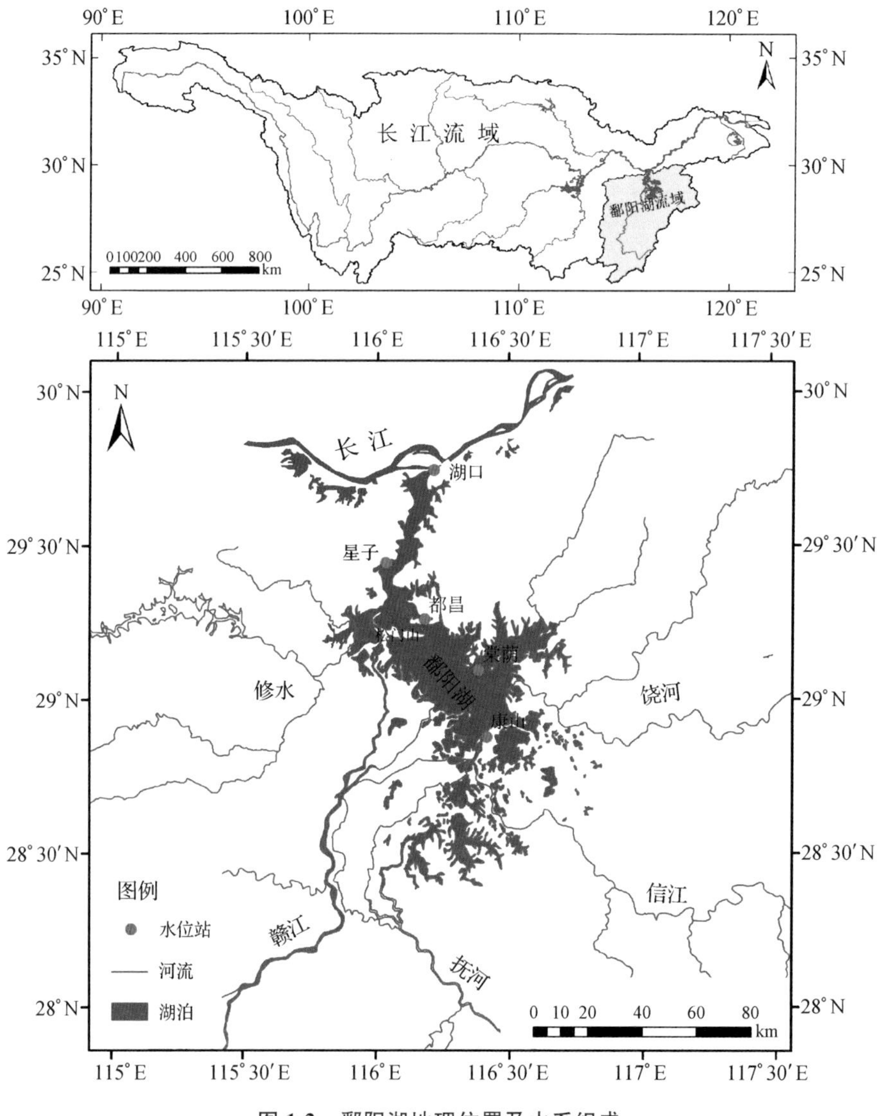

图1.2 鄱阳湖地理位置及水系组成

沙交换的咽喉通道(朱海虹 等,1997)。鄱阳湖湖盆地形复杂,总体呈现南高北低态势,最大高程差可达 13 m。湖区地貌由水道、洲滩、岛屿、内湖及汊港组成,湖中有 25 处共 41 个岛屿,岛屿率为 2.5%(黄国勤,2010;周文斌 等,2011)。

鄱阳湖承纳江西省境内赣江、抚河、信江、饶河、修水五大河及环湖区间来水,经湖盆调蓄后由湖口北注长江,形成完整的鄱阳湖水系。其中,赣江位于鄱阳湖西南部,是鄱阳湖最大入湖水系,平均每年入湖水量约为 680 亿 m^3,约占入湖总水量的 56.1%;抚河位于鄱阳湖南部,平均每年入湖水量约为 127 亿 m^3,约占入湖总水量的 10.5%;信江位于鄱阳湖东南部,平均每年入湖水量约为 181 亿 m^3,约占入湖总水量的 14.9%;饶河位于鄱阳湖东北部,包括南支乐安河和北支昌江,平均每年入湖水量约为 118 亿 m^3,约占入湖总水量的 9.7%;修水位于鄱阳湖西北部,平均每年入湖水量约为 106 亿 m^3,约占入湖总水量的 8.7%(张奇,2018)。

1.3.2 鄱阳湖水文

受流域内"五河"入湖水量和长江顶托倒灌的双重影响,鄱阳湖水位在年内存在明显的季节波动。4—5 月随五河洪水入湖,湖水位开始上涨,6—8 月因长江洪水顶托或倒灌而维持高水位,至 9 月随着长江顶托作用减弱开始稳定退水,11 月进入枯水期,并一直延续至次年 3 月。年内水位变幅在 9.79~15.36 m,而年际的水位差异更大,最高、最低水位差达 16.68 m,对应的湖泊面积相差 22 倍,湖泊容积相差达 56 倍(崔奕波 等,2005;揭二龙 等,2007)。高水位时,湖水漫滩,湖面可达近 4 000 km^2;进入枯水期后,湖面缩小,滩地出露,湖泊面积不足 1 000 km^2(朱海虹 等,1997;胡振鹏 等,2010)。

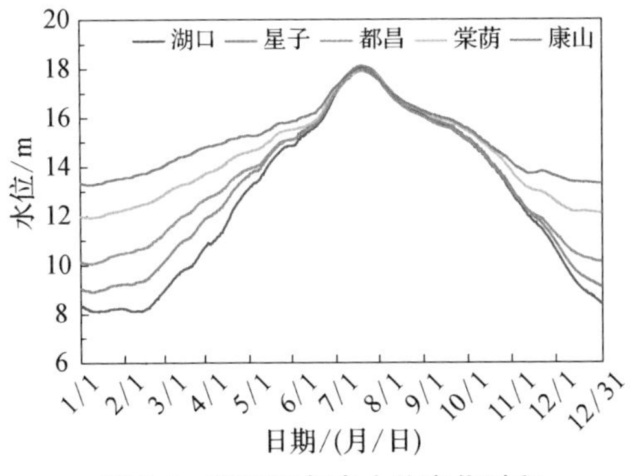

图 1.3 鄱阳湖年内水位变化过程

鄱阳湖湖泊面积、容积巨大,是长江中游防洪体系中极为重要的一环(闵骞,2002;朱宏富 等,2002)。鄱阳湖历年削减流域“五河”最大日平均流量在0.27万~3.73万m^3/s,多年平均削减1.47万m^3/s,削减比率为48.3%;在大水年鄱阳湖削减“五河”洪峰为0.78万~3.73万m^3/s,平均削减洪峰流量2万m^3/s,削减比率为50.9%(徐德龙 等,2001)。鄱阳湖除对流域“五河”入湖径流具有调节功能外,对长江干流的径流也具有调节功能。当长江主汛期7、8、9三个月发生大洪水时,会发生长江水倒灌进入鄱阳湖的现象,从而使大量洪水储存在湖泊中,大大缓解长江下游的防洪压力。据1960—2012年长江湖口水文站实测资料统计,在53年间共有42年发生了长江水倒灌现象,多年平均倒灌流量为1 845 m^3/s,最大倒灌流量达13 600 m^3/s,平均倒灌水量为28.8亿m^3,最大倒灌水量达115.6亿m^3,占同期长江径流量的5.53%(叶许春 等,2012)。

1.3.3 鄱阳湖水动力

鄱阳湖主要湖流流态包括重力流、倒灌流和顶托流等三种类型,以重力流为主。湖流呈现出低水位流速大、高水位流速小的季节性变化特征,平均换水周期为21天(程时长 等,2003;赖锡军 等,2011)。枯水期湖水归槽,比降增大,流速变快;汛期湖水漫滩,比降减小,流速随之变缓。空间上,北部湖区流速大于南部主湖区,主航道流速大于洲滩、湖湾和碟形湖区。北部湖区和主航道流向主要受水流动力制约,湖水沿航道走向流动;湖湾洲滩流向主要受地形、风力等因素影响,流向复杂(朱海虹 等,1997)。

此外,倒灌型湖流常发生在“五河”汛期基本结束,长江水位处于高位的7—8月间。倒灌型湖流影响范围主要取决于倒灌流量持续时间以及江湖水位等因素(叶许春 等,2012;Li et al.,2017)。大多数年份倒灌型湖流出现在都昌以北,有的年份仅出现在入江通道区,最大影响范围可至康山附近。在倒灌型湖流范围以南水域,其湖流为顶托型。因倒灌期内湖面基本水平,比降较小,流速较小,多小于0.1 m/s(朱海虹 等,1997)。另外,因鄱阳湖湖流形态变化较为复杂,受多种因素制约,有时湖流会出现逆时针方向的环流,东北湖湾区也会出现沿岸弧形旋流(朱海虹 等,1997;王苏民 等,1998)。

1.3.4 鄱阳湖湿地

季节性的水位波动使得鄱阳湖洲滩呈现出周期性的淹没与出露，从而在湖区形成了两千多平方公里的洪泛湿地（刘青 等，2012），主要类型包括三角洲洲滩湿地和碟形洼地湿地。鄱阳湖独特的枯—涨—丰—退水文节律和湿地生境，繁衍了极其丰富的湿地植被资源与物种多样性（黄金国 等，2007），现已查明的有浮游植物 54 科 154 种，水生维管束植物 38 科 102 种，草甸、沼生植物 25 科 74 种（江西省水利厅，2009），是我国湿地生态系统中生物资源最丰富的地区，是众多野生植物的物种宝库。

鄱阳湖湿地植被空间分布表现出明显的水分梯度，不同植被群落占据特定的水分生态位空间（周文斌 等，2011；Xu et al.，2015），总体表现出由远湖区高位滩地向湖心低地依次为中生性草甸、挺水植被、湿生植被、沉水植被 4 个典型条带状植被景观格局。17 m 以上高程主要分布的为中生性植物，如茵陈蒿、狗牙根、牛鞭草等；挺水植物主要分布在 15～17 m 高程洲滩，主要有南荻、芦苇等，伴生有藜蒿、水蓼等；湿生植物主要分布在 12～15 m 的洲滩，以薹草、虉草为主，伴生有藜蒿、刚毛荸荠等；沉水植物主要分布在近水的 9～12 m 高程洲滩上，主要有马来眼子菜、苦草等（刘信中 等，2000；周文斌 等，2011）。

鄱阳湖湿地也是被首批列入《世界重要湿地名录》的国际重要湿地，巨大的湿地面积为候鸟提供了广阔的栖息地和丰富的食物来源，每年有超过 60 万只候鸟在此越冬（周文斌 等，2011），是白鹤、东方白鹳、鸿雁、小天鹅等珍稀水禽全球最大种群的越冬场所，素有“白鹤王国”“候鸟天堂”的美誉（刘信中 等，2000）。为保护珍稀湿地资源，我国政府根据鄱阳湖生物物种空间分布特点，在鄱阳湖湿地建立了两个国家级自然保护区，分别是位于鄱阳湖西部以永修县吴城镇为中心的鄱阳湖国家级自然保护区和位于鄱阳湖西南部以新建区南矶乡为中心的南矶湿地国家级自然保护区。鄱阳湖珍稀湿地资源在维系和指示全球生态环境演变方面具有典型性和非常独特的科学研究价值。

1.4 研究目的与主要内容

干旱是湿地生态系统最主要的胁迫因子之一。针对近年来鄱阳湖区干旱频发，且不断加剧，打破了湿地生态系统与周期性水文变化之间的动态平衡，已严重威胁湿地生态系统的结构与功能，影响湿地生态系统服务功能的发挥等问题，本书以鄱阳湖及其洲滩湿地植被为主要研究对象，重点介绍鄱阳湖极端枯水的基本特征与水储量变化，分析江—湖—河系统联合干旱概率特征及其影响因素，模拟揭示湖泊—流域系统干旱的传递过程与多因素驱动机制，基于遥感时空融合方法研究鄱阳湖湿地景观类型空间格局及转移变化过程，阐明鄱阳湖典型湿地植物群落稳定性、多样性及生物量分布格局对水情变化的响应关系，通过CASA模型模拟分析鄱阳湖湿地植被NPP时空变化特征及其驱动因素，并为科学应对鄱阳湖极端干旱事件、维持湿地生态系统健康、保障生态服务功能的发挥等提出建议和应对策略。本书可为进一步认识鄱阳湖极端枯水的发生机理、提高湿地生态系统稳定性与抵抗力、保障湿地生态服务功能等提供参考。

本书的内容主要包括四个部分。第一部分介绍鄱阳湖的重要性及目前面临的主要问题和国内外相关研究进展情况；第二部分为鄱阳湖枯水情势与水储量变化特征、江—湖—河系统联合干旱概率特征以及鄱阳湖枯水成因机制模拟；第三部分介绍鄱阳湖湿地景观类型空间格局转移变化、湿地植物群落稳定性与生物量、湿地植被NPP时空变化以及对水情的响应关系；第四部分为本书的总结和未来研究展望。

【参考文献】

[1] Abbasi A, Khalili K, Behmanesh J, et al., 2019. Drought monitoring and prediction using SPEI index and gene expression programming model in the west of Urmia Lake[J]. Theoretical and applied climatology, 138(1-2): 553-567.

[2] Alsdorf D E, et al., 2000. Interferometric radar measurements of water level changes on the Amazon flood plain[J]. Nature, 404(6774): 174-177.

[3] Assani A A, Landry R, Azouaoui O, et al., 2016. Comparison of the characteristics (frequency and timing) of drought and wetness indices of annual mean water levels in the five North American Great Lakes[J]. Water resources management, 30(1): 359-373.

[4] Austin A T, Vivanco L I A, 2006. Plant litter decomposition in a semi-arid ecosystem controlled by photo degradation[J]. Nature, 442(7102): 555-558.

[5] Batt R D, Carpenter S R, Ives A R, 2017. Extreme events in lake ecosystem time series[J]. Limnology and oceanography letters, 2(3): 63-69.

[6] Beniston M, et al., 2007. Future extreme events in European climate: an exploration

of regional climate model projections[J]. Climatic change, 81: 71-95.
[7] Berdugo M, Delgado-Baquerizo M, Soliveres S, et al., 2020. Global ecosystem thresholds driven by aridity[J]. Science, 367: 787-790.
[8] Bing J P, et al., 2018. Flood coincidence analysis of Poyang Lake and Yangtze River: risk and influencing factors [J]. Stochastic environmental research and risk assessment, 32(4): 879-891.
[9] Biron S, Assani A A, Frenette J J, et al., 2014. Comparison of Lake Ontario and St. Lawrence River hydrologic droughts and their relationship to climate indices[J]. Water resources research, 50(2): 1396-1409.
[10] Blanch S J, Ganf G G, Walker K F, 1999. Tolerance of riverine plants to flooding and exposure indicated by water regime [J]. Regulated rivers: research and management, 15: 43-62.
[11] Bolgov M V, Buber A L, Korobkina E A, et al., 2017. Lake Baikal: extreme level as a rare hydrological event[J]. Water resources, 44(3): 522-536.
[12] Bond N R, Lake P, Arthington A H, 2008. The impacts of drought on freshwater ecosystems: an Australian perspective[J]. Hydrobiologia, 600: 3-16.
[13] Bornman T G, Adams J B, Bate G C, 2008. Environmental factors controlling the vegetation zonation patterns and distribution of vegetation types in the Olifants Estuary, South Africa[J]. South African journal of botany, 74(4): 685-695.
[14] Buma W G, Lee S I, 2019. Multispectral image-based estimation of drought patterns and intensity around Lake Chad, Africa[J]. Remote sensing, 11(21): 21.
[15] Carter E, Steinschneider S, 2018. Hydroclimatological drivers of extreme floods on Lake Ontario[J]. Water resources research, 54(7): 4461-4478.
[16] Casanova M T, Brock M A, 2000. How do depth, duration and frequency of flooding influence the establishment of wetland plant communities[J]. Plant ecolology, 147: 237-250.
[17] Chiew F H S, Whellon P H, Memahon T A, et al., 1995. Simulation of the impacts of climate change on runoff and soil moisture in Australian catchments[J]. Journal of hydrology, 167: 121-147.
[18] Cramer W, Bondeau A, Woodward I, et al., 2010. Global response of terrestrial ecosystem structure and function to CO_2 and climate change: results from six dynamic global vegetation models[J]. Global change biology, 7(4): 357-373.
[19] Dwire K A, Kauffman J B, Baham J E, 2006. Plant species distribution in relation to water table depth and soil redox potential in montane riparian meadows [J]. Wetlands, 26: 131-146.
[20] Engloner A I, 2004. Annual growth dynamics and morphological differences of reed in relation to water supply[J]. Flora-morphology, distribution, functional ecology of plants, 199(3): 256-262.
[21] Feng L, Hu C, Chen X, et al., 2012. Assessment of inundation changes of Poyang

Lake using MODIS observations between 2000 and 2010[J]. Remote sensing of environment, 121: 80 - 92.

[22] Gacia E, Ballesteros E, 1996. The effect of increased water level on Isoetes lacustris L. in Lake Baciver, Spain[J]. Journal of aquatic plant management, 34: 57 - 59.

[23] Ghale Y A G, Altunkaynak A, Unal A, 2018. Investigation anthropogenic impacts and climate factors on drying up of Urmia Lake using water budget and drought analysis[J]. Water resources management, 32(1): 325 - 337.

[24] Griffin-Nolan R J, Carroll C J W, Denton E M, et al., 2018. Legacy effects of a regional drought on aboveground net primary production in six central US grasslands [J]. Plant ecology, 219(5): 505 - 515.

[25] Hammersmark C T, Rains M C, Wickland A C, et al., 2009. Vegetation and watertable relationships in a hydrologically restored riparian meadow[J]. Wetlands, 29(3): 785 - 797.

[26] Han X, Chen X, Feng L, 2015. Four decades of winter wetland changes in Poyang Lake based on Landsat observations between 1973 and 2013[J]. Remote sensing of environment, 156: 426 - 437.

[27] He H, Wang S, Zhang L, et al., 2019. Altered trends in carbon uptake in China's terrestrial ecosystems under the enhanced summer monsoon and warming hiatus[J]. National science review, 6(3): 505 - 514.

[28] Hilker T, Lyapustin A I, Tucker C J, et al., 2014. Vegetation dynamics and rainfall sensitivity of the Amazon[J]. Proceedings of the national academy of sciences of the United States of America, 111(45): 16041 - 16046.

[29] Huang L, He B, Chen A, et al., 2016. Drought dominates the interannual variability in global terrestrial net primary production by controlling semi-arid ecosystems[J]. Scientific reports, 6: 24639.

[30] Huang M T, Wang X H, Keenan T F, et al., 2018. Drought timing influences the legacy of tree growth recovery[J]. Global change biology, 24: 3546 - 3559.

[31] Hutyra L R, Yoon B, Alberti M, 2011. Terrestrial carbon stocks across a gradient of urbanization: a study of the Seattle, WA region[J]. Global chang biology, 17: 783 - 97.

[32] Ivits E, Horion S, Fensholt R, et al., 2014. Drought footprint on European ecosystems between 1999 and 2010 assessed by remotely sensed vegetation phenology and productivity[J]. Global change biology, 20(2): 581 - 593.

[33] Jalbert J, Murphy O A, Genest C, et al., 2019. Modelling extreme rain accumulation with an application to the 2011 Lake Champlain flood[J]. Journal of the royal statistical society series c-applied statistics, 68(4): 831 - 858.

[34] Ji Y, Zhou G, Luo T, et al., 2020. Variation of net primary productivity and its drivers in China's forests during 2000 - 2018[J]. Forest ecosystems, 7(1): 190 - 200.

[35] Jiang H, Xu X, Guan M, et al., 2020. Determining the contributions of climate

change and human activities to vegetation dynamics in agro-pastural transitional zone of northern China from 2000 to 2015[J]. Science of the total environment, 718.

[36] John R, Chen J, Ou-Yang Z, et al., 2013. Vegetation response to extreme climate events on the Mongolian Plateau from 2000 to 2010[J]. Environmental research letters, 8(3): 035033.

[37] Kienzler P, Andres N, Naf-Huber D, et al., 2015. Derivation of extreme precipitation and flooding in the catchment of Lake Sihl to improve flood protection in the city of Zurich[J]. Hydrologie und wasserbewirtschaftung, 59(2): 48 - 58.

[38] Klamt A M, et al., 2020. An extreme drought event homogenises the diatom composition of two shallow lakes in southwest China[J]. Ecological indicators, 108: 105704.1 - 105704.11

[39] Krüger J J, Tarach M, 2022. Greenhouse gas emission reduction potentials in Europe by sector: a bootstrap-based nonparametric efficiency analysis[J]. Environmental and resource economics, 81(4):867 - 898.

[40] Laine J, Vasander H, Laiho R, 1995. Long-term effects of water level drawdown on the vegetation of drained pine mires in southern Finland[J]. Journal of applied ecology, 33: 785 - 790.

[41] Lehner B, Doll P, 2004. Development and validation of a global database of lakes, reservoirs and wetlands[J]. Journal of hydrology, 296(1 - 4): 1 - 22.

[42] Lei Y, et al., 2019. Extreme lake level changes on the Tibetan Plateau associated with the 2015/2016 El Nino[J]. Geophysical research letters, 46(11): 5889 - 5898.

[43] Li S, Pezeshki S R, Goodwin S, 2004. Effects of soil moisture regimes on photosynthesis and growth in cattail[J]. Acta oecologica, 25(1 - 2): 17 - 22.

[44] Li T Y, Li S Y, Bush R T, et al., 2018. Extreme drought decouples silicon and carbon geochemical linkages in lakes[J]. Science of the total environment, 634: 1184 - 1191.

[45] Li X, Zhang Q, Hu Q, et al., 2017. Lake flooding sensitivity to the relative timing of peak flows between upstream and downstream waterways: a case study of Poyang Lake, China[J]. Hydrological processes, 31(23): 4217 - 4228.

[46] Li X H, Yao J, Li Y L, et al., 2016. A modeling study of the influences of Yangtze River and local catchment on the development of floods in Poyang Lake, China[J]. Hydrology research, 47: 102 - 119.

[47] Li Y, Zhang Q, Werner A D, et al., 2017. The influence of river-to-lake backflow on the hydrodynamics of a large floodplain lake system (Poyang Lake, China)[J]. Hydrological processes, 31(1): 117 - 132.

[48] Li Y L, Zhang Q, Yao J, et al., 2019. Assessment of water storage response to surface hydrological connectivity in a large floodplain system (Poyang Lake, China) using hydrodynamic and geostatistical analysis[J]. Stochastic environmental research and risk assessment, 33(11 - 12): 2071 - 2088.

[49] Liu H Y, et al., 2018. Preliminary numerical analysis of the efficiency of a central lake reservoir in enhancing the flood and drought resistance of Dongting Lake[J]. Water, 10(2): 12.

[50] Liu Y, Wu G, 2016. Hydroclimatological influences on recently increased droughts in China's largest freshwater lake[J]. Hydrology and Earth system sciences, 20(1): 93 - 107.

[51] Lu F, Hu H, Sun W, et al., 2018. Effects of national ecological restoration projects on carbon sequestration in China from 2001 to 2010[J]. Proceedings of the national academy of sciences of the United States of America, 115(16): 4039 - 4044.

[52] Lu X X, Yang X K, Li S Y, 2011. Dam not sole cause of Chinese drought[J]. Nature, 475: 174.

[53] Ma R, Duan H, Hu C, et al., 2010. A half-century of changes in China's lakes: global warming or human influence? [J/OL] Geophysical research letters, 37: L24106[2023 - 6 - 21]. http://dx.doi.org/10.1029/2010gl045514.

[54] Ma Z, Peng C, Zhu Q, et al., 2012. Regional drought-induced reduction in the biomass carbon sink of Canada's boreal forests [J]. Proceedings of the national academy of sciences of the United States of America, 109(7): 2423 - 2427.

[55] Maltby E, Ormerod S, 2011. Freshwaters: open waters, wetlands and floodplains [M]// UK National Ecosystem Assessment. The UK national ecosystem assessment technical report. Cambridge: 295 - 360.

[56] Maltchik L, Rolon A, Schott P, 2007. Effects of hydrological variation on the aquatic plant community in a floodplain palustrine wetland of southern Brazil[J]. Limnology, 8(1): 23 - 28.

[57] Mao D, Wang Z, Li L, et al., 2014. Quantitative assessment of human-induced impacts on marshes in Northeast China from 2000 to 2011 [J]. Ecological engineering, 68(7): 97 - 104.

[58] Messager M L, Lehner B, Grill G, et al., 2016. Estimating the volume and age of water stored in global lakes using a geo-statistical approach [J]. Nature communications, 7: 13603.

[59] Milesi C, Elvidge C D, Nemani R R, et al., 2003. Assessing the impact of urban land development on net primary productivity in the southeastern United States[J]. Remote sensing of environment, 86: 401 - 410.

[60] Mitsch W J, Gosselink J G, 2000. Wetlands[M]. New York: John Wiley & Sons, INC.

[61] Myronidis D, Stathis D, Ioannou K, et al., 2012. An integration of statistics temporal methods to track the effect of drought in a shallow mediterranean lake[J]. Water resources management, 26(15): 4587 - 4605.

[62] Nandintsetseg B, Greene J S, Goulden C E, 2007. Trends in extreme daily precipitation and temperature near Lake Hovsgol, Mongolia[J]. International journal

of climatology, 27(3): 341 - 347.

[63] Ni J, 2004. Estimating net primary productivity of grasslands from field biomass measurements in temperate northern China[J]. Plant ecology, 174(2):217 - 234.

[64] Pagter M, Bragato C, Brix H, 2005. Tolerance and physiological responses of Phragmites australis to water defici[J]. Aquatic botany, 25(3): 520 - 530.

[65] Paynter S, Nachabe M, 2011. Use of generalized extreme value covariates to improve estimation of trends and return frequencies for lake levels [J]. Journal of hydroinformatics, 13(1): 13 - 24.

[66] Qiu J, 2011. Drought forces state council to confront downstream water supply problems[J]. Nature, 2011:315.

[67] Riboust P, Brissette F, 2015. Climate change impacts and uncertainties on spring flooding of Lake Champlain and the Richelieu River[J]. Journal of the American water resources association, 51(3): 776 - 793.

[68] Riis T, Hawes I, 2002. Relationships between water level fluctuations and vegetation diversity in shallow water of New Zealand lakes[J]. Aquatic botany, 74 (2): 133 - 148.

[69] Running S W, Nemani R R, Ann H F, et al., 2004. A continuous satellite-derived measure of global terrestrial primary production[J]. Bioscience, 54(6): 547 - 560.

[70] Satge F, et al., 2017. Role of climate variability and human activity on Poopo Lake droughts between 1990 and 2015 assessed using remote sensing data[J]. Remote sensing, 9(3): 17.

[71] Schreider S Y, Jakemen A L, Pittock A B, et al., 1996. Estimation of possible climate change impacts on water availability, extreme flow event and soil moisture in Goulburn end Oven basins, Victoria[J]. Climate change, 34: 513 - 546.

[72] Shabani A, Zhang X D, Chu X F, et al., 2020. Mitigating impact of Devils Lake flooding on the Sheyenne River sulfate concentration[J]. Journal of the American water resources association, 56(2): 297 - 309.

[73] Shankman D, et al., 2012. Hydroclimate analysis of severe floods in China's Poyang Lake region[J]. Earth interactions, 16: 16.

[74] Shankman D, Keim B D, Song J, 2006. Flood frequency in China's Poyang Lake region: trends and teleconnections[J]. International journal of climatology, 26(9): 1255 - 1266.

[75] Sharifi A, Kalin L, Hantush M M, et al., 2013. Carbon dynamics and export from flooded wetlands: a modeling approach [J]. Ecological modelling, 263 (1765): 196 - 210.

[76] Shiri J, et al., 2016. Prediction of water-level in the Urmia Lake using the extreme learning machine approach [J]. Water resources management, 30 (14): 5217 - 5229.

[77] Song L, Li Y, Ren Y, et al., 2019. Divergent vegetation responses to extreme spring

and summer droughts in Southwestern China [J]. Agricultural and forest meteorology, 279:107703.

[78] Sun K, Chen J, 2013. Ecological effect of typical flood and drought process on lake wetlands[J]. Journal of Yangtze River scientific research institute, 30(5): 5.

[79] Sun Z, Huang Q, Jiang J, et al., 2015. Recent hydrological droughts in Dongting Lake and its association with the operation of Three Gorges Reservoir[J]. Resources and environment in the Yangtze Basin, 24(2): 251-256.

[80] Sun Z D, Groll M, Opp C, 2018. Lake-catchment interactions and their responses to hydrological extremes[J]. Quaternary international, 475: 1-3.

[81] Tan Z, John M, Li Y, et al., 2020. Estimation of water volume in ungauged, dynamic floodplain lakes[J]. Environmental research letters, 15(5): 054021.

[82] Tan Z, Li Y, Xu X, et al., 2019. Mapping inundation dynamics in a heterogeneous floodplain: insights from integrating observations and modeling approach[J]. Journal of hydrology, 572: 148-159.

[83] Tian R, et al., 2014. Analysis of the difference and genetic in drought degree of Honghu Lake and Liangzi Lake in 2011[J]. Journal of Geo-Information Science, 16(4): 653-663.

[84] Ung P, et al., 2019. Dynamics of bacterial community in Tonle Sap Lake, a large tropical flood-pulse system in Southeast Asia[J]. Science of the total environment, 664: 414-423.

[85] Vandervalk A G, Squires L, Welling C H, 1994. Assessing the impacts of an increase in water-level on wetland vegetation[J]. Ecological applications, 4(3): 525-534.

[86] Verbeeck H, Samson R, Verdonck F, et al., 2006. Parameter sensitivity and uncertainty of the forest carbon flux model FORUG: a Monte Carlo analysis[J]. Tree physiology, 26(6): 807-817.

[87] Vicente-Serrano S M, Gouveia C, Camarero J J, et al., 2013. Response of vegetation to drought time-scales across global land biomes[J]. Proceedings of the national academy of sciences of the United States of America, 110(1): 52-57.

[88] Vretare V, Weisner S E B, Strand J A, et al., 2001. Phenotypic plasticity in Phragmites australisas a functional response to water depth[J]. Aquatic botany, 69(2-4): 127-146.

[89] Wagner I, Zalewski M, 2000. Effect of hydrobiologieal patterns of tributaries on processes in lowland reservoir consequences for restoration [J]. Ecological engineering, 16: 79-90.

[90] Watt S C L, García-Berthou E, Vilar L, 2007. The influence of water level and salinity on plant assemblages of a seasonally flooded Mediterranean wetland[J]. Plant ecology, 189(1): 71-85.

[91] Woolway R I, Kraemer B M, Lenters J D, et al., 2020. Global lake responses to climate change[J]. Nature reviews earth & environment, 1(8): 388-403.

[92] Wu S, Zhou S, Chen D, et al., 2014. Determining the contributions of urbanisation and climate change to NPP variations over the last decade in the Yangtze River Delta, China[J]. Science of the total environment, 472: 397 - 406.

[93] Wu Y, Wu Z, Liu X, 2020. Dynamic changes of net primary productivity and associated urban growth driving forces in Guangzhou City, China[J]. Environmental management, 65(6):758 - 773.

[94] Xu G, Zhang H, Chen B, et al., 2014. Changes in vegetation growth dynamics and relations with climate over China's Landmass from 1982 to 2011[J]. Remote sensing, 6: 3263 - 3283.

[95] Xu X, Zhang Q, Tan Z, et al., 2015. Effects of water-table depth and soil moisture on plant biomass, diversity, and distribution at a seasonally flooded wetland of Poyang Lake, China[J]. Chinese geographical science, 25(6): 739 - 756.

[96] Xu Z, Dong Q, Costa V, et al., 2019. A hierarchical Bayesian model for decomposing the impacts of human activities and climate change on water resources in China[J]. Science of the total environment, 665: 836 - 847.

[97] Yao J, Zhang Q, Li Y L, et al., 2016. Hydrological evidence and causes of seasonal low water levels in a large river-lake system: Poyang Lake, China[J]. Hydrology research, 47: 24 - 39.

[98] Yu J B, Wang X H, Ning K, et al., 2012. Effects of salinity and water depth on germination of Phragmites australis in coastal wetland of the Yellow River delta[J]. Clean - soil air water, 40(10): 1154 - 1158.

[99] Yu K, Hu C, 2013. Changes in vegetative coverage of the Hongze Lake national wetland nature reserve: a decade-long assessment using MODIS medium-resolution data[J]. Journal of applied remote sensing, 7: 302 - 313.

[100] Zhang B, Schwartz F W, Liu G, 2009. Systematics in the size structure of prairie pothole lakes through drought and deluge[J]. Water resources research, 45: 12.

[101] Zhang D, Chen P, Zhang Q, et al., 2017. Copula-based probability of concurrent hydrological drought in the Poyang lake-catchment-river system (China) from 1960 to 2013[J]. Journal of hydrology, 553: 773 - 784.

[102] Zhang G, et al., 2017. Lake volume and groundwater storage variations in Tibetan Plateau's endorheic basin[J]. Geophysical research letters, 44(11): 5550 - 5560.

[103] Zhang K, et al., 2018. The response of zooplankton communities to the 2016 extreme hydrological cycle in floodplain lakes connected to the Yangtze River in China[J]. Environmental science and pollution research, 25(23): 23286 - 23293.

[104] Zhang Q, et al., 2014. An investigation of enhanced recessions in Poyang Lake: comparison of Yangtze River and local catchment impacts[J]. Journal of hydrology, 517: 425 - 434.

[105] Zhang X K, Liu X Q, Yang Z D, et al., 2019. Restoration of aquatic plants after extreme flooding and drought: a case study from Poyang Lake National Nature

Reserve[J]. Applied ecology and environmental research，17(6)：15657－15668.

[106] Zhu J G，Deng J C，Zhang Y H，et al.，2019. Response of submerged aquatic vegetation to water depth in a large shallow lake after an extreme rainfall event[J]. Water，11(11)：2412.

[107] Zola R P，Bengtsson L，2006. Long-term and extreme water level variations of the shallow Lake Poopo，Bolivia[J]. Hydrological sciences journal-journal des sciences hydrologiques，51(1)：98－114.

[108] 边多，等，2006. 近30年来西藏那曲地区湖泊变化对气候波动的响应[J]. 地理学报，061(005)：510－518.

[109] 曹明奎，于贵瑞，刘纪远，等，2004. 陆地生态系统碳循环的多尺度试验观测和跨尺度机理模拟[J]. 中国科学D辑：地球科学，34(S2)：1－14.

[110] 陈敏建，王立群，丰华丽，等，2008. 湿地生态水文结构理论与分析[J]. 生态学报，28(6)：2887－2893.

[111] 陈亚松，2020. 水淹时长和水下光强对鄱阳湖湿地植物功能性状和生物量的影响[D]. 南昌大学.

[112] 程时长，卢兵，2003. 鄱阳湖湖流特征[J]. 江西水利科技，29(2)：105－108.

[113] 崔保山，杨志峰，2006. 湿地学[M]. 北京：北京师范大学出版社.

[114] 崔奕波，李钟杰，2005. 长江流域湖泊的渔业资源与环境保护[M]. 北京：科学出版社.

[115] 戴雪，2015. 鄱阳湖水位波动变化及其对洲滩湿地典型植被景观带空间分布的影响[D]. 北京：中国科学院大学.

[116] 邓伟，胡金明，2003. 湿地水文学研究进展及科学前沿问题[J]. 湿地科学，1(1)：12－20.

[117] 董丹，倪健，2011. 利用CASA模型模拟西南喀斯特植被净第一性生产力[J]. 生态学报，31(7)：1855－1866.

[118] 杜飞，2018. 鄱阳湖湿地生态景观对低枯水位响应特征研究[D]. 北京：中国水利水电科学研究院.

[119] 方精云，柯金虎，唐志尧，等，2001. 生物生产力的“4P”概念、估算及其相互关系[J]. 植物生态学报，25(4)：414－419.

[120] 冯文娟，2020. 水文情势对湖泊湿地植物—土壤系统的影响研究[D]. 北京：中国科学院大学.

[121] 冯文娟，徐力刚，王晓龙，等，2018. 鄱阳湖湿地植物灰化薹草对不同地下水位的生理生态响应[J]. 湖泊科学，30(3)：763－769.

[122] 葛刚，赵安娜，钟义勇，等，2011. 鄱阳湖洲滩优势植物种群的分布格局[J]. 湿地科学，9(1)：19－25.

[123] 郭华，张奇，王艳君，2012. 鄱阳湖流域水文变化特征成因及旱涝规律[J]. 地理学报，67(5)：699－709.

[124] 贺金生，王政权，方精云，2004. 全球变化下的地下生态学：问题与展望[J]. 科学通报，49(13)：1226－1233.

[125] 洪长桥,金晓斌,陈昌春,等,2017. 集成遥感数据的陆地净初级生产力估算模型研究综述[J]. 地理科学进展,36(8):924-939.

[126] 胡豆豆,欧阳克蕙,戴征煌,等,2013. 鄱阳湖湿地灰化苔草草甸群落特征及多样性[J]. 草业科学,30(6):844-848.

[127] 胡振鹏,2009. 调节鄱阳湖枯水位维护江湖健康[J]. 江西水利科技,35(2):82-86.

[128] 胡振鹏,葛刚,刘成林,等,2010. 鄱阳湖湿地植物生态系统及湖水位对其影响研究[J]. 长江流域资源与环境,19(6):597-605.

[129] 黄国勤,2010. 鄱阳湖生态环境保护与资源开发利用研究[M]. 北京:中国环境科学出版社.

[130] 黄金国,郭志永,2007. 鄱阳湖湿地生物多样性及其保护对策[J]. 水土保持研究,14(1):305-307.

[131] 黄奕龙,傅伯杰,陈利顶,2003. 生态水文过程研究进展[J]. 生态学报,23(3):580-587.

[132] 江西省水利厅,2009. 江西河湖大典[M]. 武汉:长江出版社:418-429.

[133] 揭二龙,李小军,刘士余,2007. 鄱阳湖湿地动态变化及其成因分析[J]. 江西农业大学学报,29(3):500-503.

[134] 匡燕鹉,马忠红,2019. 2017 年洞庭湖特大洪水分析[J]. 水文,39(3):92-96.

[135] 赖锡军,姜加虎,黄群,2008. 洞庭湖地区水系水动力耦合数值模型[J]. 海洋与湖沼,39(1):74-81.

[136] 赖锡军,姜加虎,黄群,等,2011.鄱阳湖二维水动力和水质耦合数值模拟[J].湖泊科学,06:93-902.

[137] 李景保,等,2011. 洞庭湖区农业水旱灾害演变特征及影响因素——60 年来的灾情诊断[J]. 自然灾害学报,20(2):74-81.

[138] 李群,等,2020. 甘肃小苏干湖盐沼湿地盐地风毛菊叶形态—光合生理特征对淹水的响应[J]. 植物生态学报,43(8):685-696.

[139] 李胜男,王根绪,邓伟,2008. 湿地景观格局与水文过程研究进展[J]. 生态学杂志,27(6):1012-1020.

[140] 李文,王鑫,潘艺雯,等,2018. 不同水淹深度对鄱阳湖洲滩湿地植物生长及营养繁殖的影响[J]. 生态学报,38(9):3014-3021.

[141] 李旭,谢永宏,黄继山,等,2009. 湿地植被格局成因研究进展[J]. 湿地科学,7(3):280-288.

[142] 李云良,张奇,李淼,等,2015. 基于 BP 神经网络的鄱阳湖水位模拟[J]. 长江流域资源与环境,24(2):233-240.

[143] 刘红玉,吕宪国,张世奎,2003. 湿地景观变化过程与累积环境效应研究进展[J]. 地理科学进展,22(1):60-70.

[144] 刘青,鄢帮有,葛刚,等,2012. 鄱阳湖湿地生态修复理论与实践[M]. 北京:科学出版社.

[145] 刘信中,叶居新,2000. 江西湿地[M]. 北京:中国林业出版社.

[146] 刘旭颖，关燕宁，郭杉，等，2016. 基于时间序列谐波分析的鄱阳湖湿地植被分布与水位变化响应[J]. 湖泊科学，28(1)：195－206.
[147] 刘元波，赵晓松，吴桂平，2014. 近十年鄱阳湖区极端干旱事件频发现象成因初析[J]. 长江流域资源与环境，23(1)：131－138.
[148] 龙慧灵，李晓兵，王宏，等，2010. 内蒙古草原区植被净初级生产力及其与气候的关系[J]. 生态学报，30(5)：1367－1378.
[149] 马荣华，杨桂山，段洪涛，等，2011. 中国湖泊的数量、面积与空间分布[J]. 中国科学：地球科学，41(3)：394－401.
[150] 孟元可，叶许春，徐力刚，等，2018. 2000—2015年鄱阳湖区植被净初级生产力变化及驱动因素[J]. 湿地科学，16(3)：360－369.
[151] 闵骞，2002. 20世纪90年代鄱阳湖洪水特征的分析[J]. 湖泊科学，14(4)：323－330.
[152] 闵骞，闵聃，2010. 鄱阳湖区干旱演变特征与水文防旱对策[J]. 水文，30(1)：88－92.
[153] 欧朝敏，尹辉，张磊，2011. 洞庭湖区不同情景下农业水旱灾害风险损失评估[J]. 农业现代化研究，32(6)：691－694.
[154] 潘方杰，王宏志，王璐瑶，2018. 湖北省湖库洪水调蓄能力及其空间分异特征[J]. 长江流域资源与环境，27(8)：1891－1900.
[155] 朴世龙，张新平，陈安平，等，2019. 极端气候事件对陆地生态系统碳循环的影响[J]. 中国科学：地球科学，49(9)：1321－1334.
[156] 齐贵增，白红英，赵婷，等，2021. 秦岭陕西段南北坡植被对干湿变化响应敏感性及空间差异[J]. 地理学报，76(1)：44－56.
[157] 秦伯强，等，2013. 湖泊富营养化及其生态系统响应[J]. 科学通报，058(10)：855－864.
[158] 饶恩明，肖燚，欧阳志云，2014. 中国湖库洪水调蓄功能评价[J]. 自然资源学报，29(8)：1356－1365.
[159] 史林鹭，贾亦飞，左奥杰，等，2018. 基于MODIS EVI时间序列的鄱阳湖湿地植被覆盖和生产力的动态变化[J]. 生物多样性，26(8)：828－837.
[160] 孙占东，黄群，姜加虎，等，2015. 洞庭湖近年干旱与三峡蓄水影响分析[J]. 长江流域资源与环境，24(2)：251－256.
[161] 谭志强，李云良，张奇，等，2022. 湖泊湿地水文过程研究进展[J]. 湖泊科学，34(1)：18－37.
[162] 田迅，卜兆军，杨允菲，等，2004. 松嫩平原湿地植被对生境干湿交替的响应[J]. 湿地科学，2(2)：122－127.
[163] 王鹏，赖格英，黄小兰，2014. 鄱阳湖水利枢纽工程对湖泊水位变化影响的模拟[J]. 湖泊科学，26(1)：29－36.
[164] 王青，严登华，秦天玲，等，2013. 人类活动对白洋淀干旱的影响[J]. 湿地科学，2013，11(4)：475－481.
[165] 王苏民，窦鸿身，1998. 中国湖泊志[M]. 北京：科学出版社.
[166] 王晓鸿，2005. 鄱阳湖湿地生态系统评估[M]. 北京：科学出版社.
[167] 王鑫，李文，郝莹莹，等，2019. 土壤湿度对鄱阳湖湿地植物芽库萌发和生长的影

响[J]. 南昌大学学报(理科版)，43(3)：274 - 279.
[168] 沃笑，吴良才，2014. 基于 CASA 模型的三江源地区植被净初级生产力遥感估算研究[J]. 干旱区资源与环境，28(9)：45 - 50.
[169] 吴桂平，叶春，刘元波，2015. 鄱阳湖自然保护区湿地植被生物量空间分布规律[J]. 生态学报，35(2)：361 - 369.
[170] 吴建东，刘观华，金杰峰，等，2010. 鄱阳湖秋季洲滩植物种类结构分析[J]. 江西科学，28(4)：549 - 554.
[171] 吴琴，尧波，朱丽丽，等，2012. 鄱阳湖典型苔草湿地生物量季节变化及固碳功能评价[J]. 长江流域资源与环境，21(2)：215 - 219.
[172] 谢冬明，郑鹏，邓红兵，等，2011. 鄱阳湖湿地水位变化的景观响应[J]. 生态学报，31(5)：1269 - 1276.
[173] 徐德龙，熊明，张晶，2001. 鄱阳湖水文特性分析[J]. 人民长江，32(2)：21 - 27.
[174] 徐治国，何岩，闫百兴，等，2006. 营养物及水位变化对湿地植物的影响[J]. 生态学杂志，25(1)：87 - 92.
[175] 许秀丽，张奇，李云良，等，2014. 鄱阳湖洲滩芦苇种群特征及其与淹水深度和地下水埋深的关系[J]. 湿地科学，6：714 - 722.
[176] 薛晨阳，李相虎，谭志强，等，2022. 鄱阳湖典型洲滩湿地植物群落稳定性及其与物种多样性的关系[J]. 生态科学，41(2)：1 - 10.
[177] 杨元合，石岳，孙文娟，等，2022. 中国及全球陆地生态系统碳源汇特征及其对碳中和的贡献[J]. 中国科学:生命科学，52(4)：534 - 574.
[178] 姚静，李云良，李梦凡，等，2017. 地形变化对鄱阳湖枯水的影响[J]. 湖泊科学，29(4)：955 - 964.
[179] 姚檀栋，2010. 青藏高原南部冰川变化及其对湖泊的影响[J]. 科学通报，55(18)：1749.
[180] 叶春，刘元波，赵晓松，等，2013. 基于 MODIS 的鄱阳湖湿地植被变化及其对水位的响应研究[J]. 长江流域资源与环境，22(2)：705 - 712.
[181] 叶春，吴桂平，赵晓松，等，2014. 鄱阳湖国家级自然保护区湿地植被的干旱响应及影响因素[J]. 湖泊科学，26(2)：253 - 259.
[182] 叶许春，李相虎，张奇，2012. 长江倒灌鄱阳湖的时序变化特征及其影响因素[J]. 西南大学学报(自然科学版)，34(11)：69 - 75.
[183] 叶正伟，2006. 淮河洪泽湖洪涝灾害特征与成灾本底机理分析[J]. 水土保持研究(4)：94 - 96+277.
[184] 尹志杰，王容，李磊，等，2019. 长江流域"2017 · 07"暴雨洪水分析[J]. 水文，39(2)：88 - 93.
[185] 游海林，徐力刚，姜加虎，等，2013. 鄱阳湖典型洲滩湿地植物根系生长对极端水情变化的响应[J]. 生态学杂志，32(12)：3125 - 3130.
[186] 余莉，何隆华，张奇，等，2011. 三峡工程蓄水运行对鄱阳湖典型湿地植被的影响[J]. 地理研究，30(1)：134 - 144.
[187] 余新晓，牛键植，关文斌，等，2006. 景观生态学[M]. 北京：高等教育出版社.

[188] 张方方，齐述华，廖富强，等，2011. 鄱阳湖湿地出露草洲分布特征的遥感研究[J]. 长江流域资源与环境，20(11)：1361－1367.

[189] 张丽丽，殷峻暹，蒋云钟，等，2012. 鄱阳湖自然保护区湿地植被群落与水文情势关系[J]. 水科学进展，23(6)：768－774.

[190] 张利平，杜鸿，夏军，等，2011. 气候变化下极端水文事件的研究进展[J]. 地理科学进展，30(11)：1370－1379.

[191] 张奇，2018. 鄱阳湖水文情势变化研究[M]. 北京：科学出版社.

[192] 张奇，刘元波，姚静，等，2020. 我国湖泊水文学研究进展与展望[J]. 湖泊科学，32(5)：1360－1379.

[193] 张婷，周军志，李建柱，等，2022.陆地生态系统碳水通量特征研究进展[J]. 地球环境学报，13(6)：645－666.

[194] 章光新，尹雄锐，冯夏清，2008. 湿地水文研究的若干热点问题[J]. 湿地科学，6(2)：105－115.

[195] 赵国帅，王军邦，范文义，等，2011. 2000—2008 年中国东北地区植被净初级生产力的模拟及季节变化[J]. 应用生态学报，22(3)：621－630.

[196] 赵化雄，2003. 洞庭湖区旱涝特征浅析[J]. 灾害学，18(1)：87－91.

[197] 周文斌，万金保，姜加虎，2011. 鄱阳湖江湖水位变化对其生态系统影响[M]. 北京：科学出版社.

[198] 周云凯，白秀玲，宁立新，2017. 鄱阳湖湿地灰化苔草固碳能力及固碳量研究[J]. 生态环境学报，26(12)：2030－2035.

[199] 周云凯，白秀玲，宁立新，2018. 鄱阳湖湿地灰化苔草种群生产力特征及其水文响应[J]. 生态学报，38(14)：4953－4963.

[200] 朱海虹，张本，1997. 中国湖泊系列研究之五：鄱阳湖水文・生物・沉积・湿地・开发整治 [M]. 合肥：中国科学技术大学出版社.

[201] 朱宏富，金锋，李荣昉，2002. 鄱阳湖调蓄功能与防灾综合治理研究[M]. 北京：气象出版社.

第二章　鄱阳湖流域水储量变化及枯水特征

2.1 引　　言

陆地总水储量在保证区域供水和维持生态系统的多样性等方面发挥着重要作用(Khandu et al.,2016;Long et al.,2015)。总水储量通常包括五个部分:土壤水、地下水、地表水以及冰和雪水(Rodell et al.,2018;Scanlon et al.,2018;Wang et al.,2018;Wang et al.,2020)。一般来说,土壤水和地下水可以通过现场观测以及陆面模式和水文模型获得。但由于观测记录的局限性,模拟的土壤水和地下水只能在有限的地区进行验证(Fan et al.,2013;Jasechko et al.,2021)。地表水包括湖泊、水库、河流、湿地和洪泛区的水储量。在大型的湖泊流域,湖泊蓄水量是地表水的重要组成部分。但湖泊蓄水量无法直接观测,通常采用水位—体积曲线来估计(Dong et al.,2019;Zhang et al.,2011)。水库是人工蓄水单位,近几十年来,伴随着人类用水需求的增加,水库蓄水量迅速增加(Mao et al.,2016;Tian et al.,2021)。总的来说,准确估算总水储量的所有组分是比较困难的。随着遥感技术的快速发展,2002 年 GRACE(Gravity Recovery and Climate Experiment)重力卫星的发射为陆地总水储量的变化研究提供了新的视角和手段,它通过反映重力场的变化来反演某一时段内从植被冠层到深层地下水总水储量的变化(Landerer et al.,2012; Swenson et al.,2009)。目前,GRACE 总水储量产品已被广泛用于气象、水文水资源和全球变化的研究当中(Long et al.,2014; Soltani et al.,2021; Tapley et al.,2004)。

另外,水位和水域面积是反映湖泊水文特征的重要参数,通常用来表征湖泊对外界气候变化和人类活动作用的响应和指示。近几十年来,受气候变化和人类活动的影响,鄱阳湖及其流域来水和长江的水文关系发生了变化。系统梳理和揭示鄱阳湖近几十年来的枯水演变特征，尤其是近20年来湖泊低枯水位和淹水面积变化的新特征、新规律和新趋势，对维护鄱阳湖水量和水生态安全，促进湖泊湿地资源的保护和修复具有重要的科学意义。

2.2 鄱阳湖流域气象水文要素变化特征

2.2.1 鄱阳湖流域降水变化

图2.1给出了1960—2020年鄱阳湖五河流域（修水、赣江、抚河、信江、饶河）与环湖区共六大区域的降水变化特征。修水流域和赣江流域的多年平均降水量为1 612 mm/a 和

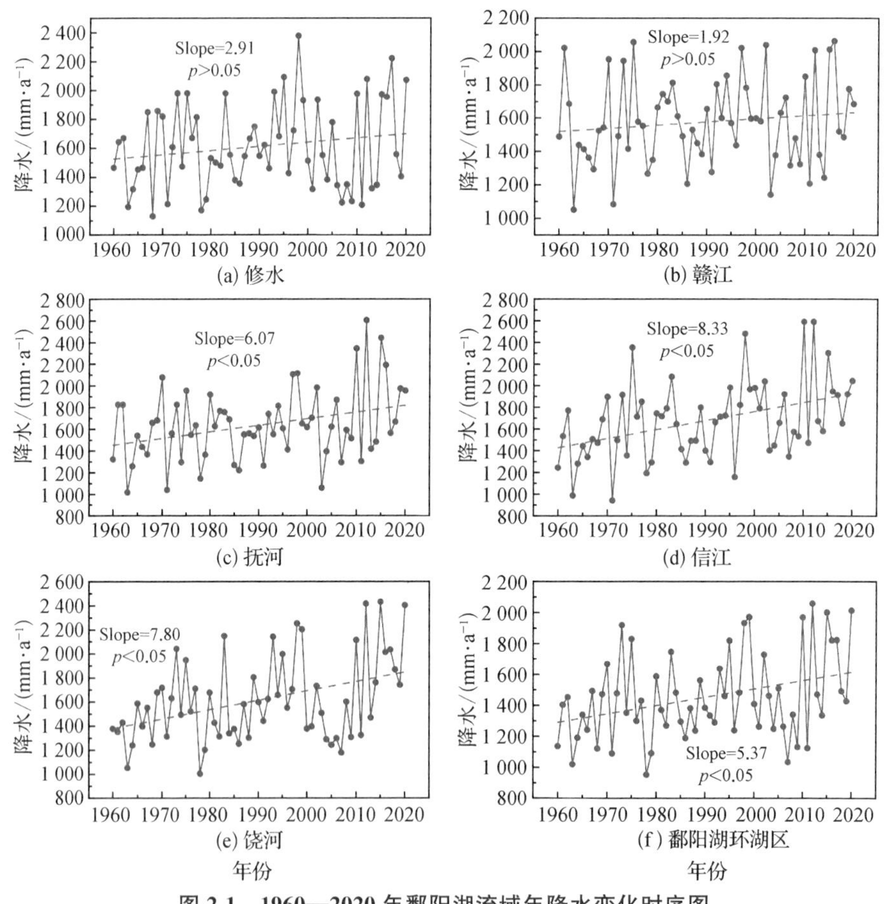

图2.1 1960—2020年鄱阳湖流域年降水变化时序图

1 577 mm/a,年降水量呈不显著的增加趋势($p>0.05$);抚河流域、信江流域、饶河流域以及鄱阳湖环湖区四个区域的多年平均降水量分别为 1 636 mm/a、1 679 mm/a、1 614 mm/a、1 452 mm/a,年降水量呈显著增加的趋势($p<0.05$)。

图 2.2 给出了 1960—2020 年鄱阳湖流域各月降水的年际变化趋势及其显著性。修水流域 1—3 月、6—9 月、11—12 月的月降水呈增加趋势,其中 1 月降水显著增加($p<0.05$);4—5 月以及 10 月降水呈不显著减少趋势。赣江流域 1—3 月、6—8 月、11—12 月的降水呈增加趋势,其中 7 月降水显著增加($p<0.05$);4—5 月、9—10 月的降水呈减少趋势,其中 10 月降水显著减少($p<0.05$)。抚河流域 1—3 月、6—9 月、11—12 月的月降水呈增加趋势,其中 1 月、3 月、7 月、8 月降水显著增加($p<0.05$);4—5 月以及 10 月降水呈不显著减少趋势。信江流域 1—4 月、6—9 月、11—12 月的月降水呈增加趋势,其中 1 月、3 月、6 月、8 月、11 月降水显著增加($p<0.05$);5 月、10

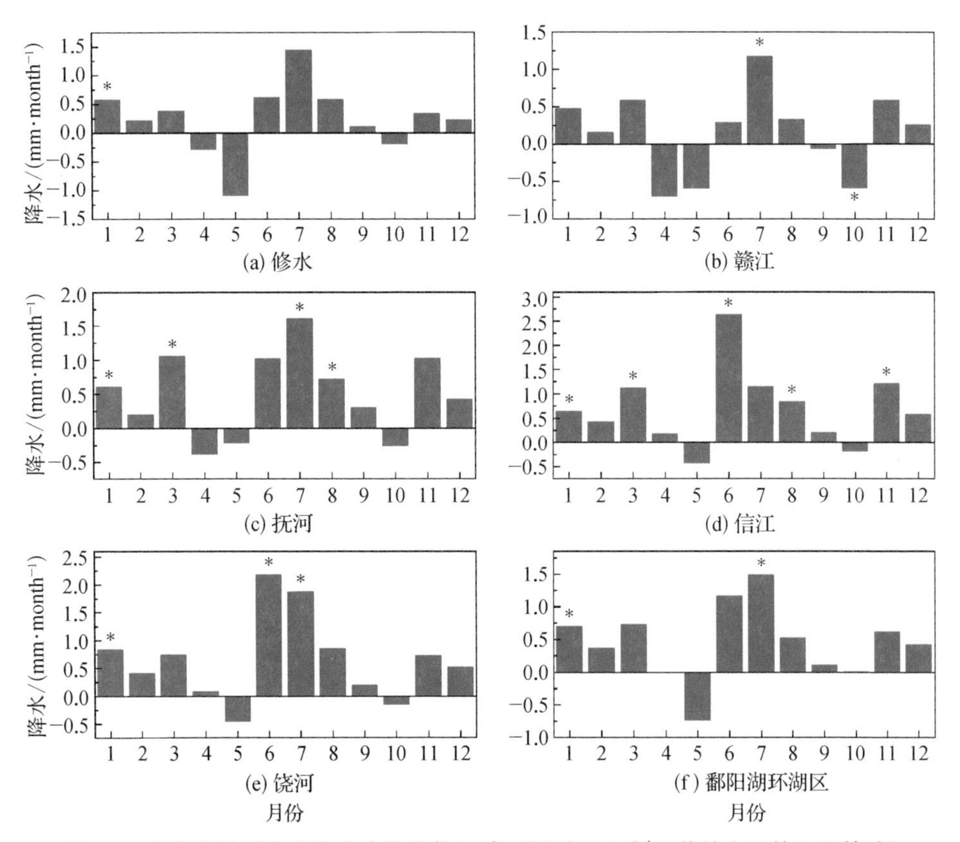

图 2.2　鄱阳湖流域各月降水变化趋势(* 表示通过了 95%显著性水平的 MK 检验)

月降水呈不显著减少趋势。饶河流域 1—4 月、6—9 月、11—12 月的月降水呈增加趋势，其中 1 月、6 月、7 月降水显著增加($p<0.05$)；5 月、10 月降水呈不显著减少趋势。鄱阳湖环湖区 1—3 月、6—12 月降水呈增加趋势，其中 1 月、7 月降水显著增加($p<0.05$)；4—5 月降水呈不显著减少趋势。

2.2.2 鄱阳湖流域气温变化

图 2.3 展示了 1960—2020 年鄱阳湖流域六大区域的平均气温年际变化特征。其中修水、赣江、抚河、信江、鄱阳湖环湖区五个区域的多年平均气温为 4.42 ℃、4.39 ℃、4.87 ℃、4.94 ℃、4.35 ℃，年气温呈不显著的增加趋势($p>0.05$)；饶河流域的多年平均气温为 5.04 ℃，年气温呈显著增加的趋势($p<0.05$)。

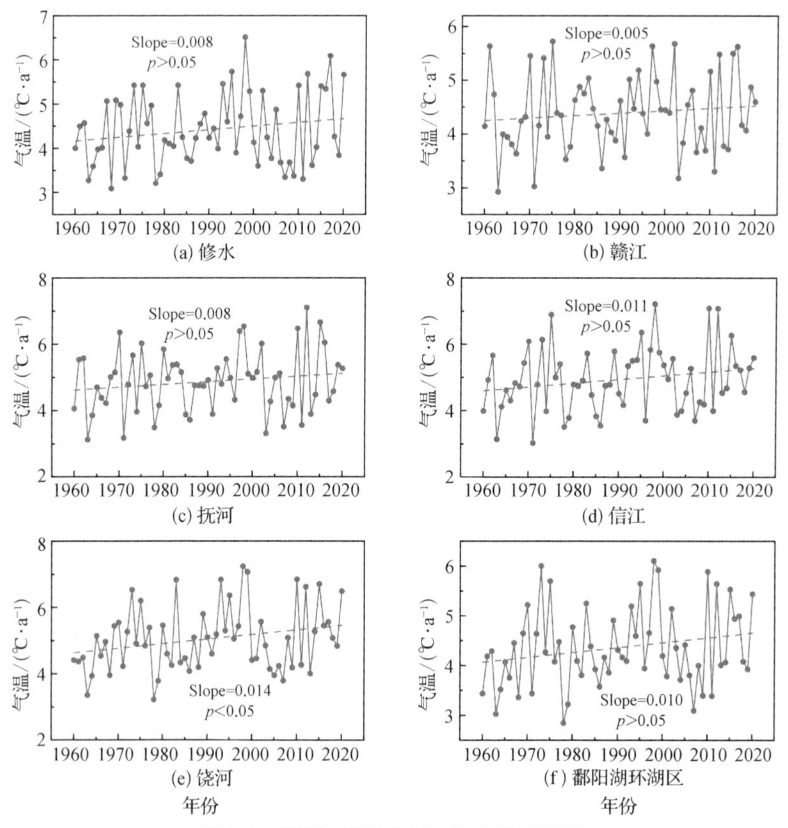

图 2.3 鄱阳湖流域气温年变化时序图

图 2.4 展示了 1960—2020 年鄱阳湖五河流域与环湖区共六大区域的各月平均气温年际趋势及其显著性。其中，修水流域 1—3 月、6—9 月、11—12 月的月平均气温呈增加趋势，其中 1 月气温显著增加（$p<0.05$）；4—5 月以及 10 月气温呈不显著减少趋势。赣江流域 1—3 月、6—8 月、11—12 月的月平均气温呈增加趋势，其中 7 月气温显著增加（$p<0.05$）；4—5 月、9—10 月的月平均气温呈减少趋势，其中 10 月气温显著减少（$p<0.05$）。抚河流域 1 月、3 月、6—9 月、11—12 月的月平均气温呈增加趋势，其中 7 月气温显著增加（$p<0.05$）；2 月、4—5 月以及 10 月的月平均气温呈减少趋势，其中 4 月气温显著减少（$p<0.05$）。信江流域 1—3 月、6—8 月、11—12 月的月气温呈增加趋势，其中 11 月气温显著增加（$p<0.05$）；4—5 月、9—10 月的月平均气温呈不显著减少趋势。饶河流域 1—3 月、6—9 月、11—12 月的月平均气温呈增加趋势，其中 1 月气温显著增加（$p<0.05$）；4—5 月、10 月气温呈不显著减少趋势。鄱阳湖环湖区 1—3 月、6—9 月、11—12 月的月平均气温呈增加趋势，其中 1 月、7 月气温显著增加（$p<0.05$）；4—5 月以及 10 月气温呈不显著减少趋势。

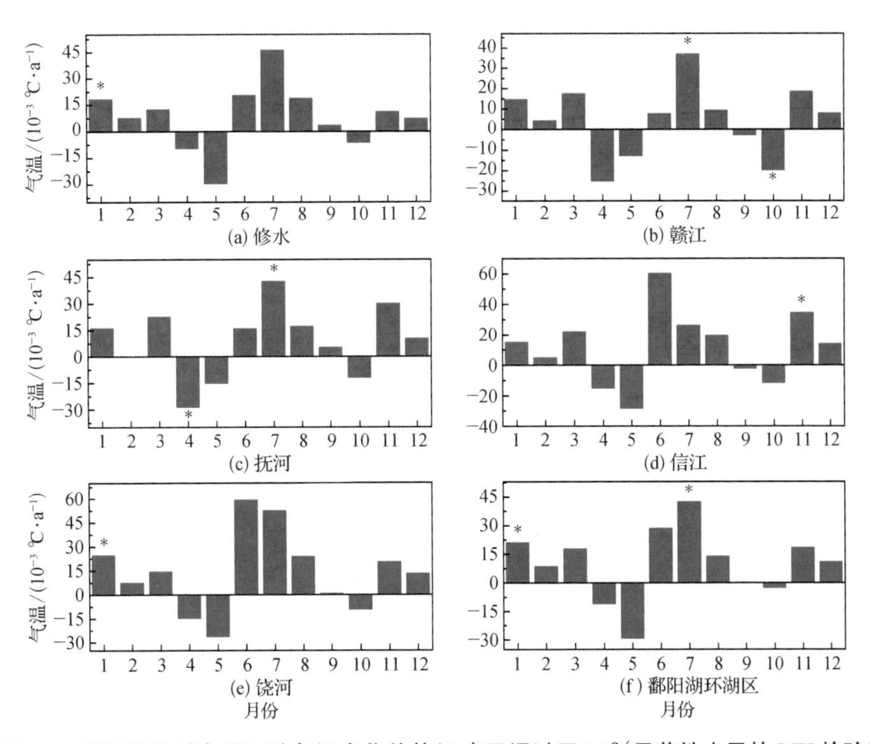

图 2.4　鄱阳湖流域各月平均气温变化趋势（* 表示通过了 95% 显著性水平的 MK 检验）

2.2.3 鄱阳湖流域径流变化

图 2.5 展示了 1960—2020 年鄱阳湖五河流域共七个水文观测站的径流年际变化特征。在修水流域的万家埠站，多年平均流量为 113.3 m^3/s，年平均流量呈显著增加趋势（$p<0.05$）；对于虬津站，在 1983—2020 年，多年平均流量为 286.6 m^3/s，年平均流量呈不显著减少趋势（$p>0.05$）。赣江流域外洲站的多年平均流量为 2 188.8 m^3/s，年平均流量呈不显著增加趋势（$p>0.05$）。抚河流域李家渡站的多年平均流量为

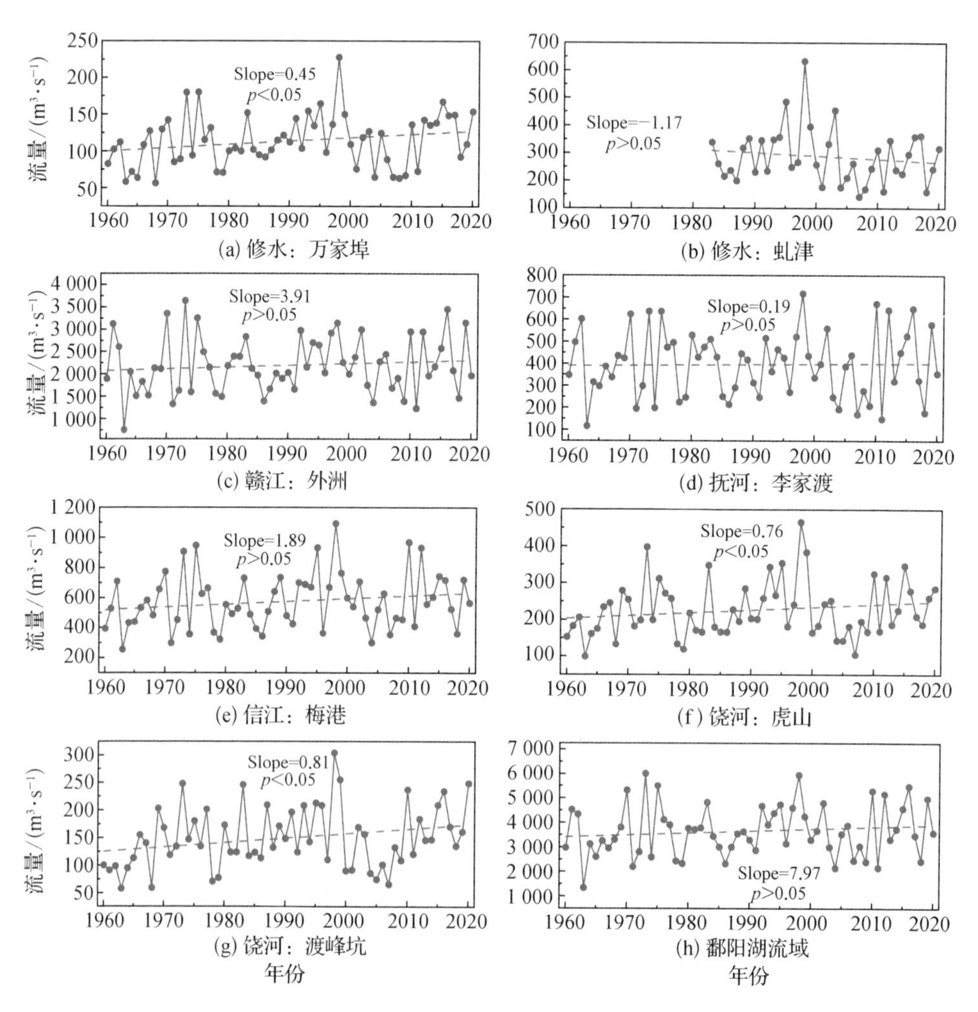

图 2.5 鄱阳湖流域年均流量变化时序图

395.0 m^3/s,年平均流量呈不显著增加趋势($p>0.05$)。信江流域梅港站的多年平均流量为 574.7 m^3/s,年平均流量呈不显著增加趋势($p>0.05$)。对饶河流域而言,虎山站的多年平均流量为 225.6 m^3/s,年平均流量呈显著增加趋势($p<0.05$);渡峰坑站的多年平均流量为 148.9 m^3/s,年平均流量呈显著增加趋势($p<0.05$)。

图 2.6 给出了鄱阳湖流域 1960—2020 年万家埠、外洲、李家渡、梅港、虎山、渡峰坑站以及 1983—2020 年虬津站共 7 个水文站的各月流量年际变化趋势及其显著性。

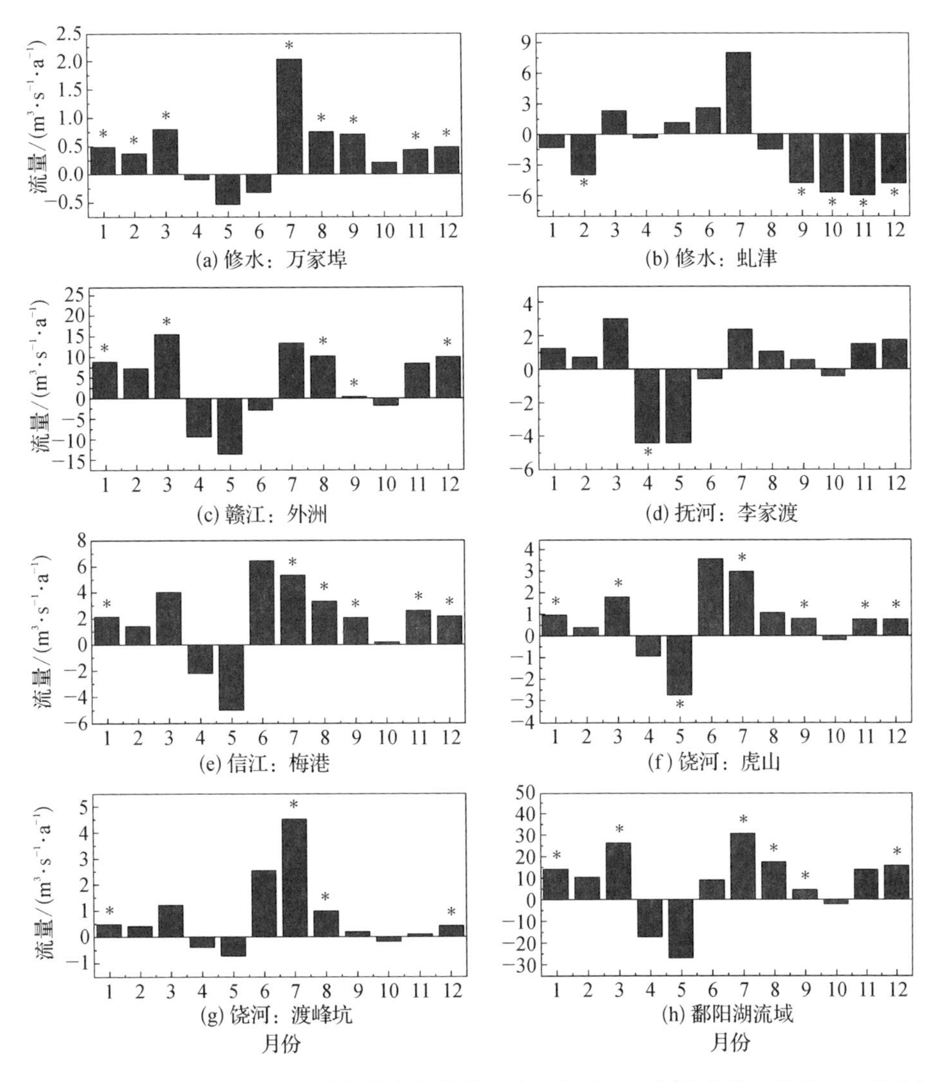

图 2.6　鄱阳湖流域逐月平均流量的变化趋势(* 表示通过了 95%显著性水平的 MK 检验)

在修水流域，万家埠站1—3月、7—12月的月流量呈增加趋势，其中1—3月、7—9月、11—12月流量显著增加($p<0.05$)，4—6月流量呈不显著的减少趋势；虬津站3月、5—7月的流量呈不显著的增加趋势，1—2月、4月、8—12月流量呈减少趋势，其中2月、9—12月流量显著减少($p<0.05$)。在赣江流域，外洲站1—3月、7—9月、11—12月流量呈增加趋势，其中1月、3月、8—9月、12月趋势显著增加($p<0.05$)，4—6月以及10月流量呈不显著的减少趋势。在抚河流域，李家渡站1—3月、7—9月、11—12月流量呈不显著增加趋势，4—6月以及10月流量呈减少趋势，其中4月流量显著减少($p<0.05$)。在信江流域，梅港站1—3月、6—12月流量呈增加趋势，其中1月、7—9月、11—12月流量显著增加($p<0.05$)，4—5月流量呈不显著减少趋势。在饶河流域，虎山站1—3月、6—9月、11—12月流量呈增加趋势，其中1月、3月、7月、9月、11—12月流量显著增加($p<0.05$)，4—5月以及10月流量呈减少趋势，其中5月流量显著减少($p<0.05$)；渡峰坑站1—3月、6—9月、11—12月流量呈增加趋势，其中1月、7—8月、12月流量显著增加($p<0.05$)，4—5月、10月流量呈不显著减少趋势。

2.2.4 鄱阳湖出流与倒灌变化

湖口是鄱阳湖唯一的入江通道，多年平均流量为4 686 m^3/s，平均出湖水量为1 478×10^8 m^3/a，但年际差异较大，出湖径流量最大为1998年的2 647×10^8 m^3，最小为1963年的566×10^8 m^3，总体来看，在1998年之前呈波动上升趋势，1998年之后呈下降趋势。在年内，一般从3月底开始，随着流域五河来水的不断增大，鄱阳湖向长江排泄流量逐渐增加，进入4月份，湖口出流流量达到较大值，并在6月份达到最大值，之后7月份的出流略有减小，4—7月的出流量约占全年的52.5%。与流域来水量在6月后迅速下降不同的是，出流量的下降速度明显缓慢，11月后出湖水量才显著减少，8—11月份湖口出流约占全年的27.9%，而出流流量最小的12月、1月和2月其出流量仅占全年的11.5%。此外，在下半年的6—12月，会发生长江水倒灌鄱阳湖，倒灌主要集中在7—9月，此时正值长江主汛期，而流域主汛期已过，五河入湖径流大幅减少，长江对鄱阳湖的顶托作用较强，长江水倒灌进入鄱阳湖，7—9月倒灌占年平均倒灌频次的87.5%，占全年倒灌水量的91.1%。

图 2.7 为湖口站逐年平均流量和年最大流量变化过程，由图可看出，自 1960 年以来，湖口平均流量呈波动增加趋势，其中平均流量最大为 1998 年的 8 392 m^3/s，出湖水量 $2\,647\times10^8$ m^3，其次为 1973 年的 7 426 m^3/s，出湖水量 $2\,342\times10^8$ m^3；平均流量最小为 1963 年的 1 795 m^3/s，出湖水量 566×10^8 m^3。而年最大出湖流量亦呈波动增大趋势，其中以 1998 年的 31 900 m^3/s（6 月 26 日）为最大，其次为 1993 年的 24 300 m^3/s（7 月 7 日）；以 1963 年的 7 310 m^3/s 为最小（6 月 22 日），其次为 1979 年的 8 630 m^3/s（10 月 7 日）。同时，根据统计，自 1960 年以来鄱阳湖湖口以大流量出流的时间呈增加趋势（图 2.8）。其中以大于 95%分位点流量（12 200 m^3/s）出流的天数在 1973 年多达 99 天，之后虽有波动，但整体呈微弱的增加趋势，而以大于 85%分位点流量（8 500 m^3/s）出流的天数呈较明显的增加趋势，在 1998 年和 1999 年更是多达 166 天和 138 天。

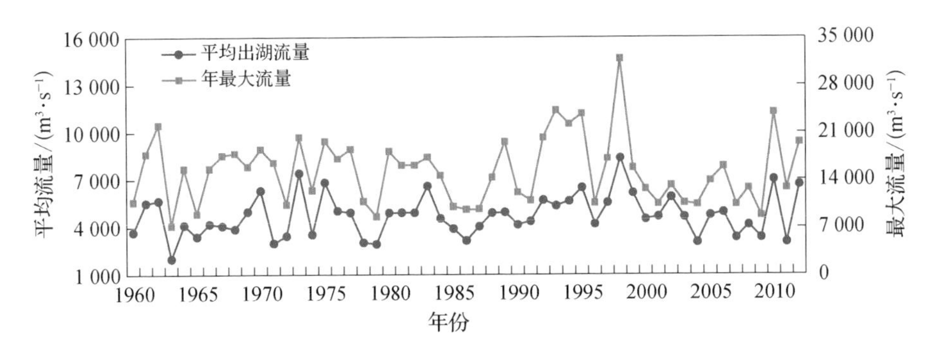

图 2.7　湖口站年平均流量和年最大流量年际变化

长江水倒灌鄱阳湖是江湖关系中强烈的长江顶托作用的结果。据 1960—2012 年湖口实测资料统计，在 53 年间共有 42 年发生了长江水倒灌现象，平均每 5 年中就有 4 年会发生倒灌（图 2.9）。倒灌的发生及其强度具有明显的年代际特征，其中在 1960s 和 1980s 长江水倒灌最为频繁，倒灌水量和倒灌天数都较大，1970s 和 1990s 倒灌现象较少，倒灌水量、天数都相对较少，而 2000 年以来长江倒灌水量、倒灌天数又有所增大。整体来看，自 1960 年以来，长江倒灌鄱阳湖的频次及强度呈减小趋势。在年内，发现长江水倒灌鄱阳湖一般发生在下半年的 6—12 月，主要集中在长江主汛期的 7、8、9 三个月（图 2.10），分别占年倒灌频次的 27.3%，23.9%和 36.3%，其余月份仅占年倒灌频次的 12.5%。其中 7 月中下旬、8 月底至 9 月中下旬是江水倒灌最为频繁的时期，倒灌水量也以7、8、9三个月为最大，分别为$8.17\times10^8\ m^3$、$4.89\times10^8\ m^3$和$7.8\times10^8\ m^3$，占全年倒灌水量的35.8%、21.1%和34.2%。

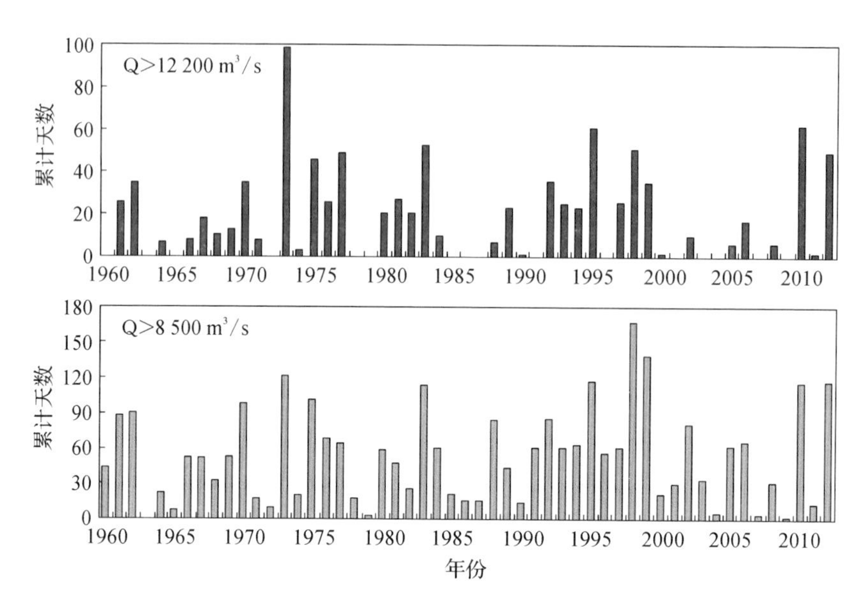

图 2.8 湖口站出流流量大于 12 200 m³/s 和 8 500 m³/s 出现天数年际变化

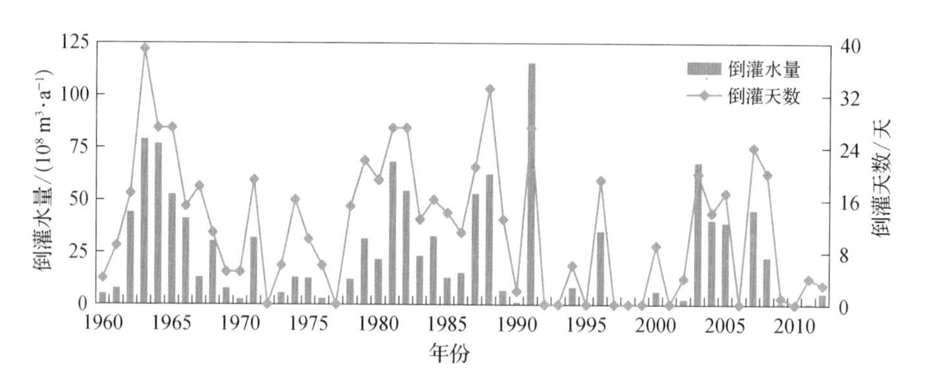

图 2.9 湖口倒灌水量及倒灌天数年际变化

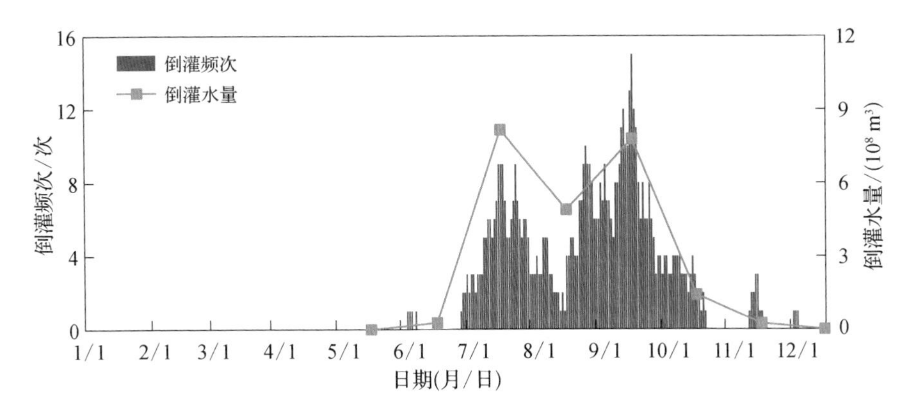

图 2.10　湖口倒灌频次及倒灌水量年内分布

2.3　鄱阳湖流域水储量变化特征

2.3.1　方法与数据

对于鄱阳湖流域而言，总水储量 TWS 包括四个主要组分：土壤蓄水量(SMS)，水库蓄水量(RESS)，湖泊蓄水量(LWS)和地下水蓄水量(GWS)。因此，TWS 变化可以写成：

$$T_{TWS} = T_{SMS} + T_{RESS} + T_{LWS} + T_{GWS} \tag{2.1}$$

其中：T_{TWS}，T_{SMS}，T_{RESS}，T_{LWS} 和 T_{GWS} 分别为某一时期 TWS、SMS、RESS、LWS 和 GWS 的变化趋势，通过基于最小二乘法的线性回归确定。

每个组成部分对 TWS 变化的相对贡献 TWS［$RC(x_i)$］可以通过下式计算：

$$RC(x_i) = \frac{T_{x_i}}{\sum_{j=1}^{N} |T_{x_i}|} \times 100\% \tag{2.2}$$

其中：x_i 代表第 i 个 TWS 组件，N 是所选组分的数量(本研究中 $N=4$)。

采用空间研究中心(CSR)处理的 GRACE Mascon 解决方案(0.25°×0.25°)中的 RL06 产品来研究 TWS 的变化特征，并验证鄱阳湖流域 TWS 组分分解方法的准确性(Save et al.,2016)。缺失的 GRACE 数据用以缺失月份为中心的两个月的平均值来插补获得。四个土壤水分数据集被用来估算 SMS，包括三个 GLDAS V1 模型，即 CLM、VIC 和 Noah 模型，以及一个 GLDAS V2 模型，即 Noah 模型（Spennemann et al.，2015；Wang et al.，2016）。这四个模型分别将土壤划分为 10 层、3 层、4 层和 4 层。GLDAS V1 和 V2 模型的空间分辨率分别为 1°×1°和 0.25°×0.25°。鄱阳湖流域内的一个农业气象站（南康）2003—2010 年的土壤水分被用来验证 GLDAS 模拟土壤水分的准确性。由于观测数据和 GLDAS 模型的土壤层深度不同，因此只比较了 0～10 厘米（CLM 模型为 0～9.1 厘米）同一深度的土壤水分。鄱阳湖湖泊蓄水量 LWS 采用经验水位—蓄水量曲线进行估算（表 2.1）。由于不同研究中的经验水位—体积曲线不同，因此使用不同曲线估算的平均值来减少湖泊蓄水量计算的不确定性。

表 2.1　鄱阳湖水位-蓄水量曲线

曲线	所用水位站	参考文献
$y=1.606x^2-25.06x+98.87$ $(7\leqslant x\leqslant 24)$	星子	（齐述华 等，2010）
$y=1.599x^2-22.20x+85.96$ $(4\leqslant x\leqslant 21)$	星子	（雷声 等，2010）
$y=0.549x^2-6.22x+19.10$ $(7\leqslant x\leqslant 19)$	都昌	（李国文 等，2015）

注：x 和 y 分别为水位和湖泊体积。

RESS 和 GWS 数据来自《长江水资源公报》。鄱阳湖流域大中型水库数量和蓄水量数据从《江西省水资源公报》中收集（江西省 97% 的面积位于鄱阳湖流域）。GRACE 原始产品 TWSA 是 TWS 相对于 2004—2009 年的距平值，因此，为了保证所有变量的可比性，我们计算了 TWS 四个组分的距平值，即 SMSA、RESSA、LWSA 和 GWSA。所有的数据统一处理为相对于 2003—2016 年平均值的距平值。同时，TWSA 及其组分被转换为单位面积的水高，以便与其他水文变量进行比较，如降水和 PET。2003—2016 年的月降水量、气温、风速、日照时间和相对湿度均来自中国气象局，后四个变量采用 Penman 公式计算 PET（Penman，1948；Shuttleworth et al.，1985）。主要入湖站的径流数据从长江水文局收集。

2.3.2　鄱阳湖流域 GRACE 水储量及其组分的变化

2003—2016 年，鄱阳湖流域的 GRACE TWSA 范围是－266 mm/month（2003 年

12 月)～289 mm/month(2016 年 7 月)(图 2.11)。为了消除季节波动的影响,在数据长度有限的情况下,采用去季节化的数值来研究长期 TWSA 的变化(Wang et al.,2018;Zhang et al.,2016b)。去除季节波动后的 TWSA 可以分为两个时期:2003 年至 2009 年的 TWSA 波动期,以及 2010 年至 2016 年的 TWSA 上升期(图 2.11)。值得注意的是,TWSA 的变化滞后于降水的变化,特别是在缺水期。例如,2003—2004 年的低 TWSA 是由 2003 年下半年鄱阳湖流域的持续低降水造成的。尽管 2004 年年初有充足的降水,但由于降水被消耗以缓解 2003 年造成的土壤和水库缺水,TWS 仍然很低,这反映在 2004 年初两湖流域的低径流系数上(图 2.12)。

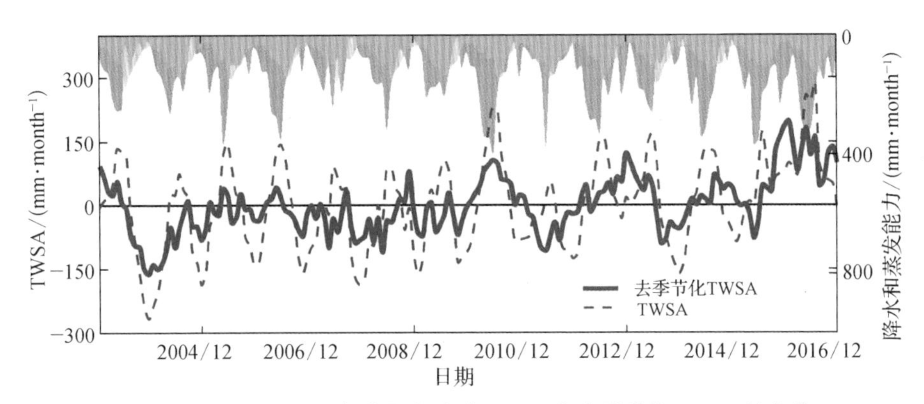

图 2.11　2003—2016 年鄱阳湖流域 TWSA 和去季节化 TWSA 的变化

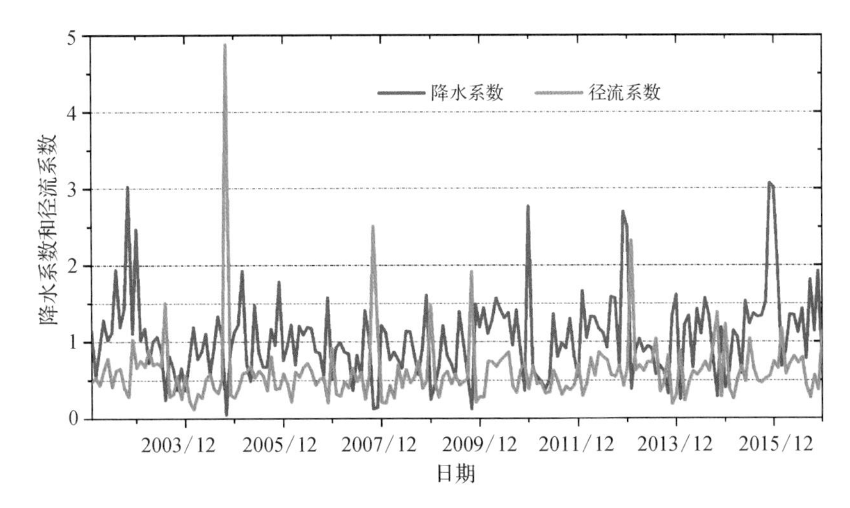

图 2.12　降水系数(月降水量与月气候值之比)和径流系数(月径流量与相应降水量之比)的变化

在定量归因 TWSA 变化之前，将 GLDAS 模型的土壤水分与南康站 0～10 厘米层的观测数据进行了比较(图 2.13)。决定系数(R^2)在 0.55～0.74，表明 GLDAS 土壤水分在研究地区表现良好。图 2.14 显示了 2003—2016 年两个湖泊盆地的 TWSA 成分的年度变化。四个 GLDAS 模型在 PYLB 上的 SMSA 趋势从 1.1 mm · a^{-2}($p>0.1$)到 3.4 mm · a^{-2}($p<0.05$)不等，平均值为 2.6 mm · a^{-2}($p<0.1$)。湖泊的 LWSA 略有增加，速率为 0.5 mm · a^{-2}($p>0.1$)。PYLB 的 GWSA 以 6.1 mm · a^{-2}的速率增加($p<0.05$)。

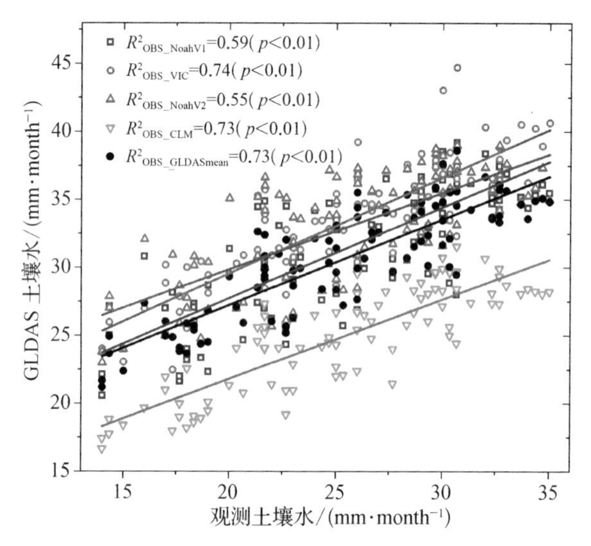

图 2.13 2003—2010 年 GLDAS 土壤水与土壤水观测值之间的关系

由于有四个 GLDAS SMSA 数据集，根据公式(2.1)，使用不同的 SMSA 数据集估算 TWSA。估算的 TWSA 和 GRACE TWSA 之间的 R^2 为 0.91～0.93，斜率为 0.57～0.74(图 2.15)。为了减少不确定性，采用了四个数据值的平均值。图 2.16 显示，平均 TWSA 和基于 GRACE 的 TWSA 之间的 R^2 对于 PYLB 是 0.92($p<0.01$)。结果表明，该方法在鄱阳湖流域的 TWSA 变化归因方面表现良好。图 2.16(b)显示了 2003—2016 年鄱阳湖流域 TWSA 变化的归因。所有四个组成部分都对 TWSA 的增加有正的贡献。GWSA 的增加是 TWSA 增加的主要因素(占 52.6%)，其次是 SMSA(22.4%)、RESSA(20.7%)和 LWSA(4.3%)。总的来说，RESSA 对 TWSA 变化的贡献大于 LWSA，表明人类引起的储水变化对 TWS 的影响超过了自然湖泊的储水变化。

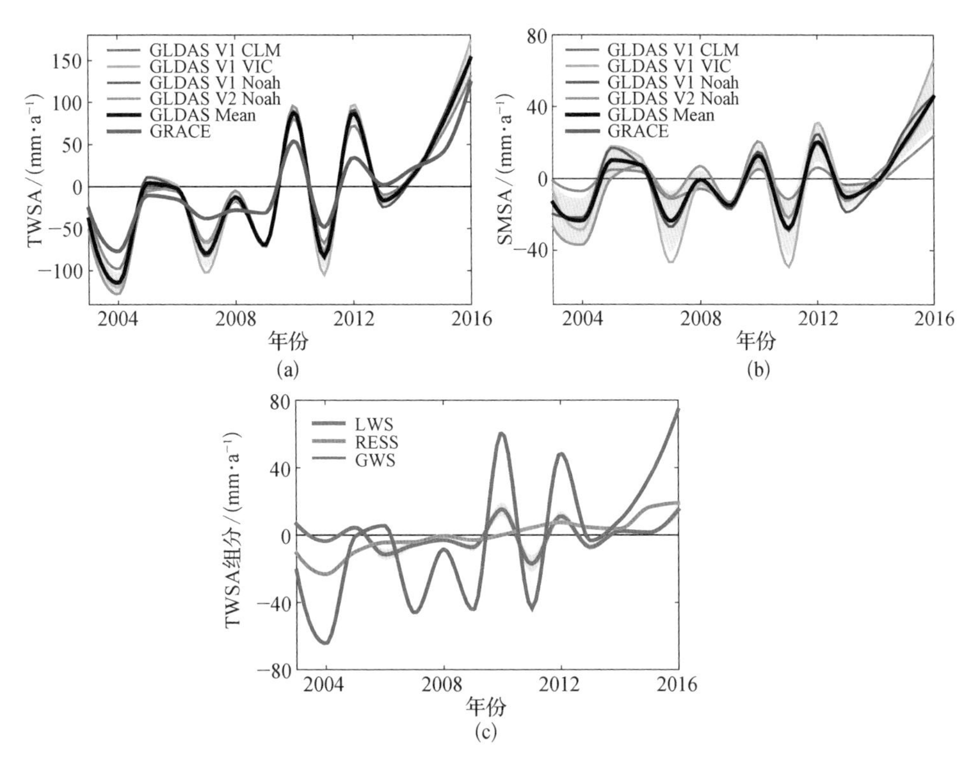

图 2.14　鄱阳湖流域 TWS 组分的变化(阴影区域是相应要素的 1 个标准差)

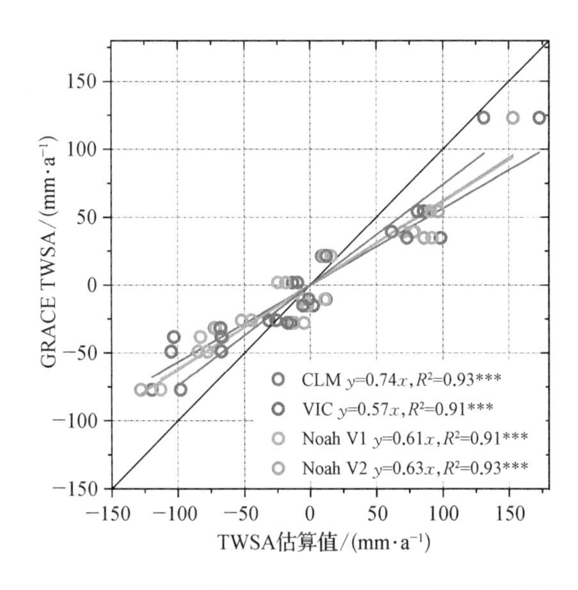

图 2.15　GRACE TWSA 与不同 GLDAS SMS 计算出的估计 TWSA 之间的关系(*** 代表关系在 $p=0.01$ 时是显著的)

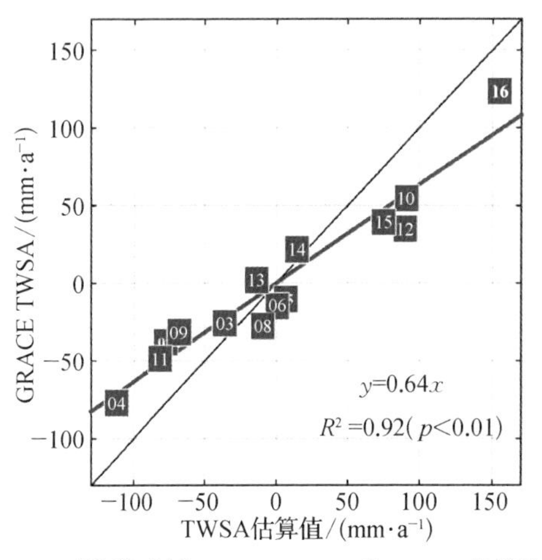

(a) 鄱阳湖流域 GRACE TWSA 和 TWSA 估算值之间的关系(每个点的数字代表相应的年份)

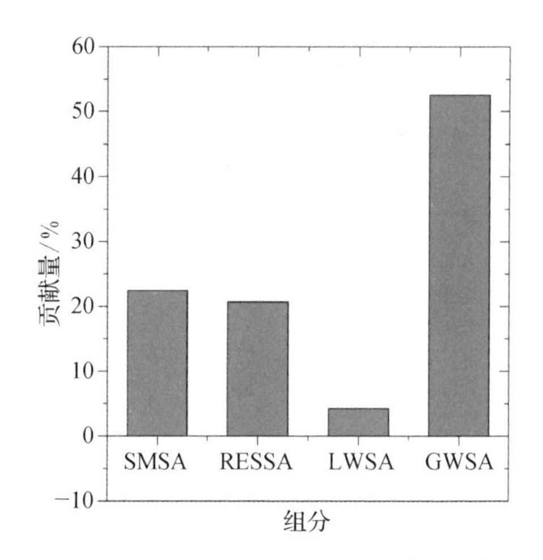

(b) 四个组分对流域 TWSA 变化的贡献

图 2.16　鄱阳湖流域水储量变化的组分分解

2.3.3　鄱阳湖流域水储量变化原因

图 2.17(a)显示，2003—2016 年鄱阳湖流域的 RESS 增加了 0.38 $km^3 \cdot a^{-1}$($p<0.01$)。这主要是由大型水库的蓄水增加造成的，其增加率为 0.23 $km^3 \cdot a^{-1}$。虽然中型水库的数量远远大于大型水库，但中型水库的总蓄水量却远远小于大型水库(图 2.17(b)和 2.17(c))。鄱阳湖流域的平均 RESS 为 9.2 km^3，约为鄱阳湖 LWS(5.6 km^3)的 1.6 倍，表明人工水库的蓄水量远远大于天然湖泊。SMS 和 GWS 的增加主要是由降水的增加引起的(图 2.18)。2003—2016 年，鄱阳湖流域年降水量以 44.6 $mm \cdot a^{-2}$($p<0.05$)的速率增加。降水的增加解释了 SMS 增加的 76%、GWS 增加的 82%。此外，鄱阳湖流域的 PET 下降率为−7.0 $mm \cdot a^{-2}$($p<0.05$)。降水的增加和 PET 的减少都使更多的水到达地面，这有利于 SMS 和 GWS 的增加(Zeng et al.，2016；Zhang et al.，2016a)。本研究结果强调了水库和地下水储存对 TWS 变化的贡献。尽管陆地表面和水文模型可以模拟水文过程，但水库和地下水模块还存在一些不足(Fang et al.，2009；Pan et al.，2017；Scanlon et al.，2018)。例如，在许多地表模型中，水库的数量是预设的，不随时间变化，而地下水模块由于缺少地下水观测和水文地质数据，常常采用统计模型(Bai et al.，2018；Jasechko et al.，2021)。因此，在陆面和水文模拟中应提高水库和地下水储存变化的模拟能力。

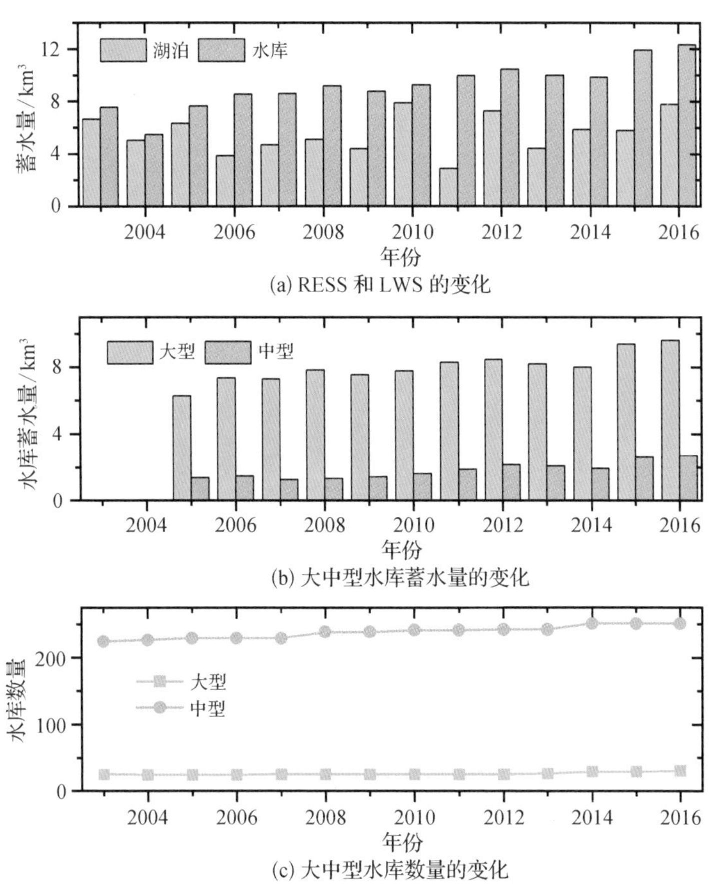

(a) RESS 和 LWS 的变化

(b) 大中型水库蓄水量的变化

(c) 大中型水库数量的变化

图 2.17　2003—2016 年鄱阳湖流域大中型水库蓄水量和数量的变化

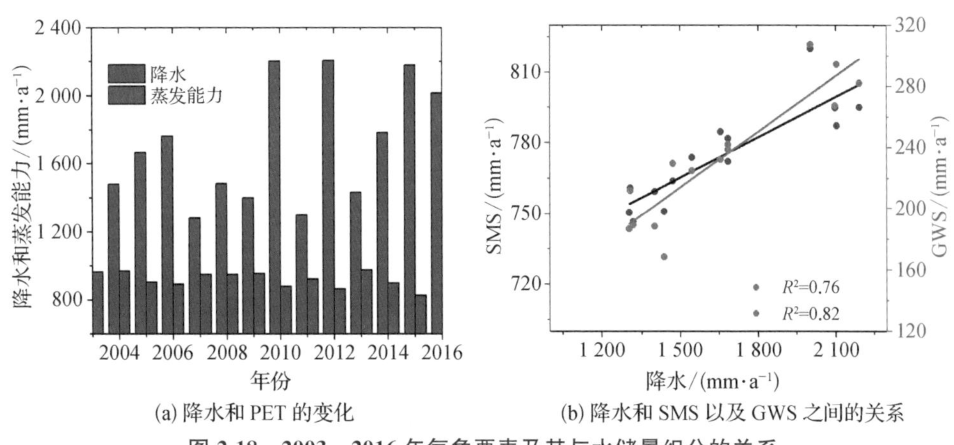

(a) 降水和 PET 的变化　　(b) 降水和 SMS 以及 GWS 之间的关系

图 2.18　2003—2016 年气象要素及其与水储量组分的关系

2.4 鄱阳湖枯水情势变化特征

2.4.1 鄱阳湖枯水长序列历史演变特征

图 2.19 为鄱阳湖主要水文站平均水位的年际变化过程。由图可知近 60 多年来，鄱阳湖水位整体呈下降趋势，特别是在 2000 年之后，水位下降的趋势十分明显。这一时期湖泊水位的显著下降与湖中采砂的兴起、三峡工程的初期运行在时间上较为吻合。鄱阳湖持续性低枯水事件在 2006—2009 年显著增加，并在 2011 年达到了极限。此外，值得注意的是，在 2002 年以前，湖口、星子和都昌 3 个水文站年平均水位大致保持一定的落差，而 2003 年以后，这 3 站年平均水位差逐渐缩小，并于 2009 年前后几乎消失，反映出鄱阳湖水位变化出现了新的特点。

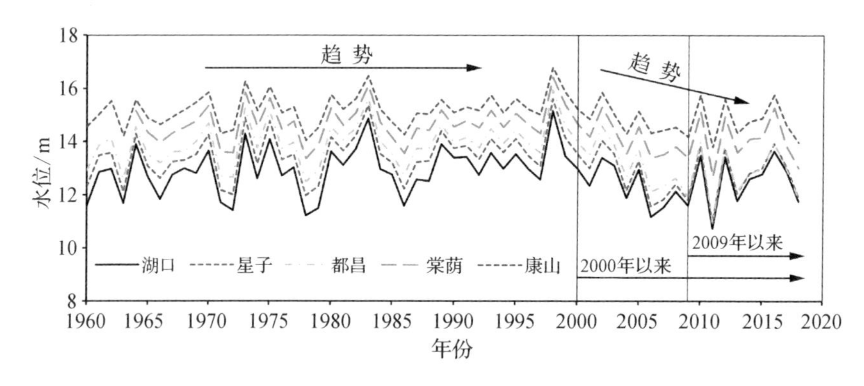

图 2.19 1960—2018 年鄱阳湖主要水文站年平均水位变化

图 2.20 展示了 1960—2018 年鄱阳湖主要水文站年最低水位与枯水期平均水位变化过程。由图可看出，星子站年最低水位长序列变化呈微弱上升趋势，但 2003 年后大多数年份处于低位波动；都昌站最低水位在 2003 年以后呈明显的下降趋势；棠荫站和康山站最低水位长序列趋势变化不明显，但 2003 年后数次刷新历史最低水位。另外，从枯水期(10 月—12 月)平均水位来看，鄱阳湖各主要站点水位都呈显著的下降趋势，尤其是 2003 年以后，大多数年份枯水期平均水位都处于历史低位波动。

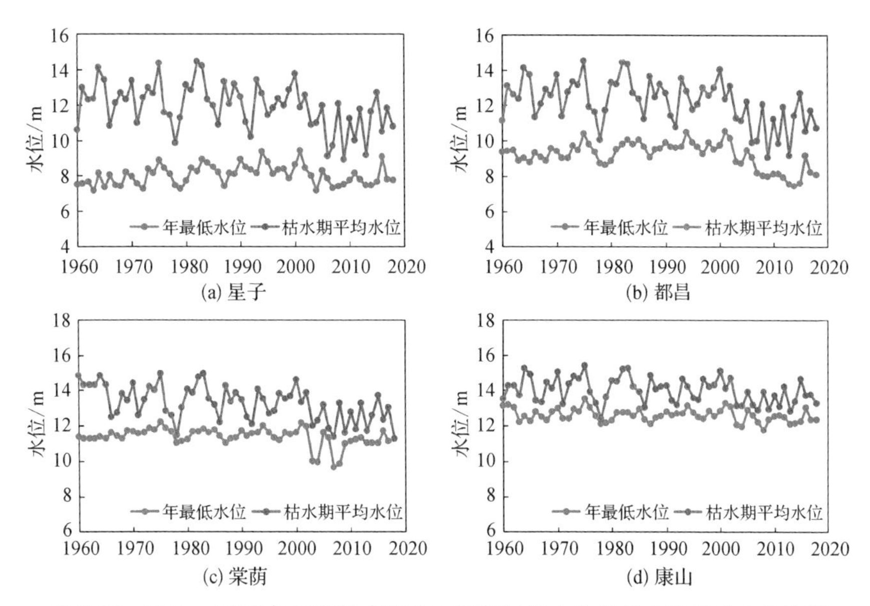

图 2.20　1960—2018 年鄱阳湖主要水文站年最低水位与枯水期平均水位变化

以星子站为代表，进一步分析鄱阳湖进入枯水期时间和枯水持续时间的变化。以星子站水位低于 12 m 确定鄱阳湖进入枯水期，并用儒略日(Julian Day)(一年内以 1 月 1 日起连续的日数计算时间)表示进入枯水起始时间，结果如图 2.21 所示。由图可看出，1960—2018 年鄱阳湖进入枯水期时间有明显提前的趋势，尤其是 2003 年以后大部分年份都在 10 月底前(儒略日＜300)开始进入枯水期，相比历史平均时间有显著的提前。同时，2003 年后鄱阳湖枯水持续时间相较于历史平均有明显延长。

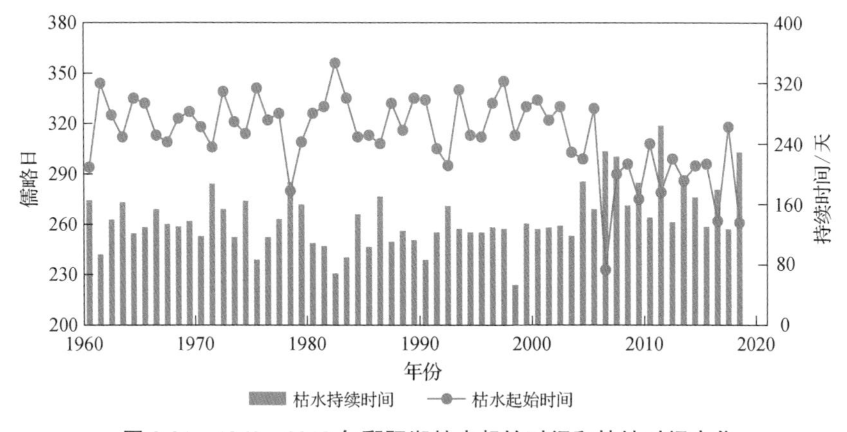

图 2.21　1960—2018 年鄱阳湖枯水起始时间和持续时间变化

2.4.2 近 20 年来鄱阳湖水位变化新特征

(1) 湖泊水位全面降低

图 2.22 展示了 3 个不同时期内 5 个水文站实测日水位数据超频率(≥某个水位值出现的频率)的分布特点。结果表明,相对于 1960—2002 和 1980—1999 年,2003—2018 年鄱阳湖水位的整体下降,不仅体现在高水位超频率上,而且在中、低水位的超频率上也表现十分明显。总体而言,除了湖口站部分极低水位的超频率有所上升外,2003—2018 年鄱阳湖其他各站点水位的超频率普遍降低。特别是都昌站,湖水位在 14 m 以下的超频率下降尤为突出。

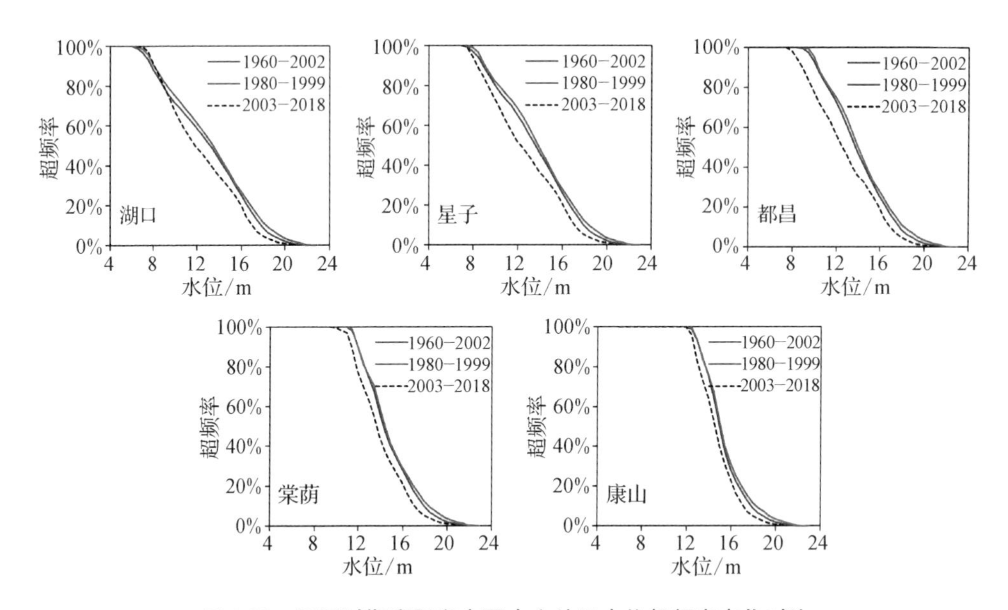

图 2.22 不同时期鄱阳湖主要水文站日水位超频率变化对比

将 2003—2018 年月平均水位减去 1960—2002 年月平均水位,可得近十多年来湖泊水位的相对变化量,结果见表 2.2。从中可以看出,鄱阳湖主要水文站水位中,除湖口站在 1 月、2 月和 3 月中水位有所上升外,其他各站水位在所有时间中均降低。在所有月份中,以 6 月份湖泊水位变化量最小。夏季中的 7、8 月份所有站点的水位降幅差异较小,在 0.64～0.86 m。所有水文站的水位降幅自秋季 9 月份开始明显增大,并在 10 月份中达到一年中的最大值,特别是湖口、星子、都昌和棠荫 4 站的水位降幅都超过 2 m。

自此之后，各站点水位降幅逐步减小，一致持续到次年 3 月份。在冬季枯水季节中，各站点水位变化差异最为突出。其中，2 月份都昌站水位下降 1.41 m，同期内湖口站水位却上升了 0.42 m。就空间分布而言，都昌站水位降幅最大，然后依次为星子站、棠荫站、湖口站和康山站。湖口站直接受长江水位变化影响最为突出，其水位在 1—3 月份有所提升，主要是因为三峡工程枯期补水导致长江中下游水位相对抬升。

表 2.2　月尺度上不同水文站 2003—2018 年平均水位相对于 1960—2002 年的变化量

（单位：m）

站点	1月	2月	3月	4月	5月	6月	7月	8月	9月	10月	11月	12月
湖口	0.45	0.42	0.65	−0.50	−0.74	−0.08	−0.74	−0.76	−1.54	−2.43	−1.56	−0.33
星子	−0.24	−0.60	−0.25	−1.00	−0.85	−0.09	−0.73	−0.74	−1.52	−2.41	−1.61	−0.59
都昌	−1.09	−1.41	−0.79	−1.12	−0.95	−0.16	−0.74	−0.75	−1.53	−2.38	−1.68	−1.07
棠荫	−0.44	−0.52	0	−0.53	−0.60	−0.03	−0.73	−0.86	−1.50	−2.01	−1.04	−0.40
康山	−0.30	−0.45	−0.12	−0.36	−0.38	−0.01	−0.69	−0.64	−1.12	−1.34	−0.54	−0.16

(2) 低枯水位持续时间延长，出现时间提前

基于都昌站实测水位数据，计算其多年平均水位为 13.63 m 和标准差 0.95 m，以水位平均值减 2 倍标准差为所得的 11.73 m 作为鄱阳湖干旱发生的标准，并参考方少文等(2022)的研究将星子站水位 12 m 作为鄱阳湖枯水期界定的标准，本书最终将鄱阳湖干旱程度划分为三类：① 枯水：都昌站水位小于 12 m；② 严重枯水：都昌站水位小于 10 m；③ 极端枯水：都昌站水位小于 9 m。

分别统计各级枯水位以下每年出现天数，其结果如图 2.23 所示。由图可知，在过去 60 年中，前 40 年中不同等级枯水出现天数相对较少，其中 20 世纪 80、90 年代相对于 60、70 年代不同等级枯水出现天数略有减少。近 20 年来，特别是 2003 年以来，都昌站不同等级枯水出现天数明显增多。表 2.3 进一步统计了都昌站不同时期不同等级枯水位多年平均出现天数。由表可知都昌站 1960—2002 年 12 m 以下枯水位平均每年 99 天，严重枯水位 10 m 以下平均每年 30 天，极端枯水位 9 m 以下平均每年仅有 2 天。2003—2018 年这 3 个特征枯水位以下每年平均出现天数分别增加到 161 天、85 天和 42 天。特别是 2011 年 12 m 和 10 m 以下持续时间分别长达 263 天和 184 天，成为近 60 年来枯水持续时间最长的年份。此外，2008 年、2009 年、2014 年和 2018 年也分别出现了持续时间较长的严重枯水事件。

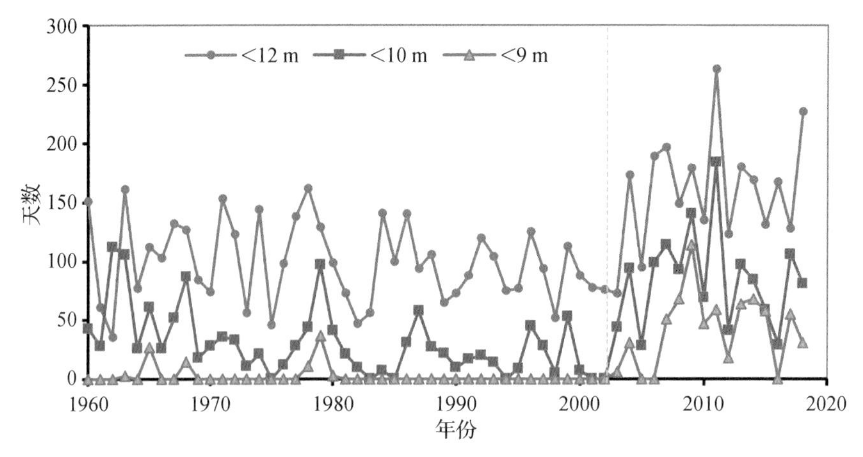

图 2.23　都昌站不同等级枯水位平均出现天数年际变化过程

表 2.3　都昌站不同时期不同等级枯水位多年平均出现天数统计

时期	枯水 12 m	严重枯水 10 m	极端枯水 9 m
	天数	天数	天数
1960—1969 年	104	56	5
1970—1979 年	112	31	5
1980—1989 年	92	22	0
1990—1999 年	92	20	0
2000—2009 年	130	62	27
2010—2018 年	169	83	44
1960—2002 年	99	30	2
2003—2018 年	161	85	42
最多/天	263(2011 年)	184(2011 年)	114(2009 年)
次多/天	227(2018 年)	140(2009 年)	68(2008 年,2014 年)

根据图 2.24 所示的都昌站不同时期日平均水位过程线的对比可以看出,近 20 年来鄱阳湖水位在整体下降的同时,枯水(都昌站水位小于 12 m)出现时间明显提前。相对于 1960—1999 年,2000—2009 年鄱阳湖枯水出现时间平均提前 28 天,2010—2018 年鄱阳湖枯水出现时间平均提前 35 天。综合来看,2003—2018 年鄱阳湖枯水出现时间平均提前 34 天。

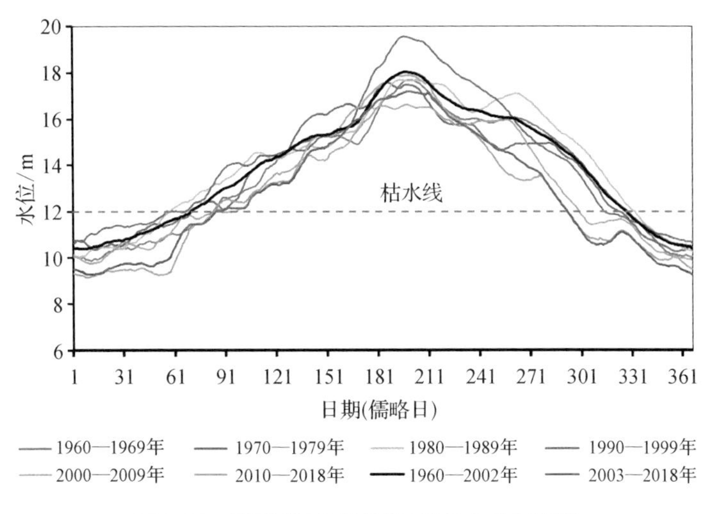

图 2.24　都昌站不同时期日平均水位过程线

(3) 极端枯水位屡创新低

表 2.4 归纳了鄱阳湖各水文站最低水位的变化情况。前面分析表明,鄱阳湖所有站点中,除湖口站年最低水位表现出明显的稳步上升趋势之外,其他站点特别是都昌和棠荫站水位下降趋势较为突出。湖口站水位受长江、鄱阳湖双重影响,1960—2018 年间最低水位出现在 1963 年(5.91 m),2004 年出现历史第二低的枯水位 6.63 m。除湖口站外,其他各站点最低水位均发生在 2003 年以后。由表可知,星子站在 2003 年以前的最低枯水位为 7.16 m,出现在 1963 年。2004 年,该站出现历史最低水位 7.12 m。都昌站于 2007 年出现历史最低水位 8.19 m 之后,于 2009 年、2012 年、2013 年屡创新低,2014 年的最新历史最低水位记录为 7.47 m,并在 2015 年继续出现了历史第三低的枯水位记录(7.61 m)。棠荫站在 2003 年以前的最低枯水位为 11.02 m,出现在 1978 年。2003 年该站出现新的 10.01 m 的枯水位记录,2004 年、2007 年进一步刷新了枯水位记录,这两年的最低水位分别为 9.96 m 和 9.65 m。2008 年,该站出现历史第二低的枯水位 9.85 m。康山站在 2003 年以前的最低枯水位为 12.10 m,出现在 1978 年。2004 年,该站出现了 11.98 m 的最低枯水位,刷新了之前的记录。2008 年,该站最低枯水位进一步刷新纪录,达到 11.75 m。

表 2.4　鄱阳湖主要水文站最低水位　(单位:m)

年份	湖口	星子	都昌	棠荫	康山
2003 年以前	5.91(1963 年)	7.16(1963 年)	8.64(1979 年)	11.02(1978 年)	12.10(1978 年)
2003	7.61	7.96	8.85	10.01	12.06
2004	6.63	7.12	8.72	9.96	11.98
2005	7.68	8.26	9.48	11.64	12.88
2006	7.35	7.84	9.10	11.33	12.60
2007	7.16	7.29	8.19	9.65	12.19
2008	7.17	7.38	8.05	9.85	11.75
2009	7.30	7.49	7.99	10.98	12.35
2010	7.54	7.75	8.16	11.12	12.53
2011	7.97	8.11	8.16	11.21	12.60
2012	7.68	7.80	7.93	11.32	12.48
2013	7.28	7.43	7.54	11.01	12.12
2014	7.29	7.41	7.47	11.04	12.17
2015	7.49	7.61	7.61	10.83	12.26
2016	8.71	9.04	9.17	11.82	13.04
2017	7.61	7.79	8.22	10.93	12.34
2018	7.62	7.75	8.11	10.96	12.36

(4) 湖区水位梯度北部普遍减小,南部秋季增大

近年来,随着湖区不同站点水位变化的差异,湖区水位梯度也呈现出季节性的南北分异特点。如图 2.25 所示,分别对比 2003—2018 年与 1960—2002 年以及 1980—1999 年间鄱阳湖区不同区间水位差异,可以观察到每月湖泊水头的显著变化。从空间上看,南、北湖区水位差异的变化有很大不同。星子—湖口以及都昌—湖口间的水位差急剧下降主要发生在冬、春季节,而其他季节的变化并不明显。然而,除 1 月至 3 月外,棠荫—湖口和康山—湖口间的水位差异在一年中的大部分月份都有所上升,特别是 9—11 月间的秋季,水位差异增大现象十分突出。

以上结果表明,鄱阳湖北部湖区水位梯度普遍减小,南部水位梯度在秋季显著增大。这种湖泊水位梯度差异的变化,与湖口、星子和都昌 3 个水文站年平均水位在 2003 年以后逐渐减小,并于 2009 年前后几乎消失密切相关。从成因上说,主要是因为湖盆地形的变化所致。2000 年以后,鄱阳湖采砂现象十分突出,2010 年前大量采

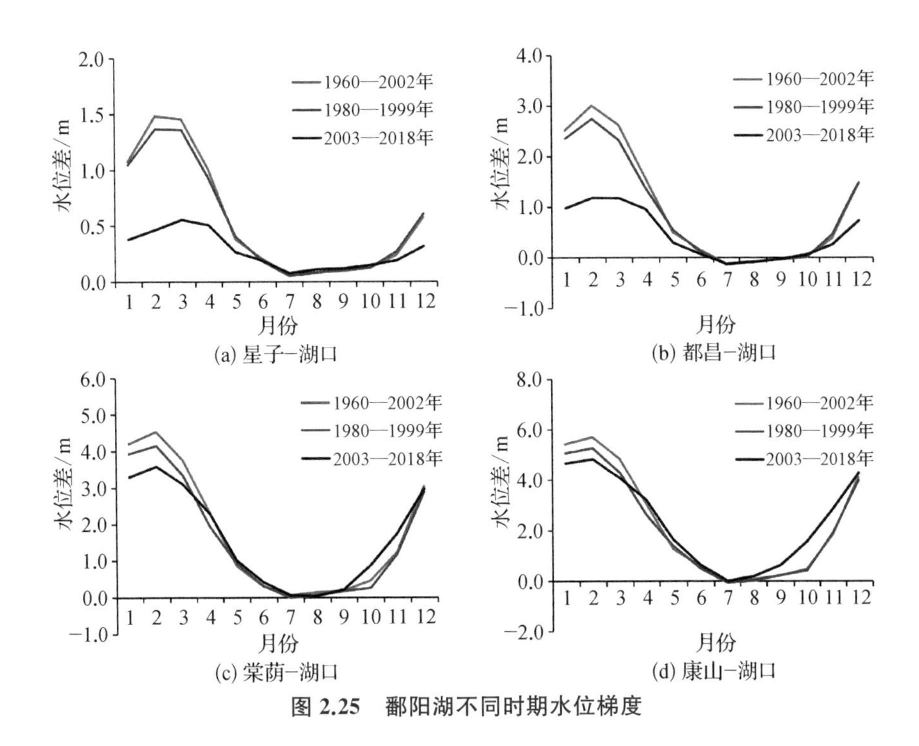

图 2.25　鄱阳湖不同时期水位梯度

砂船主要集中在湖口—星子一线的入江通道里，2010 年后逐渐涌进至都昌站附近以及南部湖区(崔丽娟 等，2013；江丰 等，2015)。采砂活动导致的后果就是湖盆地形下切，水流断面扩大。采砂导致湖口、星子、都昌等水文站点附近湖盆下切，高程梯度减小，从而使得湖口—都昌一线的湖泊水位差异明显减小。由于采砂活动主要集中在都昌站以北湖区，南部湖区采砂强度较小，因此，在退水期间(9—11 月份)，北部湖区湖水加速外泄，对南部湖区的湖水起到明显的拉空作用，从而导致康山至都昌之间的湖区水位差异相对增大(Ye et al.，2018)。

2.4.3　近 20 年来鄱阳湖淹水面积和淹水频率变化

充分考虑鄱阳湖洪泛系统下垫面空间异质性程度高、系统开放性强和水文节律高度动态的特征，基于遥感大数据和图像融合技术构建连续的高时空分辨率湖泊淹水数据的方法，实现对 2000—2020 年鄱阳湖淹水面积和淹水频率变化时空异质性的精细定量研究。

(1) 淹水面积年内变化特征

鄱阳湖水体淹没面积呈现出显著的季节性波动(图 2.26)。总体来看，鄱阳湖月尺度淹水面积变化呈单峰形，湖泊淹水面积在1—6月份呈稳定上升趋势，8月份达到最大，在随后的9—12月逐步降低。结合鄱阳湖水位变化的季节性节律特点，可知在春季涨水期(3—5月)随着流域“五河”来水的大量汇入，湖泊淹水面积快速扩张。夏季洪水期间(6—8月)，特别是7月以后受长江中上游来水顶托作用的影响，湖泊水位高涨，水域面积达到一年中的最大值，超过3 000 km²。秋季(9月—11月)退水期，随着长江来水的减少，鄱阳湖水大量排泄，特别是从10月开始，鄱阳湖水域面积存在一个快速收缩的过程，表明其开始进入稳定的退水期。冬季枯水期间(12月—翌年2月)，受流域来水减少的影响，鄱阳湖区大片洲滩裸露，水域面积在12月期间萎缩到不足1 000 km²。

此外，图2.26进一步显示了2000—2020年各个月份湖泊淹水面积的整体变化幅度。由图可知，同一月份，不同年份鄱阳湖淹水面积差异显著，最大值和最小值分别出现在10月(2 363 km²)和7月(993 km²)。一般来说，年际差异较低的月份出现在冬季枯水期和夏季洪水期，此时湖水淹没面积通常达到极值且变化较小。相比之下，较大的年际水域变幅通常出现在水域快速扩张的春季涨水期(4、5月)和水域快速收缩的秋季退水期(9、10月)。

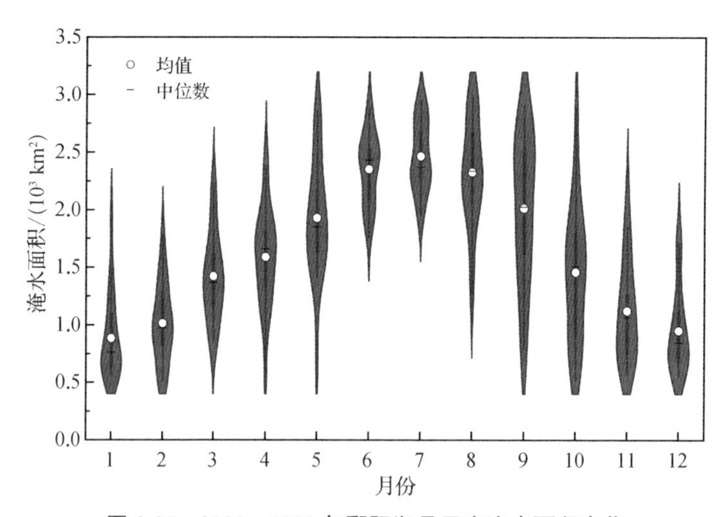

图2.26 2000—2020年鄱阳湖月尺度淹水面积变化

鄱阳湖主湖区与毗邻碟形湖区之间存在季节性动态的连通条件，导致了主湖区和碟形湖区水体淹没状况在年内变化的非一致性。本书计算表明，近20年来，主湖区与碟形湖区水体淹没面积多年平均值分别为1 222 km² 和 407 km²，碟形湖区的淹没面积占整个鄱阳湖区总淹没面积的 24%。两者在年内具有相似的季节波动（图 2.27），但主湖区水域面积随鄱阳湖水位上升和下降呈现出较大波动，而碟形湖区水域面积波动相对较小，并且在某些月份两者的淹水过程细节特征并不同步。如图中灰色区域所示，淹水面积的不同步主要发生在 3 个不同的时间段。首先，在 3 月底，当主湖区水域面积呈增加趋势的时候，碟形湖区的水域面积有一个减小的过程；其次，7 月上旬，主湖区的淹水面积持续增加，达到一年内的峰值，而碟形湖区的淹水面积急剧下降；最后，10 月份鄱阳湖退水过程中，碟形湖区水域面积快速下降并在随后的时间里保持稳定缓慢下降，而主湖区自 10 月份开始的水域面积快速下降过程要一直延续到 11 月份。从图 2.27 还可以看出，在淹水面积的相对占比上，主湖区远超碟形湖区，两者淹水面积占比年内变化呈现相反的趋势。

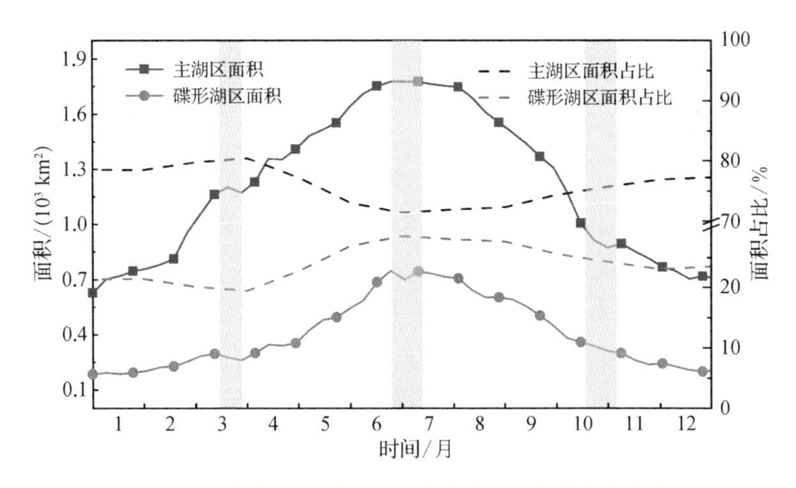

图 2.27　主湖区与碟形湖区水体淹没面积的年内变化

（2）淹水面积年际变化特征

2000—2020 年鄱阳湖年平均水体淹没面积呈不显著的减小趋势（图 2.28），趋势率为 −4 km²/a。研究期间，鄱阳湖年平均最大淹水面积出现在 2002 年，为 2 030 km²；年平均最小淹水面积出现在 2011 年，仅为 1 089 km²。近 20 年来，鄱阳湖年平均淹水面积的年际变化过程呈现出一定的阶段性特征：2003 年以前为第一阶段，鄱阳湖的淹水面积较大，最大淹水面积和最小淹水面积都保持同期高水平位置；

2004—2009年为第二阶段，湖泊淹水面积呈现明显的减小趋势，并长期处于较低水平；2010—2020年为第三阶段，鄱阳湖年平均淹水面积年际间波动幅度较大，特别是2010年与2011年湖泊淹水面积相差达到909 km²，为近20年来相邻年份间鄱阳湖水域面积变化的极值。但是，相比于2004—2009年，该时间段鄱阳湖区淹水面积多年平均值仍然相对较高。

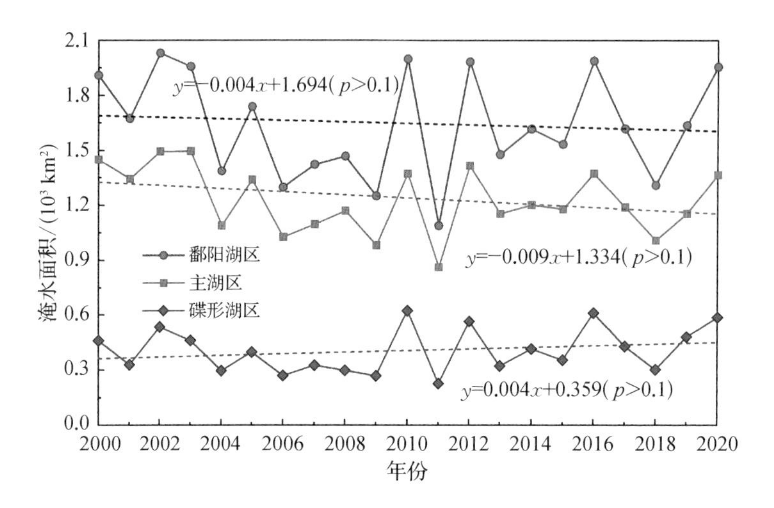

图2.28 鄱阳湖淹水面积的年际变化

主湖区和碟形湖区水体淹没面积的年际波动过程与整个湖区高度一致。然而，值得注意的是，主湖区和碟形湖区年平均水体淹没面积呈现出相反的年际变化趋势。研究时段内，主湖区的水体淹没面积呈不显著下降趋势，而碟形湖区的水体淹没面积呈不显著上升趋势。

(3) 淹水频率年内变化特征

本研究计算表明，2000—2020年鄱阳湖区水体淹水频率多年平均值为51%，主湖区水体淹水频率显著高于碟形湖区，两者分别为60%和36%。图2.29显示了2000—2020年鄱阳湖区多年平均水体淹水频率的空间分布特征。由图可知，在空间上，鄱阳湖的淹水频率总体上呈“北高南低”的分布格局。水体淹水频率较高的区域主要集中在主湖区，特别是北部的入江水道和东北湖湾区的淹水频率为60%～90%，局部可达永久淹没的状态。相比之下，淹水频率较低的区域大多分布于湖泊东南、西南部入湖河流三角洲前缘地带的洪泛湿地区域，其水体淹没频率大多低于40%。但是，在这一区域，一些孤立分散的天然碟形湖和人工湖却表现出高淹水频率状态。碟形湖的淹水频率具有从湖心往四周逐渐降低的特点，距离各碟形湖湖心越远，对应的高程逐渐增加，水体被淹没的频率相应下降，呈现出大小不均的斑块式空间分布特征(图 2.29(a))。此外，松门山西面的蚌湖、大湖池和南面的大汊湖，鄱阳湖东部湖湾区的焦潭湖、汉池湖，南部的杨坊湖、青岚湖、金溪湖等面积稍大的子湖泊的淹水频率也接近于永久淹没，比北部河道的淹水频率空间分布更加稳定，这是因为这些湖泊大多数属人工湖泊，与鄱阳湖整体的水文联系较弱。

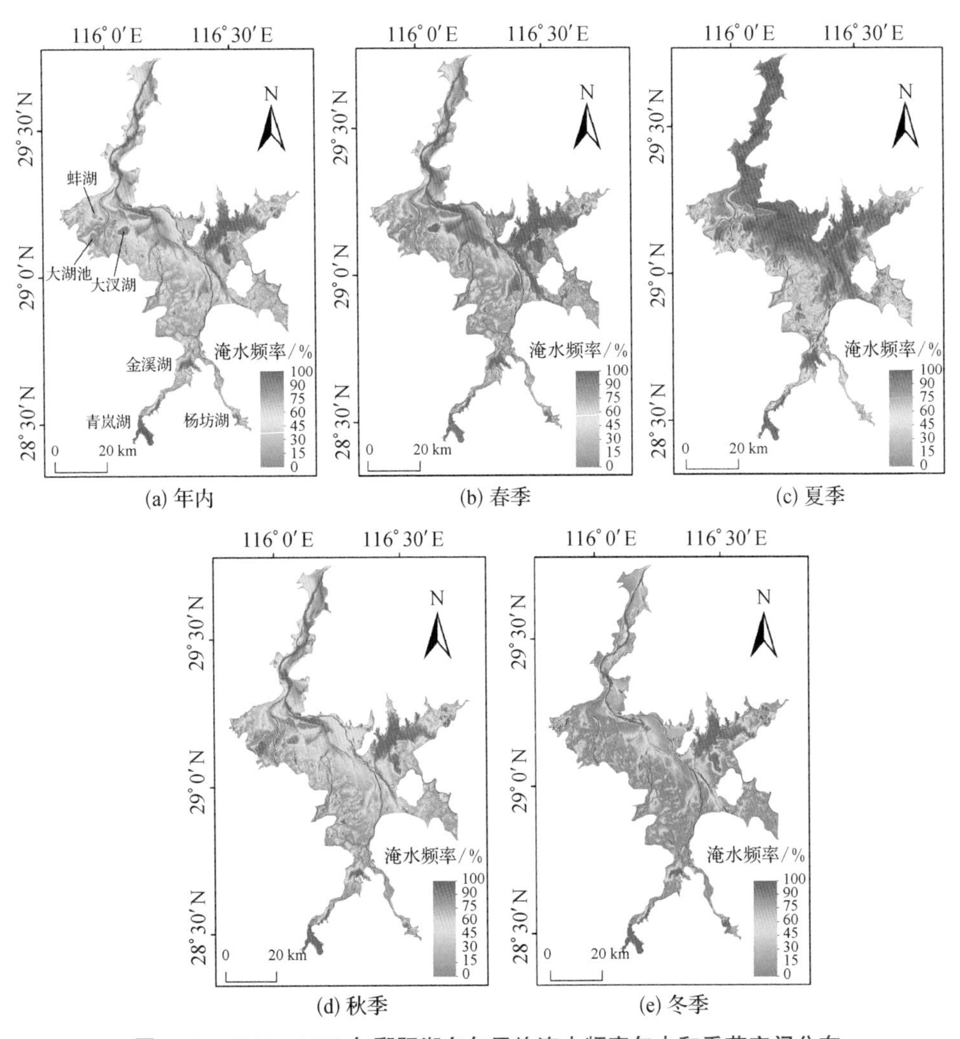

(a) 年内　(b) 春季　(c) 夏季　(d) 秋季　(e) 冬季

图 2.29　2000—2020 年鄱阳湖多年平均淹水频率年内和季节空间分布

不同季节，鄱阳湖区水体淹没状态空间差异明显，洪泛特征表现突出。春季，湖泊北部入江通道、中部和东北湖湾区域水体淹水频率较大，呈现出一定的带状分布特点，其他区域淹水频率较小(图 2.29(b))。夏季，湖泊淹水区域大幅增加，湖水逐渐向碟形湖区以及湖岸线边缘扩张，几乎扩大到整个湖区，呈现出“洪水一片”的特征。同时，高淹水频率区域逐渐由春季的带状转变成片状、面状特征，60％的湖泊区域淹水频率达到 80％以上(图 2.29(c))。秋季退水期间，湖水淹没范围向主湖区中心缩减，除东北湖湾片区外，高淹水频率区主要集中在湖区内五河河床一线(图 2.29(d))。尽管此时鄱阳湖洪泛滩地整体淹水频率显著减小，但大多数碟形湖内仍然维持较高的淹水频率。进入冬季枯水期后，鄱阳湖水域进一步萎缩，除东北湖湾片区外，主要水体淹没范围限制在湖区五河河床之内，表现出狭窄的线状曲流分布特征，呈现出独特的“枯水一线”景观(图 2.29(e))。在此过程中，鄱阳湖洪泛滩地广泛裸露，除部分碟形湖内维持一定水体之外，大多数均已干涸。

(4) 淹水频率年际变化特征

鄱阳湖淹水频率年际变化趋势空间分异明显，总体上呈现出低淹水频率区域增加、高淹水频率区域减少的基本特征(图 2.30(a))。统计表明，鄱阳湖区整体淹水频率年际变化趋势率在－0.067/a～0.069/a，大部分地区以减小趋势为主。淹水频率呈显著增加趋势的区域约占湖区总面积的 17％，主要分布在鄱阳湖东南、西南的碟形湖区以及北部入江水道，特别是鄱阳湖西部的大沙坊湖、铭溪湖、大车荒等小湖泊的淹水频率增加趋势较为突出。淹水频率呈显著减少趋势的区域约占湖区总面积 33％，主要分布在鄱阳湖的中部主湖区以及通江水域。碟形湖区的淹水频率有增大的趋势，而鄱阳湖整体及主湖区的淹水频率呈减小的趋势(图 2.30(c))。从图 2.30(b)可以看出，虽然鄱阳湖淹水频率变化趋势的频数分布基本符合正态分布，但 $\alpha < 0$ 的像元个数还是远远超过 $\alpha > 0$ 的像元个数。

图 2.31 进一步显示了整个鄱阳湖区以及主湖区与碟形湖区水体淹水频率的年际变化过程。总体来看，鄱阳湖淹水频率的年际变化与淹水面积的年际变化过程基本一致，均呈现出先下降后上升的阶段性变化规律，三者均在 2011 年达到近年来的最小值。相对而言，碟形湖区淹水频率年际间波动较大，而主湖区淹水频率波动相对较小。研究时段内，整个鄱阳湖区水体淹水频率呈不显著的下降趋势，主湖区的淹水频率与碟形湖区的淹水频率呈现出相反的变化趋势：主湖区的淹水频率呈现不显著下降趋势，而碟形湖区的淹水频率却呈不显著上升趋势。

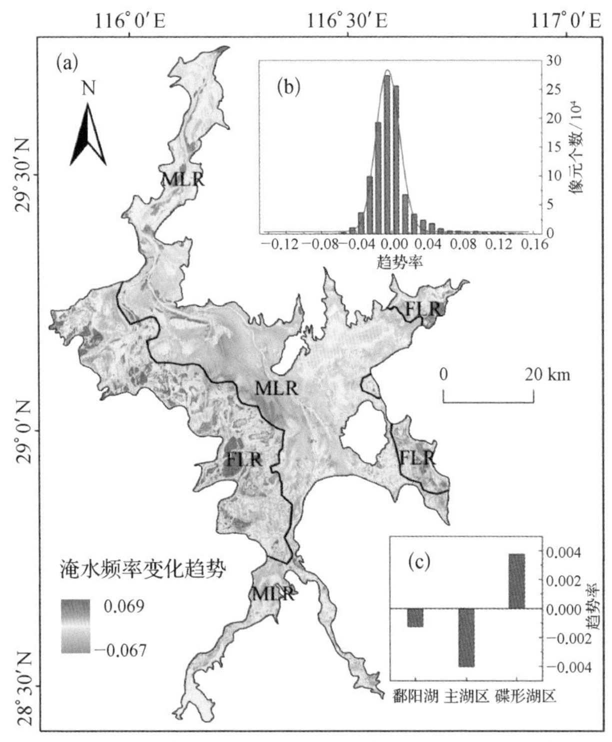

(a) 全湖线性趋势空间分布；(b) 基于像元统计的线性趋势分布；
(c) 全湖、主湖区(MLR)和碟形湖区(FLR)线性趋势差异

图 2.30　淹水频率变化

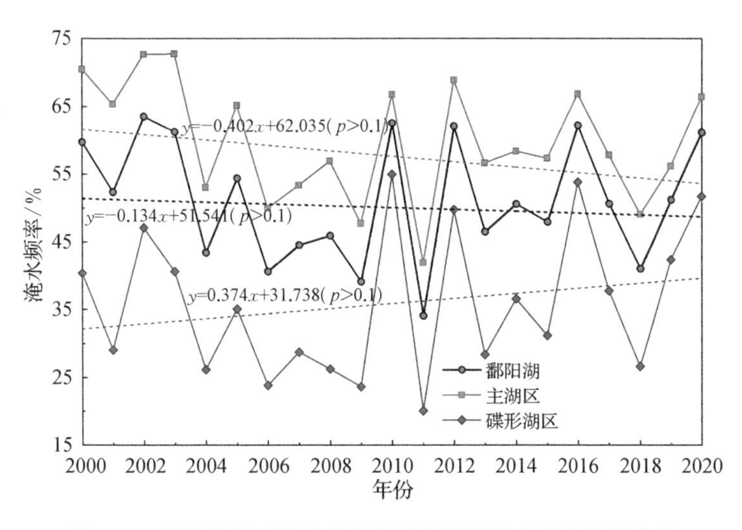

图 2.31　鄱阳湖区以及主湖区和碟形湖区淹水频率年际变化

(5) 水位—面积关系变化

鄱阳湖淹水面积与水位相关性较高，其最小相关系数 R 为 0.726，整体上都通过 0.01 的显著性水平，但鄱阳湖淹水面积与湖泊水位之间的关系具有明显的时空差异性(图 2.32)。在月时间尺度上，淹水面积与湖泊水位的线性相关在 8—9 月表现得最好，其相关系数均大于 0.90。最差的相关性主要出现在 1—3 月，相关系数均值为 0.80，其中都昌站 2 月的相关系数处于同时期较低水平，仅为 0.73。在空间上，位于湖泊上游的康山站在 8—10 月相关性最好，而其他站点的相关性在 8 月和 9 月表现得较好。平均而言，位于湖泊中心都昌站的淹水面积与水位之间具有最佳的线性关系，往南往北依次减弱，这一特征在最小时间尺度(8 天)上也表现得很明显。

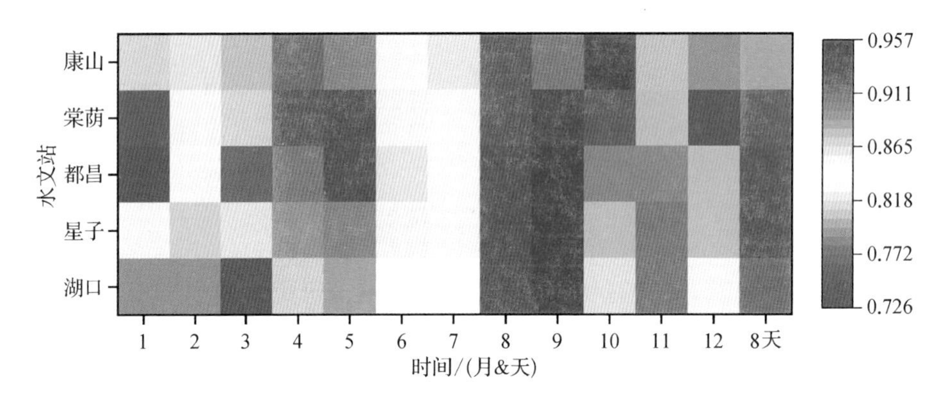

图 2.32　不同水文站淹水面积与水位的月尺度相关性

近年来，随着鄱阳湖湖盆地形条件以及江湖关系的变化，鄱阳湖淹水面积与水位关系也在不断改变。如图 2.33 所示，相对于 2000—2002 年，湖口和星子站鄱阳湖水位—面积线性关系在 2003—2009、2010—2018 年出现明显的下移，表明同水位下的鄱阳湖水域面积有相对减小的趋势。2003—2009 年与 2010—2018 年的水位—面积关系变化不大。然而对于都昌、棠荫和康山 3 站，其水位—面积关系的变化特点与湖口和星子站不同。对这 3 站而言，相对于 2000—2002 年，2003—2009 年与 2010—2018 年的水位—面积关系有顺时针旋转的趋势。大约以 15 m 水位为基准，在水位高于 15 m 的情况下，同水位下的鄱阳湖水域面积有相对减小的趋势，然而，在水位低于 15 m 的情况下，同水位下的鄱阳湖水域面积有相对增大的趋势。

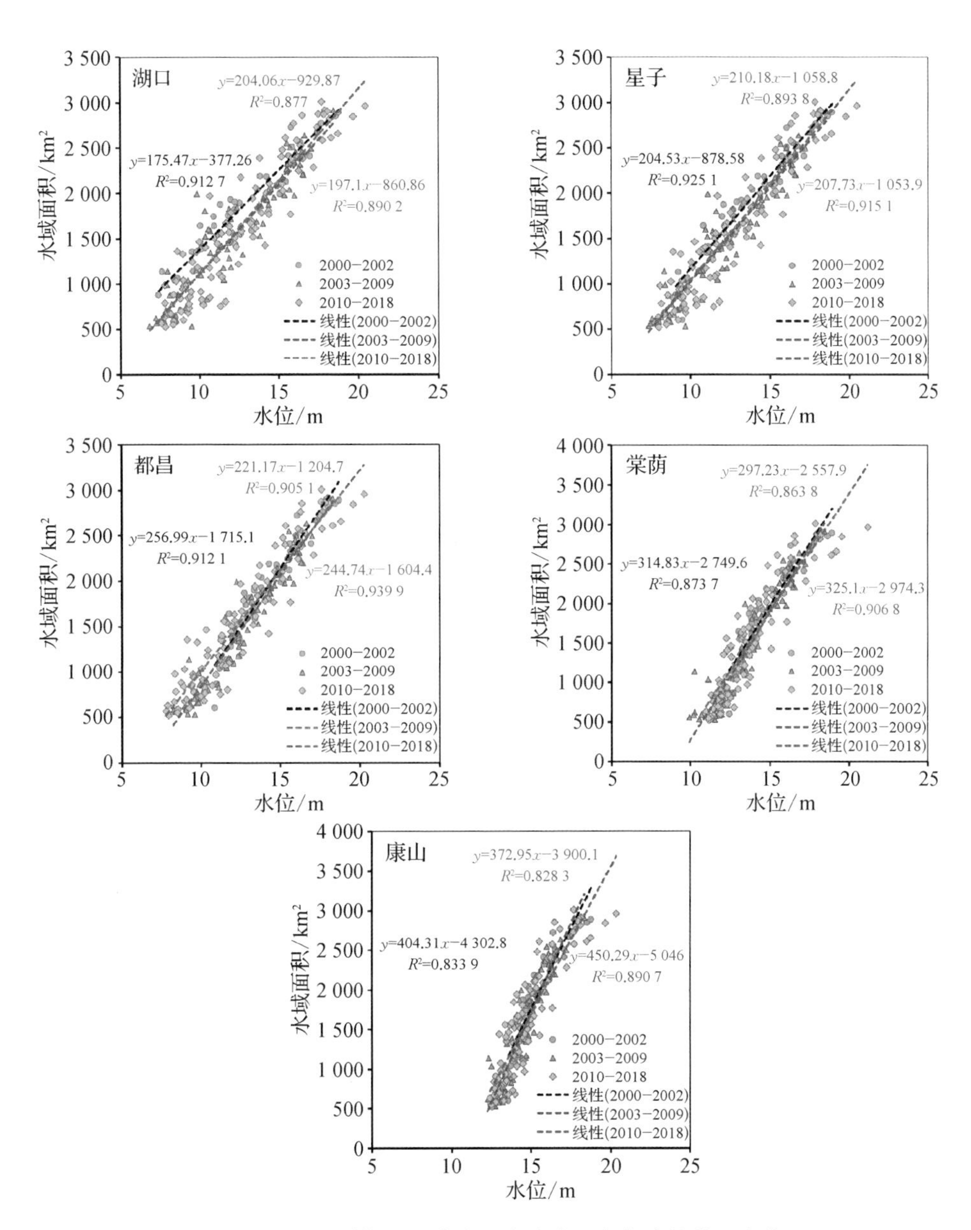

图 2.33　不同时期月尺度鄱阳湖淹水面积与水位关系变化

2.5 小　　结

本章基于长时间序列历史水位观测数据、GRACE 重力卫星、陆面模式等，系统分析了鄱阳湖流域水文气象要素的变化特征及流域总水储量变化，揭示了鄱阳湖近 20 年枯水变化新特征。主要结论如下：

(1) 1960—2020 年，鄱阳湖流域的降水、气温和径流量呈增加趋势，但在各个子流域的变化趋势大小略有差别。2003—2016 年，鄱阳湖流域总水储量呈显著的增加趋势，其中地下水的增加是总水储量增加的主要因素(52.6%)，其次是土壤水(22.4%)，水库蓄水量(20.7%)和湖泊蓄水量(4.3%)。研究发现天然湖泊蓄水量变化对总水储量的影响已远低于水库的影响。

(2) 2003 年以来，受长江上游控制性水利工程影响，鄱阳湖水文情势出现了低枯水位全面降低、持续时间延长、出现时间提前以及湖泊内部水位梯度改变等明显变化特征。相对于 1960—2002 年，2003—2018 年鄱阳湖各主要水文站点水位超频率普遍降低，特别是都昌站 14 m 以下低枯水位降低尤为突出；2003 年以来，都昌站不同等级枯水出现天数明显增多，枯水出现时间平均提前 34 天；同时，湖泊内部水位变化差异明显，水位梯度北部普遍减小，南部秋季增大。

(3) 鄱阳湖水体淹没动态具有明显的时空异质性特征。不同区域水体淹没面积和淹水频率在年内波动和年际趋势变化上存在差异。2000—2020 年，鄱阳湖水体淹没面积最大和最小月份的淹水面积相差 2 000 km^2 以上，不同年份鄱阳湖水域面积月间变化显著。主湖区与碟形湖的淹水面积在涨水期(3 月)和退水期(10 月)存在明显差异。近 20 年来，主湖区的淹水面积和淹没频率呈现出减小趋势，但在碟形湖区内二者均呈微弱的上升趋势。

【参考文献】

[1] Bai P, Liu X, Liu C, 2018. Improving hydrological simulations by incorporating GRACE data for model calibration[J]. Journal of hydrology, 557: 291 - 304.

[2] Dong N, Yu Z, Gu H, et al., 2019. Climate-induced hydrological impact mitigated by a high-density reservoir network in the Poyang Lake Basin[J]. Journal of

hydrology, 579: 124 - 148.

[3] Fan Y, Li H, Miguez-Macho G, 2013. Global patterns of groundwater table depth [J]. Science, 339(6122): 940 - 943.

[4] Fang H, Hrubiak P L, Kato H, et al., 2009. Global land data assimilation system (GLDAS) products, services and application from NASA hydrology[DB]. Data and information services center (HDISC).

[5] Jasechko S, Perrone D, 2021. Global groundwater wells at risk of running dry[J]. Science, 372(6540): 418 - 421.

[6] Khandu Forootan E, Schumacher M, Awange J L, et al., 2016. Exploring the influence of precipitation extremes and human water use on total water storage (TWS) changes in the Ganges-Brahmaputra-Meghna River basin[J]. Water resources research, 52(3): 2240 - 2258.

[7] Landerer F, Swenson S, 2012. Accuracy of scaled GRACE terrestrial water storage estimates[J]. Water resources research, 48(4):4531.

[8] Long D, Longuevergne L, Scanlon B R, 2015. Global analysis of approaches for deriving total water storage changes from GRACE satellites[J/OL]. Water resources research, 51 (4): 2574 - 2594 [2023 - 8 - 21]. https://doi. org/10. 1002/2014wr016853.

[9] Long D, Longuevergne L, Scanlon B R, 2014. Uncertainty in evapotranspiration from land surface modeling, remote sensing, and GRACE satellites[J]. Water resources research, 50(2): 1131 - 1151.

[10] Mao Y, Wang K, Liu X, et al., 2016. Water storage in reservoirs built from 1997 to 2014 significantly altered the calculated evapotranspiration trends over China[J]. Journal of geophysical research-atmospheres, 121(17): 10097 - 10112.

[11] Pan Y, Zhang C, Gong H, et al., 2017. Detection of human-induced evapotranspiration using GRACE satellite observations in the Haihe River basin of China[J]. Geophysical research letters, 44(1): 190 - 199.

[12] Penman H L, 1948. Natural evaporation from open water, bare soil and grass. Proceedings of the royal society of London. series a[J]. Mathematical and physical sciences, 193(1032): 120 - 145.

[13] Rodell M, Famiglietti J S, Wiese D N, et al., 2018. Emerging trends in global freshwater availability[J]. Nature, 557(7707): 651 - 659.

[14] Save H, Bettadpur S, Tapley B D, 2016. High-resolution CSR GRACE RL05 mascons[J]. Journal of geophysical research: solid earth, 121(10): 7547 - 7569.

[15] Scanlon B R, Zhang Z, Save H, et al., 2018. Global models underestimate large decadal declining and rising water storage trends relative to GRACE satellite data [J]. Proceedings of the national academy of sciences of the United States of America, 115 (6): E1080 - E1089.

[16] Shuttleworth W J, Wallace J, 1985. Evaporation from sparse crops-an energy

combination theory[J]. Quarterly journal of the royal meteorological society, 111 (469): 839 - 855.

[17] Soltani S S, Ataie-Ashtiani B, Simmons C T, 2021. Review of assimilating GRACE terrestrial water storage data into hydrological models: advances, challenges and opportunities[J]. Earth-science reviews, 213.

[18] Spennemann P C, Rivera J A, Saulo A C, et al., 2015. A comparison of GLDAS soil moisture anomalies against standardized precipitation index and multisatellite estimations over South America[J]. Journal of hydrometeorology, 16(1): 158 - 171.

[19] Swenson S, Wahr J, 2009. Monitoring the water balance of Lake Victoria, East Africa, from space[J]. Journal of hydrology, 370(1 - 4): 163 - 176.

[20] Tapley B D, Bettadpur S, Ries J C, et al., 2004. GRACE measurements of mass variability in the earth system[J]. Science, 305(5683): 503 - 505.

[21] Tian W, Liu X, Kaiwen W, et al., 2021. Estimation of reservoir evaporation losses for China[J]. Journal of hydrology, 596: 126 - 142.

[22] Wang J, Song C, Reager J T, et al., 2018. Recent global decline in endorheic basin water storages[J]. Nature geoscience, 11(12): 926 - 932.

[23] Wang W, Cui W, Wang X, et al., 2016. Evaluation of GLDAS-1 and GLDAS-2 forcing data and Noah model simulations over China at the monthly scale[J]. Journal of hydrometeorology, 17(11): 2815 - 2833.

[24] Wang X, Xiao X, Zou Z, et al., 2020. Gainers and losers of surface and terrestrial water resources in China during 1989 - 2016[J/OL]. Nature Communications, 11(1) [2023 - 8 - 21]. https://doi.org/10.1038/s41467 - 020 - 17 103 - w.

[25] Ye X C, Xu C Y, Zhang Q, et al., 2018. Quantifying the human induced water level decline of China's largest freshwater lake from the changing underlying surface in the lake region [J]. Water resources management, 32(4): 1467 - 1482.

[26] Zeng R J, Cai X M, 2016. Climatic and terrestrial storage control on evapotranspiration temporal variability: analysis of river basins around the world[J]. Geophysical research letters, 43(1): 185 - 195.

[27] Zhang B, Wu Y, Zhu L, et al., 2011. Estimation and trend detection of water storage at Nam co Lake, central Tibetan plateau[J]. Journal of hydrology, 405(1 - 2): 161 - 170.

[28] Zhang D, Liu X, Zhang Q, et al., 2016a. Investigation of factors affecting intra-annual variability of evapotranspiration and streamflow under different climate conditions[J]. Journal of hydrology, 543: 759 - 769.

[29] Zhang D, Zhang Q, Werner A D, et al., 2016b. GRACE-based hydrological drought evaluation of the Yangtze River basin, China[J]. Journal of hydrometeorology, 17 (3): 811 - 828.

[30] 崔丽娟，翟彦放，邬国锋，2013. 鄱阳湖采砂南移扩大影响范围——多源遥感的证据[J]. 生态学报，33(11)：3520 - 3525.

[31] 方少文，王仕刚，欧阳千林，2022. 鄱阳湖丰、平、枯水期界定标准探讨[J]. 水文，42(1)：11 - 15.

[32] 江丰，齐述华，廖富强，等，2015. 2001—2010 年鄱阳湖采砂规模及其水文泥沙效应[J]. 地理学报，70(5)：837 - 845.

[33] 雷声，张秀平，许新发，2010.基于遥感技术的鄱阳湖水体面积及容积动态监测与分析[J]. 水利水电技术，41(11)：83 - 86.

[34] 李国文，喻中文，陈家霖，2015. 鄱阳湖动态水位—面积、水位—容积关系研究[J].江西水利科技，41(1)：21 - 26.

[35] 齐述华，龚俊，舒晓波，等，2010，鄱阳湖淹没范围、水深和库容的遥感研究[J].人民长江，41(9)：35 - 38.

第三章　鄱阳湖江—湖—河系统水文干旱联合概率分布特征

3.1　引　　言

由于变化环境下气象水文序列受到气候变化和人类活动的影响呈现非平稳特征（Milly et al.，2008），而传统干旱指数的计算很大程度上依赖平稳性假设（Wang et al.，2015），因此构建非平稳干旱指数来识别干旱事件成为必然选择。此外，干旱具有多个特征变量，基于单一变量的分析无法完全解释干旱各特征变量之间的关系，越来越多的研究更注重基于多变量的联合分析。其中，Copula 函数能够通过边缘分布和相关性结构来构造多维联合分布（郭生练 等，2008），既能进行特征的联合，又可以进行区域联合，特别适用于多变量水文分析，Copula 函数已在极端降水、洪水频率分析和干旱特征分析等方面广泛应用（罗赟 等，2020；王晓峰 等，2017；张强 等，2011），且已被证明是多元水文分析和模拟的有效工具。

目前有关鄱阳湖干旱的研究多侧重于湖泊或流域干旱特征的描述以及三峡水库运行后江湖关系改变对鄱阳湖水情变化的影响等方面，未将长江、鄱阳湖及其流域作为一个系统考虑，也未揭示系统内鄱阳湖干旱与流域、长江干流水文干旱的内在关联与相互作用关系。因此，本章基于构建时变标准化水位指数（SWIt）和标准化径流指数（SRIt），通过 Copula 函数分析鄱阳湖—流域—长江系统 1964—2016 年水文干旱事件的联合概率分布特征，明确具有不同属性的水文干旱事件在鄱阳湖—流域—长江系统的相关性，探讨鄱阳湖水文干旱的成因及其对江湖关系变化的响应，以拓展长江中游鄱阳湖水文研究现状。本章研究对进一步认识鄱阳湖复杂水系统内水文干旱随时间变化的演变特征具有重要意义，同时也从江湖关系角度探讨不同季节鄱阳湖水文干旱的主导因素，可为鄱阳湖防旱抗旱减灾以及科学实施干旱预警提供重要的科学依据。

3.2　鄱阳湖江—湖—河系统水文干旱指数构建与表征

3.2.1　GAMLSS 模型优选

针对鄱阳湖水位数据、鄱阳湖流域径流数据以及长江汉口径流序列，分别建立三种模型，即模型 1：一致性模型，模型 2：以单参数 μ（位置参数）随时间变化的非一致性模型，模型 3：以两参数 μ（位置参数）和 σ（尺度参数）均随时间变化的非一致性模型。

三种模型拟合效果如表 3.1 所示，由表可看出，对于鄱阳湖水位，在年尺度和秋季湖水位序列呈非平稳特征，模型 2 拟合效果最优，在春季、夏季和冬季，湖水位序列呈平稳特征，模型 1 拟合效果最优；对于鄱阳湖流域径流，在年时间尺度、春季、夏季和冬季径流序列呈平稳特征，模型 1 拟合效果最优，在秋季径流序列呈非平稳特征，模型 2 拟合效果最优；对于长江汉口站径流，在年时间尺度和春季、夏季径流序列呈平稳特征，模型 1 拟合效果最优，而秋季和冬季径流序列呈非平稳特征，模型 2 拟合效果最优。以时间为协变量的非一致模型在鄱阳湖—流域—长江系统秋季拟合效果普遍优于一致性模型，表明秋季鄱阳湖水文序列呈现非一致性特征（李珍，2022）。

表 3.1　鄱阳湖区域非平稳模型拟合优选

水文序列	模型	准则	年尺度	春季	夏季	秋季	冬季
鄱阳湖水位	模型 1	GD	397	**266**	**294**	308	**256**
		AIC	401	**270**	**298**	312	**260**
		SBC	405	**274**	**301**	316	**264**
	模型 2	GD	**386**	261	287	**292**	249
		AIC	**398**	273	299	**304**	261
		SBC	**410**	285	311	**316**	273
	模型 3	GD	381	256	285	290	246
		AIC	401	276	305	310	266
		SBC	421	296	324	329	285

续 表

水文序列	模型	准则	年尺度	春季	夏季	秋季	冬季
鄱阳湖流域径流	模型 1	GD	**1 145**	**1 065**	**1 065**	971	**978**
		AIC	**1 149**	**1 069**	**1 069**	975	**982**
		SBC	**1 153**	**1 072**	**1 073**	979	**986**
	模型 2	GD	1 138	1 059	1 057	**963**	970
		AIC	1 150	1 071	1 069	**975**	982
		SBC	1 162	1 083	1 081	**986**	994
	模型 3	GD	1 131	1 049	1 055	960	967
		AIC	1 151	1 069	1 075	980	987
		SBC	1 171	1 088	1 094	1 000	1 006
长江汉口站径流	模型 1	GD	**1 241**	**1 126**	**1 172**	1 174	1 058
		AIC	**1 245**	**1 130**	**1 176**	1 178	1 062
		SBC	**1 249**	**1 134**	**1 180**	1 182	1 066
	模型 2	GD	1 235	1 121	1 166	**1 158**	**1 035**
		AIC	1 247	1 133	1 178	**1 170**	**1 047**
		SBC	1 259	1 145	1 190	**1 181**	**1 059**
	模型 3	GD	1 234	1 118	1 162	1 155	1 031
		AIC	1 254	1 138	1 182	1 175	1 051
		SBC	1 273	1 157	1 201	1 195	1 071

注:黑体数值所对应的模型为拟合效果最好的模型。

表 3.2 为年尺度和季节尺度水文序列最优 GAMLSS 模型的残差评价结果。由表可知,计算得到的残差序列均值接近于 0,方差接近于 1,偏态系数接近于 0,峰态系数接近于 3。对于所采用的水位、径流样本序列长度为 53,当 Filliben 系数≥0.978 时通过 95%的显著性水平检验。各区域水文序列年尺度和季节尺度最优模型的残差评价指标均符合标准,表明水文序列的最优 GAMLSS 模型构建合理。

图 3.1 为季节尺度鄱阳湖水位序列 GAMLSS 模型最优分布的残差 worm 图,图中上下两条虚线为检验结果的 95%置信区间。由图可看出,所有的残差点均处在两条椭圆曲线包围的 95%置信区间内,表明各模型通过显著性检验,对季节尺度水位序列的拟合效果较好。其他区域水位和径流序列残差点同样处于置信区间内,在此不再依次列出。

表 3.2　最优 GAMLSS 模型残差分布

水文序列	时间尺度	均值	方差	偏态系数	峰态系数	Filliben 系数
鄱阳湖水位	年	0	1	0.07	2.58	0.997
	春	0	1	−0.39	3.39	0.984
	夏	0	1	0.14	2.30	0.995
	秋	0	1	−0.51	2.65	0.982
	冬	0	1	0.55	3.03	0.987
鄱阳湖流域径流	年	0	1	0.09	2.31	0.994
	春	0	1	0.15	2.73	0.987
	夏	0	1	−0.16	2.04	0.983
	秋	0	1	0.24	2.44	0.993
	冬	0	1	0.18	2.11	0.988
长江汉口站径流	年	0	1	−0.11	2.98	0.989
	春	0	1	−0.09	2.21	0.994
	夏	0	1	0.06	3.32	0.991
	秋	0	1	−0.41	2.50	0.987
	冬	0	1	0.42	2.61	0.990

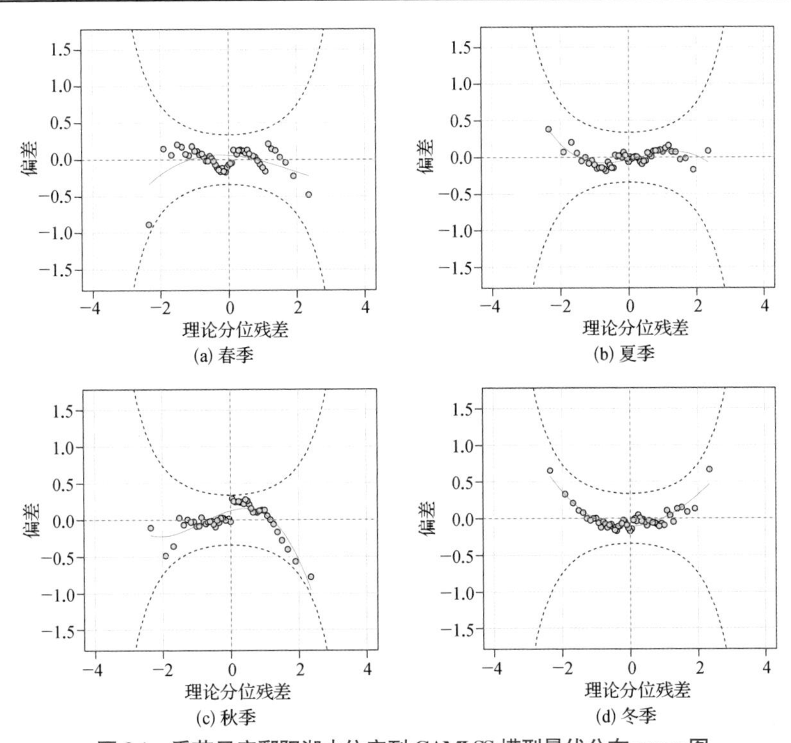

图 3.1　季节尺度鄱阳湖水位序列 GAMLSS 模型最优分布 worm 图

鄱阳湖水位序列在不同季节受到外界环境的影响程度不同，根据最优频率分布的参数拟合结果，在最优一致性模型和以时间为协变量的非一致模型下季节尺度鄱阳湖水位序列分位数灰度图如图 3.2 所示，图中浅灰色区域为 5%～25%和 75%～95%分位数区间，深灰色区域为 25%～75%分位数区间，中间黑色线为 50%分位数线，红色点为实测点水位的季节累加。鄱阳湖秋季水位序列随时间变化呈上升趋势，其他三个季节水位变化趋势不大。由于秋季鄱阳湖水位序列随时间发生显著变化，基于时间为协变量的非一致模型可以更好拟合此时水位序列的非一致性变化特征(李珍，2022)。

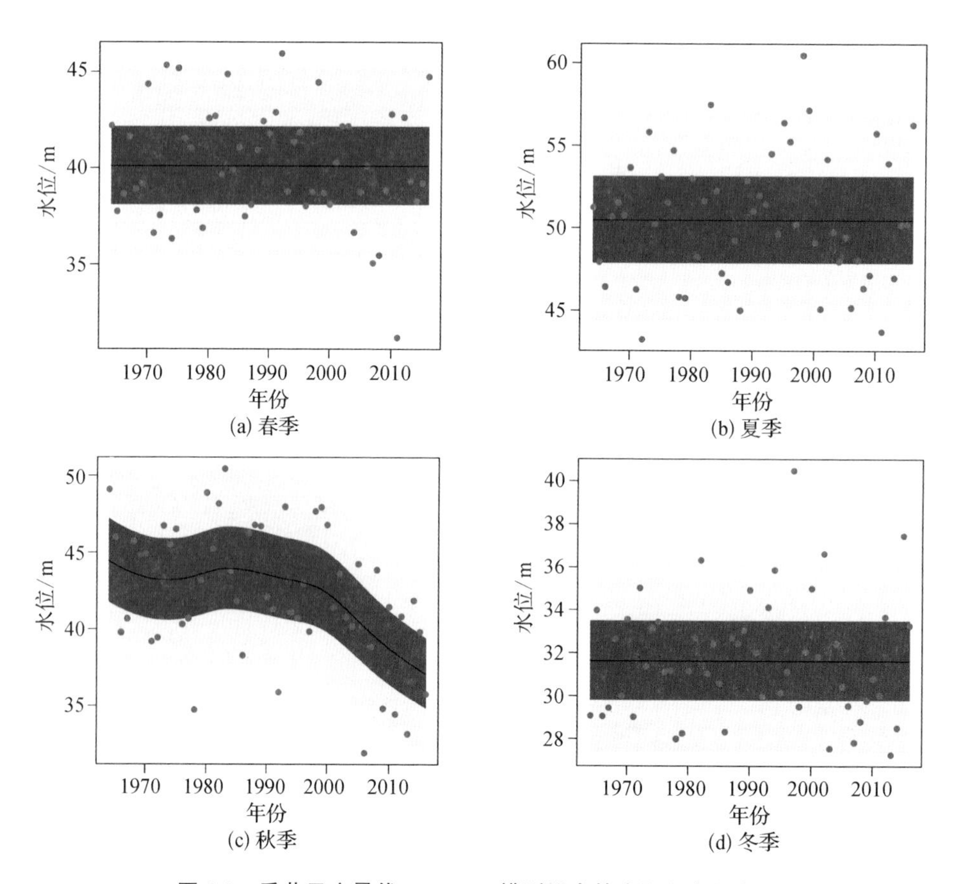

图 3.2　季节尺度最优 GAMLSS 模型拟合的鄱阳湖水位序列

3.2.2　时变标准化水位/径流指数构建

标准化水位指数 SWI 和标准化径流指数 SRI 是参照标准化降水指数 SPI 这一概念而提出，用于识别区域水文干旱和量化干旱等级（Sutanto et al.，2020），两者的计算过程与 SPI 类似。考虑到长时间水位和径流序列可能存在非平稳特征，因此在干旱指数计算前首先进行 MK 趋势检验，趋势变化显著的季节则在 GAMLSS 框架下计算时变标准化水位指数（SWIt）和径流指数（SRIt）（李敏　等，2018；Rashid et al.，2019；Song et al.，2020）。水文干旱根据 SWIt 和 SRIt 指数大小共划分为 5 个干旱等级（见表 3.3），当 SWIt 和 SRIt 值小于 0 时，即认为发生水文干旱，并且其数值越小，表明其干旱强度越大，本研究关注中度及以上程度的水文干旱（即 SWIt≤－1，SRIt≤－1）。同时，为了反映鄱阳湖—流域—长江系统水文干旱变化的总体特征，分别从年尺度和季节尺度分析 SWIt 与 SRIt 的变化情况，其中选用 12 个月尺度下的 SWIt 与 SRIt 值代表年际变化，选用 3 个月尺度下 5 月、8 月、11 月以及次年 2 月的值分别代表春季、夏季、秋季和冬季的变化（李珍　等，2022）。

表 3.3　水文干旱等级划分标准

SWIt/SRIt	干旱等级
≥0	无旱
－1～0	轻度干旱
－1.5～－1	中度干旱
－2～－1.5	重度干旱
＜－2	极端干旱

计算的年尺度鄱阳湖水文干旱指数 SWIt、鄱阳湖流域及长江水文干旱指数 SRIt 的变化过程如图 3.3 所示。时变干旱指数识别出在 1972、1978、1986、2006、2011 年发生较严重的水文干旱，这与实际记录具有很好的一致性。同时，在不同季节鄱阳湖水文干旱呈现不同的变化趋势。从图 3.4 可看出，春季和秋季鄱阳湖 SWIt 整体呈下降趋势，表明鄱阳湖水文干旱整体呈加重趋势，秋季的水文干旱加重趋势更为明显，尤其 2000 年以后水文干旱更为频繁和极端，在 2006、2009、2011、2013 以及 2016 年均识别出水文干旱事件。夏季和冬季鄱阳湖水文干旱变化趋势不明显。

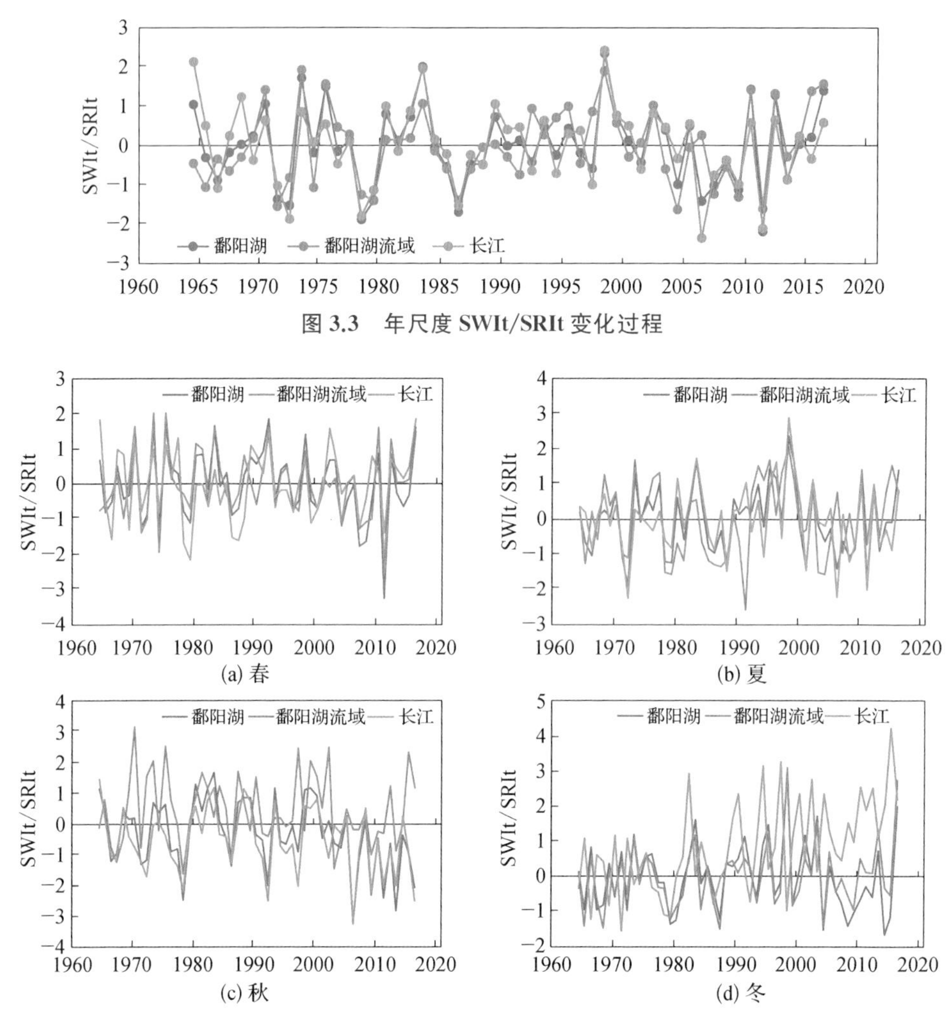

图 3.3 年尺度 SWIt/SRIt 变化过程

图 3.4 季节尺度 SWIt/SRIt 变化过程

3.2.3 水文干旱指数的强度变化特征

统计年尺度上鄱阳湖—流域—长江系统各部分水文干旱年代际发生频次，如图3.5 所示。鄱阳湖在 1970s 水文干旱最为频繁，识别出 2 次中度和 2 次重度水文干旱，其次是 2000s，识别出 3 次中度水文干旱，而在 2011 年出现 1 次极端水文干旱；鄱阳湖流域也在 1970s 发生水文干旱的频次最多，识别出 3 次中度和 1 次重度水文干旱，在 2000s 水文干旱也较频繁，有 2 次中度和 1 次重度干旱，2010s 有 1 次重度干旱；而对于长江汉口站，1970s 水文干旱也较为频繁，共识别出 2 次中度和 2 次重度水文干旱，2000s 和 2010s 各有 1 次极端水文干旱。综上所述，1970s 鄱阳湖湖泊—流域系统水文干旱最为频繁，而 2000 年后水文干旱的程度明显加重，多次出现极端水文干旱(李珍　等，2022；Li et al.，2023)。

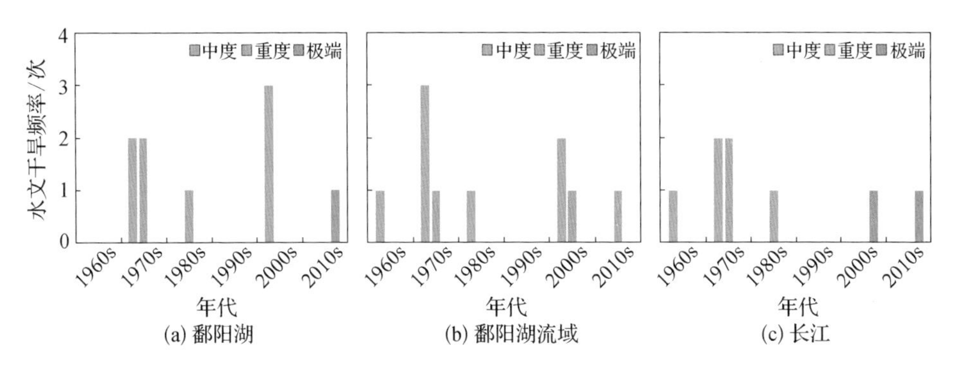

(a) 鄱阳湖　(b) 鄱阳湖流域　(c) 长江

图 3.5　鄱阳湖湖泊—流域系统年代际水文干旱频次

图 3.6 为各区域不同季节水文干旱强度及发生频次。鄱阳湖秋季水文干旱频次最多，其中有 7 次为极端干旱，夏季则发生了 8 次中度干旱和 2 次重度干旱；鄱阳湖流域春季水文干旱发生频次最多，共出现 4 次中度干旱、1 次重度干旱和 1 次极端干旱；长江汉口秋季共识别出 16 次水文干旱，其中有 7 次极端干旱，春季则识别出 9 次水文干旱，分别为 4 次中度干旱、4 次重度干旱和 1 次极端干旱。进一步发现，鄱阳湖和长江秋季水文干旱发生频次显著高于其他季节，尤其是极端水文干旱频率较高，表明长江中游秋季水文干旱十分严峻(李珍　等，2022；Li et al.，2023)。

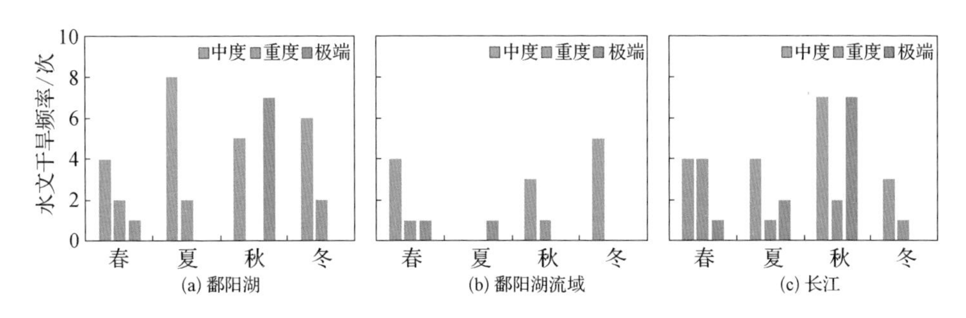

(a) 鄱阳湖　(b) 鄱阳湖流域　(c) 长江

图 3.6　鄱阳湖湖泊—流域系统季节尺度水文干旱频次

3.3 基于 Copula 的江—湖—河系统水文干旱联合概率特征

3.3.1 边缘分布函数和 Copula 函数的优选

(1) 边缘分布函数的优选

建立联合分布函数之前首先需要确定每个水文干旱指标的边缘分布函数(张强 等,2011),水文科学领域存在多种随机变量分布函数,本研究选择在干旱分析中广泛应用的 Weibull、Logis 和 Gamma 分布函数来研究 SWIt 和 SRIt 概率分布特征,并采用最大似然函数和线性矩法进行参数估计。基于 Weibull、Logis 和 Gamma 3 种边缘分布函数,分别对鄱阳湖 SWIt、流域 SRIt 以及长江 SRIt 的分布进行拟合,K-S 检验结果如表 3.4 所示。三种分布函数对不同时间尺度上 SWIt 和 SRIt 的拟合均通过了 K-S 检验。根据统计量 D 与 AIC 最小值原则,选择拟合优度最高的分布函数作为不同区域各个季节水文干旱的边缘分布函数,见表 3.5。鄱阳湖 SWIt 除冬季最优边缘分布函数为 Gamma 外,年尺度和其他三个季节最优边缘分布函数均为 Weibull;而对于流域 SRIt,年尺度、春季和夏季最优边缘分布函数为 Weibull,秋冬两季为 Gamma 函数;长江汉口站 SRIt 在年尺度、春季和秋季最优边缘分布函数为 Weibull,夏季为 Logis 函数,而在冬季为 Gamma 函数拟合效果最好(李珍 等,2022)。

表 3.4 基于 K-S 检验的鄱阳湖区域 SWIt 和 SRIt 边缘分布拟合优度值

区域	边缘分布	统计量	年	春季	夏季	秋季	冬季
鄱阳湖 SWIt	Weibull	D	0.07	0.09	0.06	0.08	0.07
		P-value	0.96	0.80	0.99	0.87	0.96
	Logis	D	0.06	0.09	0.09	0.10	0.09
		P-value	0.99	0.75	0.79	0.62	0.76
	Gamma	D	0.08	0.09	0.08	0.11	0.05
		P-value	0.81	0.74	0.85	0.46	0.99
鄱阳湖流域 SRIt	Weibull	D	0.09	0.11	0.10	0.11	0.13
		P-value	0.76	0.50	0.59	0.51	0.32

续　表

区域	边缘分布	统计量	年	春季	夏季	秋季	冬季
鄱阳湖流域SRIt	Logis	D	0.08	0.09	0.13	0.13	0.10
		P-value	0.83	0.70	0.34	0.34	0.65
	Gamma	D	0.07	0.07	0.13	0.07	0.09
		P-value	0.92	0.94	0.34	0.91	0.74
长江汉口SRIt	Weibull	D	0.09	0.07	0.07	0.07	0.10
		P-value	0.77	0.96	0.93	0.95	0.67
	Logis	D	0.10	0.09	0.07	0.08	0.08
		P-value	0.60	0.71	0.92	0.83	0.82
	Gamma	D	0.13	0.09	0.11	0.10	0.06
		P-value	0.32	0.79	0.50	0.65	0.97

表 3.5　基于 AIC 信息准则的 SWIt 和 SRIt 边缘分布函数拟合优选

区域	边缘分布	年	春季	夏季	秋季	冬季
鄱阳湖SWIt	Weibull	**153.79**	**154.60**	**149.97**	**166.51**	150.94
	Logis	155.98	154.98	154.06	169.19	152.06
	Gamma	157.88	167.42	151.53	180.28	**146.92**
鄱阳湖流域SRIt	Weibull	**148.87**	**152.23**	**162.84**	165.17	148.40
	Logis	153.48	152.89	168.86	168.55	144.25
	Gamma	149.27	157.04	170.32	**163.63**	**140.81**
长江汉口SRIt	Weibull	**154.52**	**150.22**	154.60	**158.67**	180.64
	Logis	154.71	154.55	**153.70**	161.82	183.98
	Gamma	163.24	155.61	161.19	169.89	**179.32**

注：黑体数值所对应的概率分布函数为最优分布。

（2）Copula 联合分布函数的优选

Copula 理论最初由 Sklar 于 1960 年提出，目前已广泛应用于二元和多元干旱频率分析。Copula 函数根据随机变量之间的依赖结构，连接一维边缘分布以形成概率区间在[0,1]上的多元联合分布（张向明 等，2019）。在研究中常用的 Copula 函数分为 4 种类型：阿基米德型（Frank、Clayton、Gumbel），椭圆型（t、Gaussian），极值型（Husler-Reiss、t-EV）和混合型（Plackett）（Xu et al.，2015）。本研究采用 Gumbel、Clayton、Frank、Gaussian、t 和 Plackett 6 种 Copula 函数进行拟合，同时根据相关性指标法，建立起 Kendall 秩相关系数 τ 与 Copula 函数的参数 θ 之间的关系来进行参数估计(Ravens，2000)。

可交换性检验是基于经验 Copula 与潜在二元 Copula 可互换性的评估测试，表 3.6显示各联合水文干旱指标在 95%置信水平下均通过交换性检验，意味着以上 6 种 Copula 函数可用于鄱阳湖—流域—长江系统水文干旱联合概率的研究。基于 AIC 最小值原则，从 Gumbel、Clayton、Frank、Gaussian、t 和 Plackett Copula 中选择拟合最优的 Copula 函数。如表 3.7 所示，鄱阳湖—流域系统在年尺度和 4 个季节水文干旱联合概率拟合效果最优的 Copula 函数分别为 Gumbel、Gaussian 、Gumbel、Clayton 和 Gumbel；鄱阳湖—长江系统则分别为 t、Gaussian、Gaussian 、Gaussian 和 Frank Copula (李珍 等，2022)。

表 3.6　SWIt 和 SRIt 可交换性检验

区域	值	年	春季	夏季	秋季	冬季
鄱阳湖—流域	统计量	0.013	0.007	0.020	0.020	0.015
	P-value	0.616	0.956	0.464	0.489	0.236
鄱阳湖—长江	统计量	0.009	0.013	0.013	0.009	0.030
	P-value	0.851	0.802	0.481	0.607	0.682

表 3.7　基于 AIC 选择 Copula 函数

区域	Copula	年	春季	夏季	秋季	冬季
鄱阳湖—流域	Gumbel	−52.15	−57.90	−27.21	−6.83	−80.89
	Clayton	−37.79	−53.62	−12.62	−15.65	−37.88
	Frank	−43.98	−55.70	−25.06	−12.09	−69.78
	Gaussian	−50.38	−64.52	−23.86	−11.93	−66.68
	t	−51.68	−61.24	−22.81	−9.34	−70.72
	Plackett	−47.41	−55.25	−23.85	−11.83	−70.14
鄱阳湖—长江	Gumbel	−73.59	−31.96	−72.88	−77.23	−0.25
	Clayton	−79.60	−25.04	−72.12	−73.95	32.22
	Frank	−81.77	−37.30	−66.70	−85.28	−2.80
	Gaussian	−83.16	−38.84	−79.40	−88.96	−2.80
	t	−83.43	−30.39	−78.10	−83.95	−1.21
	Plackett	−81.68	−31.45	−67.56	−81.57	−2.73

3.3.2　各区域水文干旱概率分布特征

图 3.7 为年尺度鄱阳湖 SWIt、流域 SRIt 以及长江 SRIt 的概率分布。在年尺度上，鄱阳湖水文干旱的发生概率为 16.66%，重现期为 6.00 a。1964—2016 年，鄱阳湖共发生 9 次水文干旱事件，其中 4 次出现在 2003—2016 年，最严重的水文干旱发生在 2011 年，SWIt 为 −2.18(极端干旱)。流域水文干旱的发生概率为 15.37%，重现期为 6.51 a，研究期内共识别出 10 次水文干旱事件，有 4 次发生在 2003—2016 年，其中 SRIt 最小值 −1.63(重度干旱)出现在 2004 年，其次是 2011 年(−1.61)。对于长江中游干流汉口站，1964—2016 年水文干旱的发生概率为 16.66%，重现期 6.00 a，过去 53 年间共发生 8 次水文干旱事件，其中 2003 年之后有 2 次，SRIt 最小值 −2.35(极端干旱)发生在 2006 年。从 3 个区域对比来看，鄱阳湖和长江水文干旱发生概率高于五河流域，但流域水文干旱发生次数最多。2003—2016 年鄱阳湖及其流域水文干旱发生频次占总次数的比重较高，长江 2003 年后仅识别出两次，年尺度鄱阳湖和长江水文干旱更为极端(李珍，2022；Li et al.，2023)。

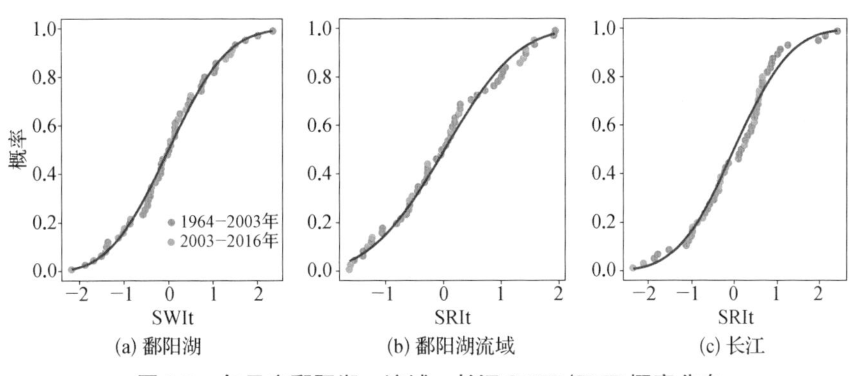

图 3.7　年尺度鄱阳湖—流域—长江 SWIT/SRIT 概率分布

图 3.8 为季节尺度上鄱阳湖 SWIt、流域 SRIt 以及长江 SRIt 的概率分布。鄱阳湖春季水文干旱的发生概率为 16.40%，高于流域和长江，研究时段内共发生 7 次水文干旱事件，其中发生在 2003 年以后的有 4 次(表 3.8)，SWIt 最小值 −3.23(极端干旱)出现在 2011 年。虽然春季长江总共发生了 9 次水文干旱事件，但 2003 后仅发生了 2 次，而流域和鄱阳湖 2003 年以后发生水文干旱频次占总次数的一半以上，表明近年来春季鄱阳湖及其流域水文干旱有所加剧。在夏季，鄱阳湖流域水文干旱概率和频

次均高于鄱阳湖和长江，表明夏季流域水文干旱更为严重。而在秋季，鄱阳湖水文干旱的发生概率高达27.65%，重现期0.90a，在研究时段内共识别出12次水文干旱事件，其中有一半发生在2003年以后，SWIt最小值−3.19(极端干旱)发生在2006年。秋季长江中游水文干旱概率同样高达32.62%，远远高于流域水文干旱概率，其干旱最严重的年份也在2006年，此时SRIt的值为−3.26(极端干旱)。1964—2016年秋季长江共发生16次水文干旱事件，其中5次发生在2003年以后。冬季长江水文干旱概率最小，为5.27%，2003年以后没有识别出水文干旱事件，而鄱阳湖和流域水文干旱概率分别为14.26%和12.77%，鄱阳湖冬季发生的8次水文干旱事件中有5次发生在2003—2016年，表明鄱阳湖冬季水文干旱相对流域与长江更为严重，且2003年后有加重趋势(李珍，2022；Li et al.，2023)。

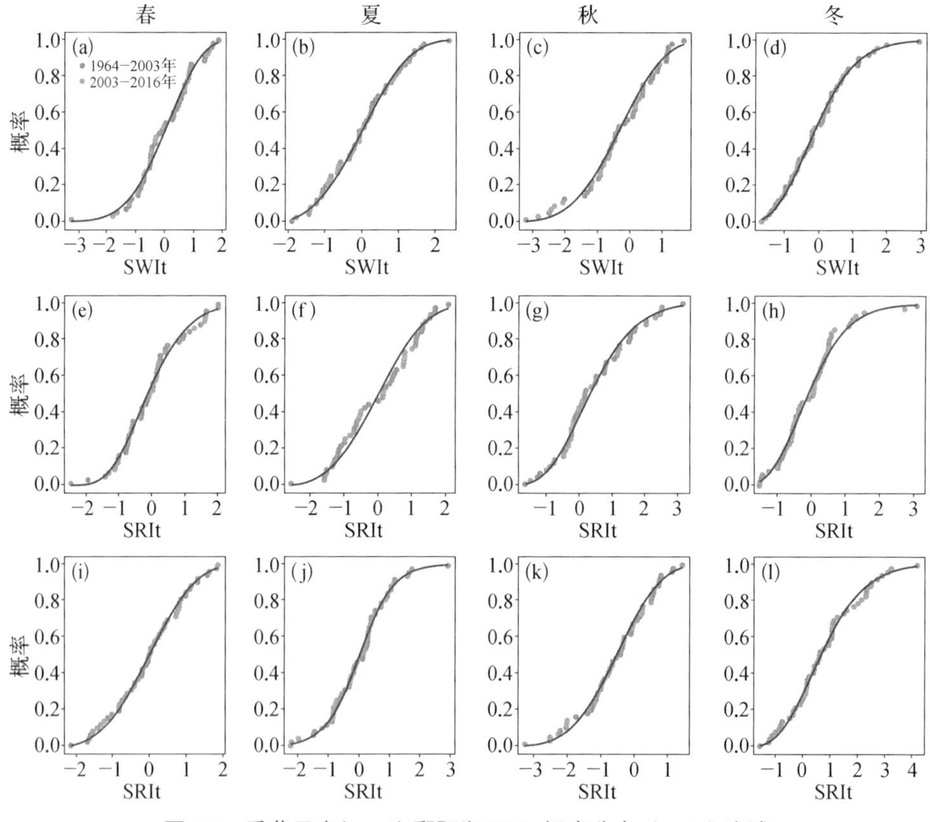

图3.8　季节尺度(a～d)鄱阳湖SWIt概率分布；(e～h)流域SRIt概率分布；(i～l)长江SRIt概率分布

表 3.8　鄱阳湖—流域—长江系统水文干旱概率对比

区域	统计	年	春季	夏季	秋季	冬季
鄱阳湖	概率/%	16.66	16.40	15.75	27.65	14.26
	重现期/a	6.00	1.52	1.59	0.90	1.75
	1964—2016 年次数	9	7	10	12	8
	2003—2016 年次数	4	4	3	6	5
鄱阳湖流域	概率/%	15.37	14.41	17.72	7.41	12.77
	重现期/a	6.51	1.74	1.41	3.37	1.96
	1964—2016 年次数	10	6	1	4	5
	2003—2016 年次数	4	4	0	1	1
长江汉口	概率/%	16.66	15.32	13.97	32.62	5.27
	重现期/a	6.00	1.63	1.79	0.07	4.75
	1964—2016 年次数	8	9	7	16	4
	2003—2016 年次数	2	2	3	5	0

从不同季节对比来看，总体上鄱阳湖和长江秋季水文干旱发生概率最高，频次最多，且 2003 年以后更为频繁，表明鄱阳湖和长江秋季水文干旱最为严重且 2003 年以后呈同步加剧的态势。鄱阳湖流域夏季水文干旱频率最高，其次是春季，但春季 2003 年以后水文干旱发生次数所占比重较大，表明流域春夏季节水文干旱较其他季节更为严重，尤其春季流域水文干旱进一步加剧。对于长江中游干流汉口站区域，2003 以后冬季未识别出水文干旱，但夏秋两季水文干旱发生次数较多，尤其是秋季水文干旱频率远高于其他季节，表明长江中游夏秋季水文干旱持续加剧。

3.3.3　鄱阳湖—流域—长江系统水文干旱联合概率特征

如图 3.9 所示，在 1964—2016 年，年时间尺度上鄱阳湖—流域系统的水文干旱联合概率为 8.75%，重现期为 11.42a，1964—2016 年发生 7 次联合水文干旱事件，其中有 3 次在 2003 年以后，2011 年联合水文干旱最为严重，其对应鄱阳湖 SWIt 和流域 SRIt 的值分别为－2.18(极端干旱)和－1.61(重度干旱)。而鄱阳湖—长江系统水文干旱联合概率为 12.40%，重现期为 8.06a，年尺度上共识别出 7 次联合水文干旱事件，其中有两次发生在 2003—2016 年，联合水文干旱最严重的年份也在 2011 年，其对应的鄱阳湖 SWIt 为－2.18，长江 SRIt 为－2.11，均达到极端干旱程度。对比发现，总体上鄱阳湖—长江系统水文干旱的联合概率大于鄱阳湖—流域系统，表明年尺度上长江顶托作用减弱对鄱阳湖水文干旱的贡献更大。但 2003 年后鄱阳湖—流域系统水文干旱同时发生的频次多于鄱阳湖—长江系统，流域补给减少对鄱阳湖水文干旱的影响也不容忽视（李珍，2022；Li et al.，2023）。

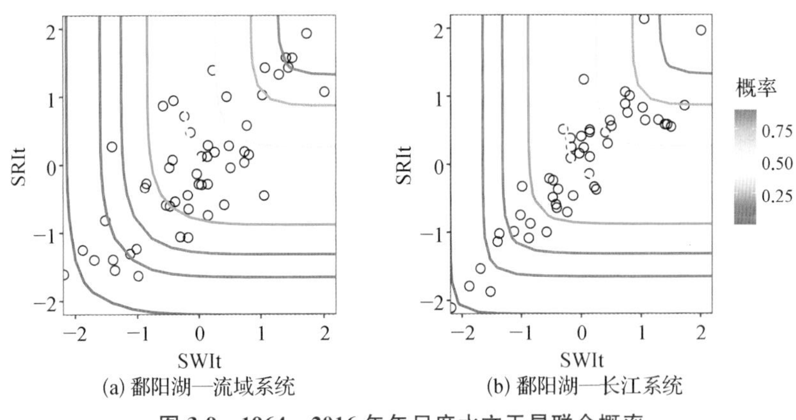

(a) 鄱阳湖—流域系统　(b) 鄱阳湖—长江系统

图 3.9　1964—2016 年年尺度水文干旱联合概率

表 3.9　鄱阳湖—流域—长江系统水文干旱联合概率

区域	统计	年	春季	夏季	秋季	冬季
鄱阳湖—流域系统	概率/%	8.75	10.84	7.23	6.28	8.51
	重现期/a	11.42	2.31	2.70	3.98	2.94
	1964—2016 年次数	7	6	4	2	3
	2003—2016 年次数	3	4	0	0	1
鄱阳湖—长江系统	概率/%	12.40	9.01	10.56	26.39	0.38
	重现期/a	8.06	2.77	2.37	0.95	64.94
	1964—2016 年次数	7	3	5	10	1
	2003—2016 年次数	2	2	3	5	0

从鄱阳湖—流域—长江系统季节分布来看（表 3.9），春、夏、秋和冬季鄱阳湖—流域系统水文干旱的联合概率分别为 10.84%、7.23%、6.28%和 8.51%，鄱阳湖—长江系统分别为 9.01%、10.56%、26.39%和 0.38%。春冬两季鄱阳湖与流域同时发生水文干旱的概率均高于其他季节。此外，1964—2016 年间，春季鄱阳湖—流域系统同时发生水文干旱事件 6 次，其中有 4 次出现在 2003—2016 年，而冬季仅有一次，夏秋均

未发生，表明 2003 年后春季流域水文干旱对鄱阳湖水文干旱影响较强(图 3.10)。虽然鄱阳湖与长江春季同时发生水文干旱事件仅 3 次，但有两次都出现在 2003 年以后，表明鄱阳湖春季水文干旱与流域及长江径流变化均存在响应关系，总体上流域径流对鄱阳湖春季水文干旱的贡献更大。对于鄱阳湖—长江系统，其秋季水文干旱联合概率为 26.39%，是秋季鄱阳湖—流域系统水文干旱联合概率的 4 倍，远远高于其他季节。研究时段内共识别出 10 次水文干旱事件，其中有 5 次发生在 2003—2016 年，占总频次的一半，表明 2003 年以后秋季鄱阳湖—长江系统同时发生水文干旱事件的频次明显增多(图 3.11)。总体而言，春冬季鄱阳湖—流域系统水文干旱联合概率大于鄱阳湖—长江系统，表明春冬季流域补给对鄱阳湖水位具有主导作用。夏秋季鄱阳湖—长江系统水文干旱联合概率高于鄱阳湖—流域系统，尤其在 2003 年之后秋季鄱阳湖—长江系统水文干旱更为频繁(李珍，2022；Li et al.，2023)。

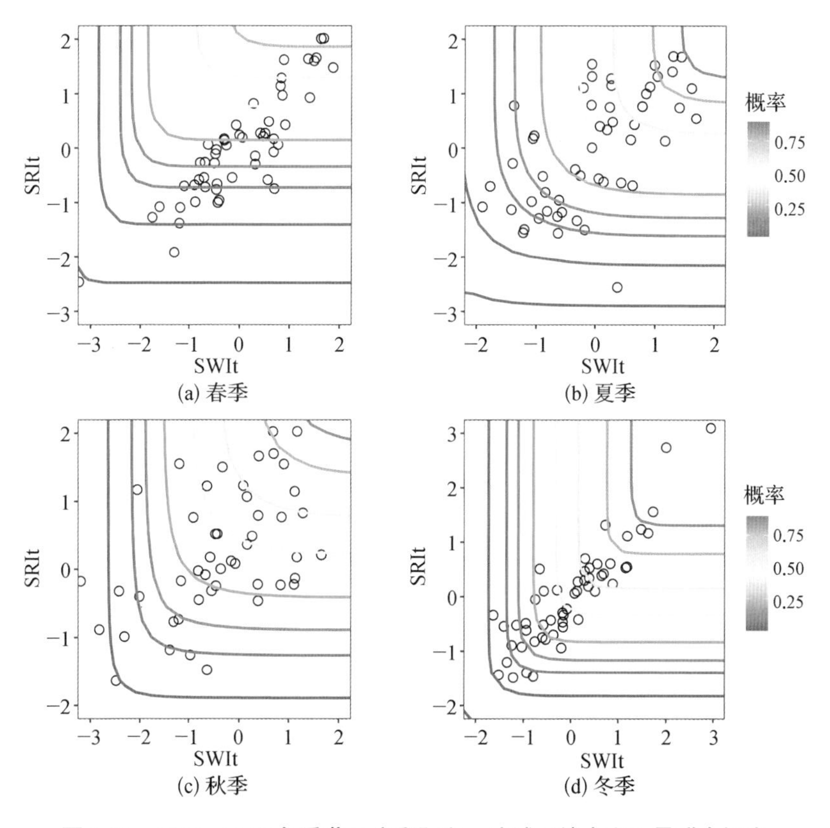

图 3.10　1964—2016 年季节尺度鄱阳湖—流域系统水文干旱联合概率

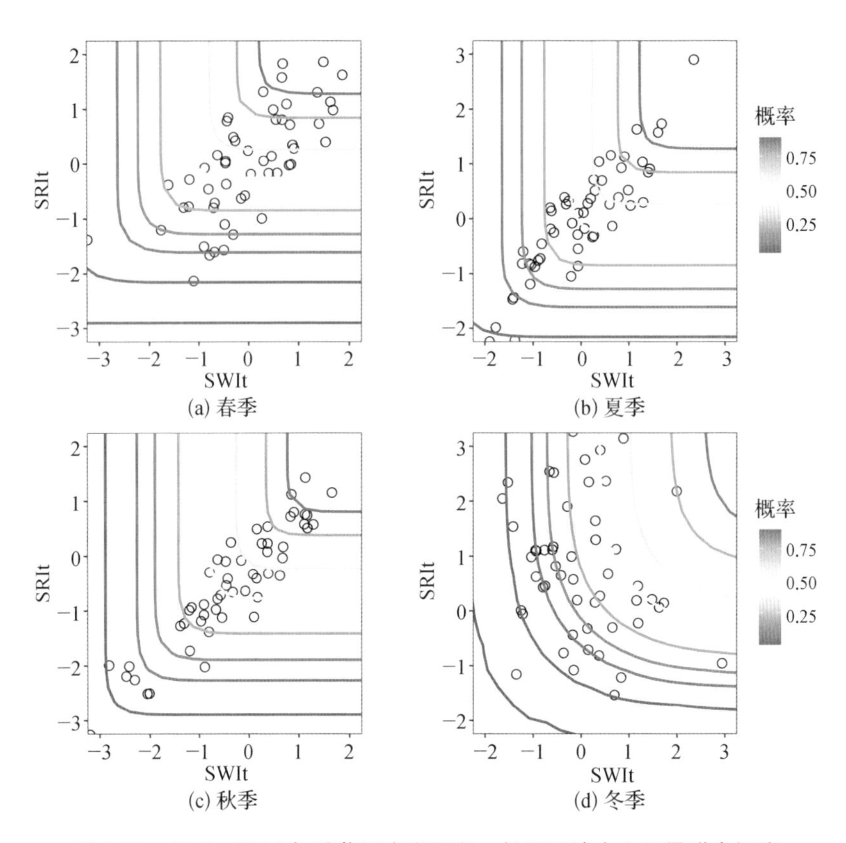

图 3.11　1964—2016 年季节尺度鄱阳湖—长江系统水文干旱联合概率

3.4　鄱阳湖水文干旱与区域气候指数的响应关系

3.4.1　降水变化对鄱阳湖水文干旱的影响

鄱阳湖水文干旱受流域和长江来水的共同影响，但其主导因素随时间发生变化。研究发现，春、冬两季鄱阳湖—流域系统水文干旱联合概率高于鄱阳湖—长江系统，其中 2011 年春季鄱阳湖—流域系统联合干旱最为极端，此次春旱持续时间长，受旱范围广，影响程度重，造成了严重的经济损害。2011 年极端干旱事件是由流域降水异常减少引起的，鄱阳湖流域降水量较常年同期均值减少一半，为 1950 年以来同期最少，此时气候变化引起的降水异常减少对鄱阳湖春旱贡献更大。如图 3.12 所示，

1964—2016年鄱阳湖流域春季降水量平均为646 mm，整体呈下降趋势，而夏、秋、冬三个季节降水量分别为595 mm、231 mm和230 mm，整体都呈上升趋势。流域降水变化与流域SRIt变化具有很好的一致性(李珍，2022)。

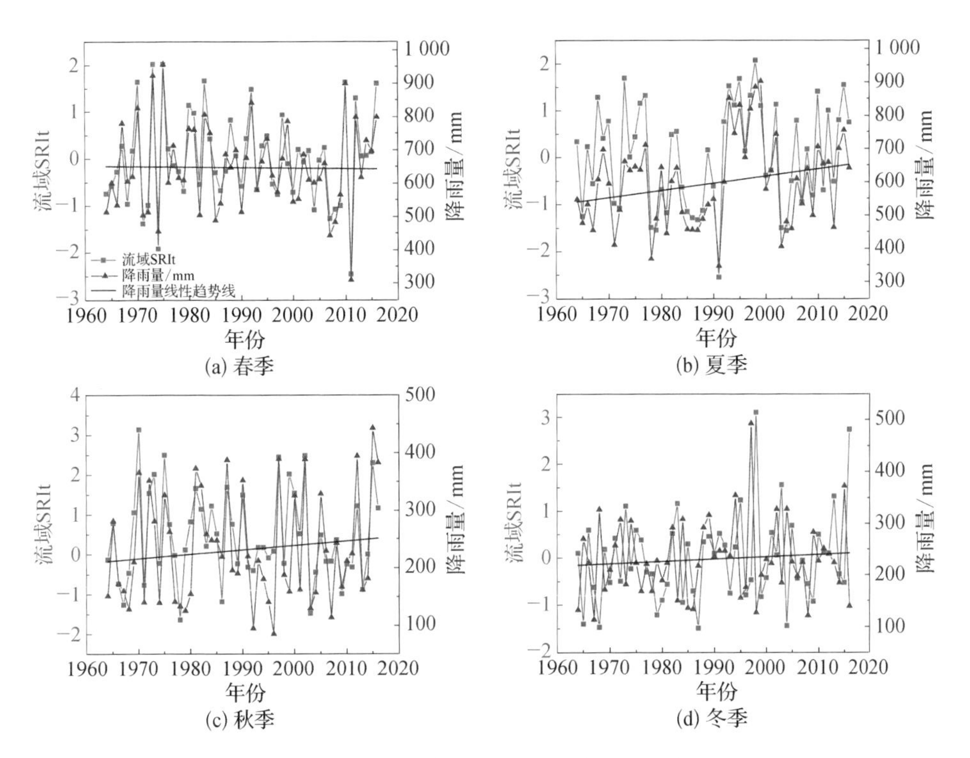

图3.12 鄱阳湖流域SRIt变化与降水量响应关系

3.4.2 湖泊水文干旱与气候指数遥相关

越来越多的研究表明大尺度气候指数与洪水、干旱等极端水文事件存在强烈的相关关系(Shen et al.，2022；Aryal et al.，2018)。因此研究气候变化与水文干旱事件之间的相关关系将有助于揭示流域及湖泊水文干旱的形成机制。根据以往研究(Guo et al.，2020；Song et al.，2020)，选取对长江中游影响较为明显的几个气候指数，包括SOI(南方涛动指数)、AO(北极涛动指数)、PDO(北太平洋年代际涛动指数)以及NINO3.4(厄尔尼诺3.4区指数)，将鄱阳湖不同时间尺度SWIt分别与选定的气候指数进行时滞相关分析，滞后期经过多次尝试验证设置为6个月。

由图 3.13 可知，鄱阳湖 SWIt 与各气候指数总体保持较好的相关性，但在不同时间尺度上气候指数的影响程度不同。具体表现为：在年时间尺度上，鄱阳湖水文干旱指数与 SOI 呈负相关，相关系数为－0.34，与 NINO3.4 呈正相关关系，相关系数为 0.38。在季节尺度上，鄱阳湖春季水文干旱指数与 SOI 呈显著的负相关，与 NINO3.4 呈显著的正相关关系，相关系数分别为－0.46 和 0.50，均通过了 99％的显著性水平检验，表明南方涛动可能对鄱阳湖春季水文干旱具有减轻作用，而厄尔尼诺现象会加重鄱阳湖春季干旱。夏季鄱阳湖水文干旱指数与 SOI 呈负相关，与 NINO3.4 呈正相关；秋季鄱阳湖水文干旱指数则与 PDO 呈显著的正相关关系，相关系数为 0.30。虽然秋季鄱阳湖的水文干旱十分频繁和极端，但秋季水文干旱指数与气候指数的相关性并不强，表明秋季的水文干旱很可能受人类活动的影响更大些。冬季鄱阳湖水文干旱指数与 SOI 呈显著负相关，与 NINO3.4 呈显著正相关，相关系数分别为－0.37 和 0.45，冬季气候变化对鄱阳湖水文干旱的影响相对更大(李珍，2022；Li et al.，2023)。

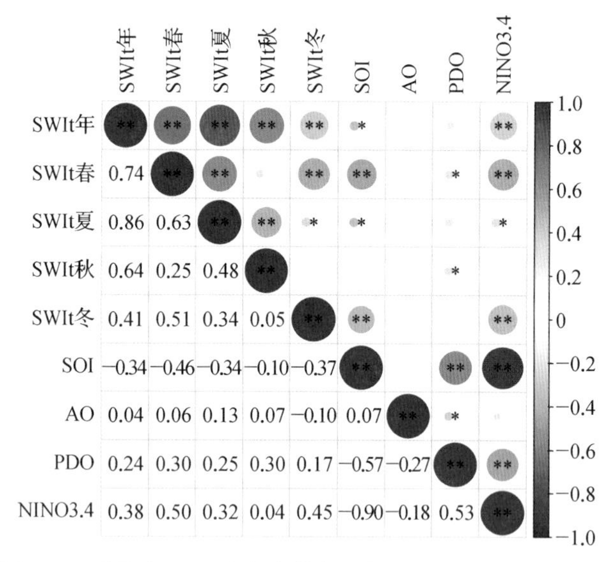

图 3.13　鄱阳湖 SWIt 与气候指数遥相关(图中圆圈颜色表示 p 值大小，** 和 * 分别表示 $p<0.01$ 和 $p<0.05$)

3.4.3　基于交叉小波湖泊干旱与气候指数时频相关性

为进一步探究各气候指数对湖泊水文干旱指数的驱动关系，运用交叉小波变换分别就不同气候指数绘制小波功率谱。交叉小波图中，细黑线为小波影响锥线条的边界，为有效谱值区；粗黑线表示95%的显著性水平；箭头表示相位差，向右箭头表示两时间序列变化相位一致，向左箭头表示两时间序列变化相位相反，向下箭头表示所研究的时间序列指数领先于另一指数，而向上箭头表示所研究的时间序列指数落后于另一指数；图中颜色越接近红色代表相关性越强，而越接近蓝色代表相关性越弱。

图3.14为鄱阳湖SWIt与各气候指数的交叉小波功率谱。功率谱显示鄱阳湖SWIt与SOI在1978—1988年有7～8年周期的正相关关系，在2006—2011年存在2～3年周期的较为显著正相关关系；与NINO3.4在1970—1972年有1～4年周期的较为显著负相关关系，在2006—2011年存在2～3年周期的较为显著负相关关系；与PDO在1973—1976年有1～2年周期的负相关关系，在1995—1997年存在5年周期的负相关关系；与AO在1980—1988年存在8～9年周期的正相关关系，在2007—2013年有0～3年周期的显著的负相关关系(李珍，2022；Li et al.，2023)。

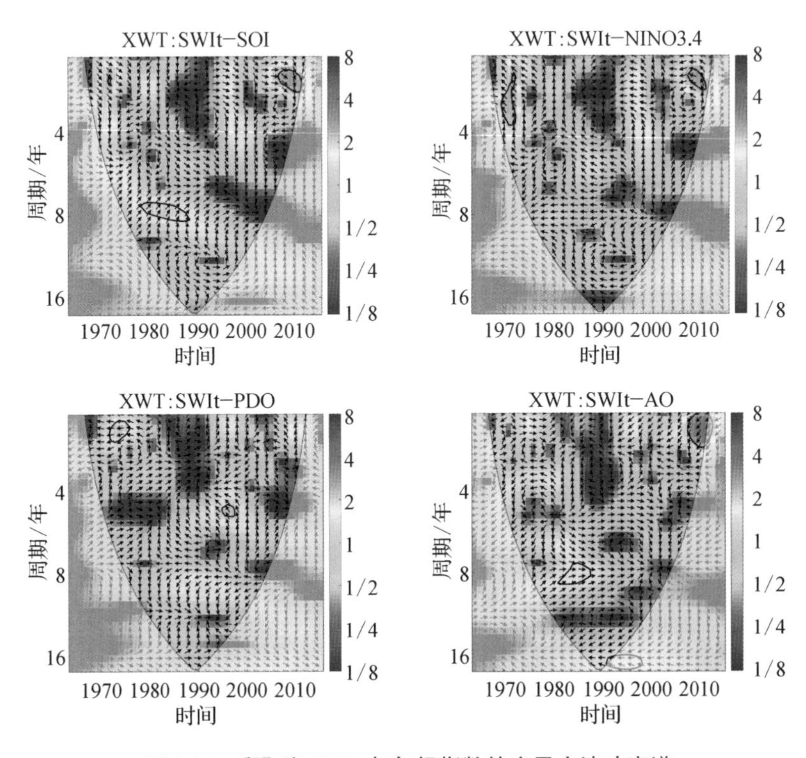

图3.14　鄱阳湖SWIt与气候指数的交叉小波功率谱

综上所述，除了 PDO 外，不同气候指数对鄱阳湖水文干旱具有相似的驱动特征，即对水文干旱的驱动具有大致相同的周期和正负相关性，但通过 95%的显著性水平相关性的年份前后略有不同，周期时间长短和相关性强度也有所差异。在 1970s 初，鄱阳湖 SWIt 与 NINO3.4 呈较为显著的负相关关系，而在 2006—2011 年，鄱阳湖 SWIt 与 SOI 存在较为显著的正相关，与 NINO3.4 和 AO 存在较为显著的负相关（李珍，2022；Li et al.，2023）。

3.5 小　结

本章基于时变标准化水位指数 SWIt 和标准化径流指数 SRIt，通过 Copula 函数对 1964—2016 年鄱阳湖—流域—长江系统水文干旱联合概率分布特征进行了研究。主要结论如下：

（1）年尺度上鄱阳湖和长江分别发生水文干旱的概率都为 16.66%，高于鄱阳湖流域的 15.37%，但鄱阳湖及流域在 2003 年以后发生水文干旱的频次明显较多，所占比重较大。季节尺度上，鄱阳湖和长江秋季水文干旱的概率显著高于其他季节，尤其是 2003 年以后水文干旱的频次明显增加。

（2）年尺度上鄱阳湖—长江系统水文干旱联合概率为 12.40%，高于鄱阳湖—流域系统的联合概率 8.75%。季节尺度上，鄱阳湖—流域系统春季水文干旱的联合概率最高，为 10.84%，识别出的联合干旱频次也多于其他季节，而鄱阳湖—长江系统秋季水文干旱的联合概率最高，达 26.39%，且其干旱的频次也显著多于其他季节，尤其是 2003 年以后的水文干旱次数占比达一半，表明鄱阳湖春季水文干旱与流域的水文干旱具有较好的同步性，流域补给对鄱阳湖春季水文干旱的贡献较大，而鄱阳湖秋季水文干旱与长江秋季水文干旱同步性很高，鄱阳湖秋旱与长江来水情况的关系更密切。

（3）不同气候指数对鄱阳湖水文干旱具有相似的驱动特征，即对水文干旱的驱动具有大致相同的周期和正负相关性。年尺度上，鄱阳湖水文干旱与南方涛动指数（SOI）呈负相关，与厄尔尼诺指数（NINO3.4）呈正相关关系。季节尺度上，SOI 与鄱阳湖春季水文干旱具有显著的负相关关系，而 ENSO 与鄱阳湖春季水文干旱呈显著的正相关；冬季鄱阳湖水文干旱与 SOI 和 ENSO 的相关性更强，气候变化对冬季鄱阳湖水文干旱的影响较大。

【参考文献】

[1] Aryal Y N, Villarini G, Zhang W, et al., 2018. Long term changes in flooding and heavy rainfall associated with North Atlantic tropical cyclones: roles of the North Atlantic Oscillation and El Nino-Southern Oscillation[J]. Journal of hydrology, 559: 698 - 710.

[2] Guo R F, Zhu Y Q, Liu Y B, 2020. A comparison study of precipitation in the Poyang and the Dongting Lake Basins from 1960 - 2015[J]. Scientific reports, 10(1).

[3] Li X, Ye X, Li Z, et al., 2023. Hydrological drought in two largest river-connecting lakes in the middle reaches of the Yangtze River, China[J]. Hydrology research, 54 (1): 82 - 98.

[4] Milly P C D, Betancourt J, Falkenmark M, et al., 2008. Climate change-stationarity is dead: whither water management? [J]. Science, 319(5863): 573 - 574.

[5] Rashid M M, Beecham S, 2019. Development of a non-stationary Standardized Precipitation Index and its application to a South Australian climate[J]. Science of the total environment, 657: 882 - 892.

[6] Ravens B, 2000. An introduction to copulas[J]. Technometrics, 42(3): 317.

[7] Shen Z, Zhang Q, Singh V P, et al., 2022. Drying in the low-latitude Atlantic Ocean contributed to terrestrial water storage depletion across Eurasia [J]. Nature communications, 13(1).

[8] Song Z H, Xia J, She D X, et al., 2020. The development of a Nonstationary Standardized Precipitation Index using climate covariates: a case study in the middle and lower reaches of Yangtze River Basin, China [J]. Journal of hydrology, 588: 125115.

[9] Sutanto S J, Wetterhall F, van Lanen H A J, 2020. Hydrological drought forecasts outperform meteorological drought forecasts[J]. Environmental research letters, 15 (8): 084010.

[10] Wang Y X, Li J Z, Feng P, et al., 2015. A time-dependent drought index for non-stationary precipitation series [J]. Water resources management, 29 (15): 5631 - 5647.

[11] Xu K, Yang D W, Xu X Y, et al., 2015. Copula based drought frequency analysis considering the spatio-temporal variability in Southwest China [J]. Journal of hydrology, 527: 630 - 640.

[12] 郭生练，闫宝伟，肖义，等，2008. Copula 函数在多变量水文分析计算中的应用及研究进展[J]. 水文(3): 1 - 7.

[13] 李敏，李建柱，冯平，等，2018. 变化环境下时变标准化径流指数的构建与应用[J]. 水利学报，49(11): 1386 - 1395.

[14] 李珍，2022. 长江中游江—湖—河系统水文干旱特征及其影响因素[D]. 北京：中国科学院大学.

[15] 李珍，李相虎，张丹，等，2022. 基于 Copula 的洞庭湖—流域—长江系统水文干旱概

率分析[J]. 湖泊科学，34(4)：1319－1334.

[16] 罗赟，董增川，管西柯，等，2020. 基于 Copula 函数的太湖流域汛期洪涝灾害危险性分析[J]. 湖泊科学，32(1)：223－235.

[17] 王晓峰，张园，冯晓明，等，2017. 基于游程理论和 Copula 函数的干旱特征分析及应用[J]. 农业工程学报，33(10)：206－214.

[18] 张强，李剑锋，陈晓宏，等，2011. 基于 Copula 函数的新疆极端降水概率时空变化特征[J]. 地理学报，66(1)：3－12.

[19] 张向明，粟晓玲，张更喜，2019. 基于 SRI 与 Copula 函数的黑河流域水文干旱等级划分及特征分析[J]. 灌溉排水学报，38(5)：107－113.

第四章 鄱阳湖枯水成因机制模拟

4.1 引 言

作为连接长江的通江湖泊，鄱阳湖水文变异的驱动因素较为复杂，除了流域来水量的多少以及长江水情变化的影响外，人类活动导致的湖盆地形变化也起着重要作用。这些影响因素主从交织，影响方式和程度也具有明显的季节性和空间上差异，导致综合定量研究的困难。由于鄱阳湖出现的大部分水文干旱事件发生在2003年三峡大坝运行之后，这一时间上的巧合使得三峡大坝的影响成为争论的焦点，甚至被认为是湖泊出现极端低枯水位的主要原因（Qiu，2011；Guo et al.，2012）。然而，近年来相关研究揭示，采砂引起的湖盆地形变化也是湖区水位异常与“超低枯水位”形成的重要原因（Lai et al.，2014；Ye et al.，2018）。此外，部分学者也从流域水文循环（Liu et al.，2013）、长江与鄱阳湖相互作用（Guo et al.，2012；Zhang et al.，2014）以及鄱阳湖水量收支平衡（Liu et al.，2016）的角度探讨了鄱阳湖水位异常偏低的原因。这些研究对认识鄱阳湖水位变化的驱动机制具有重要意义，但大多聚焦在某一因素的作用上，没有系统考虑不同驱动因素对水位变化的影响分量、时空差异、发展趋势及其作用机制。

本章基于对鄱阳湖开放水文系统特点和影响因素的深入分析，通过构建一组联合的神经网络模型，定量辨识包括湖盆地形变化、三峡工程作用、长江流域气候变化等因素对湖泊水情变化的影响分量和时空差异，解析其对鄱阳湖枯水的作用机制，并通过水动力模型，模拟揭示三峡工程与流域水库调控对湖区干旱的缓解作用。研究结果不仅对客观认识变化环境下鄱阳湖河—湖系统水文水资源演变成因机制具有重要的科学意义，而且对鄱阳湖流域综合管理、保障鄱阳湖水量和水生态安全具有突出的现实意义。

4.2 鄱阳湖枯水的多因素驱动机制

4.2.1 数据及方法

由于缺少长江汉口站2014年以来的水位数据，本研究的数据序列仅限于1980—2014年，重点探讨2003—2014年鄱阳湖严重枯水期间湖泊水位相对于1980—1999年水位变化的驱动机制。涉及的主要水文数据包括以下四个方面：(1) 鄱阳湖湖区4个水文站(湖口、星子、都昌和康山)1980—2014年日水位数据，这4个站点分别代表鄱阳湖出口、北部、中部以及南部湖区的水位变化，在空间上具有很好的代表性；(2) 鄱阳湖流域主要入湖支流(赣江、抚河、信江、饶河和修水)下游的7个水文站1980—2014年日流量数据；(3) 长江干流宜昌站和汉口站1980—2014年的月平均流量和水位数据；(4) 三峡水库2003—2014年日入库和出库流量数据。以上数据主要收集自长江水利委员会水文局和江西省水文局，三峡水库入、出库流量数据是从长江三峡集团公司网站下载(http://www.ctg.com.cn/inc/sqsk.php)。上述水文站点的分布见图4.1。

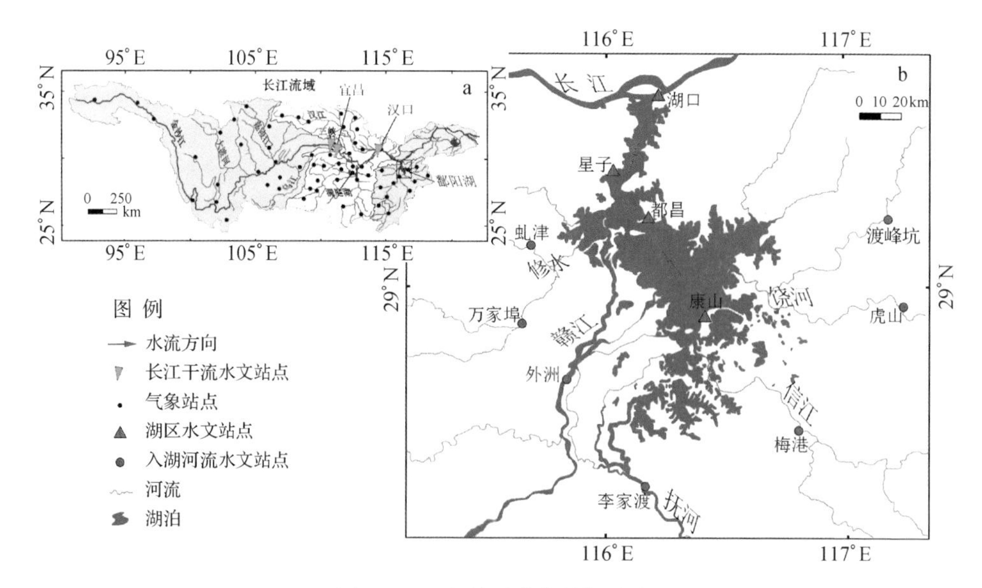

图4.1 研究所用站点数据分布

除上述水文数据外，还收集了长江流域共计 62 个国家气象站 1980—2014 年的月平均降水数据，该数据来自中国气象局国家气候中心（http://data.cma.cn/）。在这些气象站中，有 30 个分布在长江中游的汉江子流域和洞庭湖子流域，有 20 个分布于长江上游流域，有 12 个分布在鄱阳湖子流域(图 4.1)。

以往研究中，一些学者开发了长江中下游干流及通江湖泊的水动力模型以及专门针对鄱阳湖区的水动力模型(Lai et al.，2013；李云良 等，2017)来分析长江和流域来水对鄱阳湖水情变化的作用。然而，水动力模型复杂的模型结构、严格的边界条件和对庞大基础数据的要求，使得其对连续的长时间模拟变得困难。人工神经网络(Artificial Neural Network)是基于人类大脑生理研究，采用模拟生物神经元的某些基本功能元件(即人工神经元)，按照各种不同的联结方式组织起来的一个网络。其最大特点是不需要事先设计任何数学模型，而是通过神经元之间的相互作用来完成整个网络的信息处理，从而取得满意的预测结果。

由于建模过程简单，计算效率和准确性高，人工神经网络技术在过去的几十年中已被广泛应用于河流流量与水位的模拟和预测(Liu et al.，2016；Shrestha et al.，2005)。本研究中，我们设计了两个联合的反向传播人工神经网络(Back Propagation Neural Network，BPNN)模型，用于量化不同影响因素的相对贡献。其中，第一个 BPNN 模型用于重建和还原未受三峡工程影响下的汉口流量；第二个 BPNN 模型用于重建和还原不同情景下的湖泊水位。第一个模型输出的汉口流量经转换水位后作为第二个模型的输入项，从而实现模型间的松散耦合(图 4.2)。

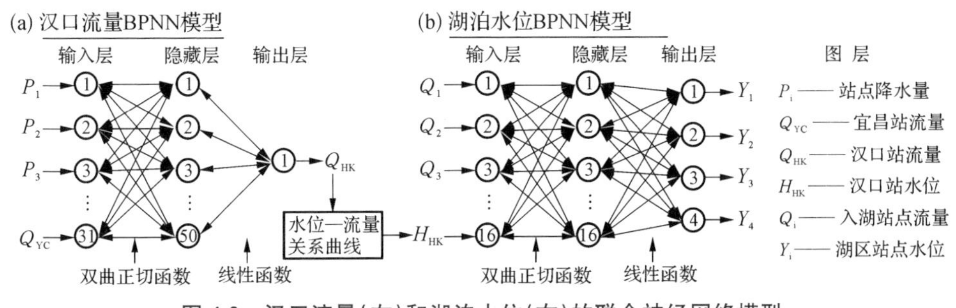

图 4.2　汉口流量(左)和湖泊水位(右)的联合神经网络模型

汉口站流量的 BPNN 模型，以宜昌站的月流量和长江中游流域 30 个气象站的月降水数据作为输入变量，汉口流量为输出变量。鄱阳湖是通江湖泊，湖泊水位除了受流域五河入湖径流的影响之外,还受长江中上游来水的影响,特别是湖口—汉口段长江干流水位的影响。因此,鄱阳湖水位 BPNN 模型的输入变量包括长江干流汉口站月水位数据以及流域“五河”下游 7 个监测站月流量数据。此外,由于鄱阳湖巨大的库容及其调蓄作用,前期的流域来水及长江水位对当月的湖泊水位也有一定影响。基于这一事实,鄱阳湖水位 BPNN 模型的输入变量中,除了当月的汉口水位及“五河”径流外,前一个月的汉口水位及“五河”径流也考虑在内,最终该模型的输入变量数达到 16 个。该模型的输出变量为湖区 4 站(湖口、星子、都昌和康山)的月水位数据。

这两个 BPNN 模型均采用了标准的三层结构形式(图 4.2)。由于 2000—2002 年鄱阳湖中大规模采砂刚刚兴起,三峡大坝即将运行,江湖关系进入明显的调整期,因此这段时间在研究中被舍弃。此外,我们选取了 1980—1999 年湖盆地形变化相对较小的时期作为湖泊水位 BPNN 模型的训练期和验证期。模拟过程中,采用简单的交叉验证方法对模型进行了优化,即利用 1980—1985 年的数据来验证基于 1986—1999 年数据率定的模型,然后利用 1994—1999 年的数据来验证基于 1980—1993 年数据率定的模型(Ye et al.,2020)。汉口流量的 BPNN 模型也是如此。研究中,采用试错法,得到了 BPNN 模型中最敏感的参数——隐藏层数:汉口站流量 BP 模型中设置 50 个隐藏层神经元,湖泊水位 BP 模型中设置 16 个隐藏层神经元。此外,通过贝叶斯正则

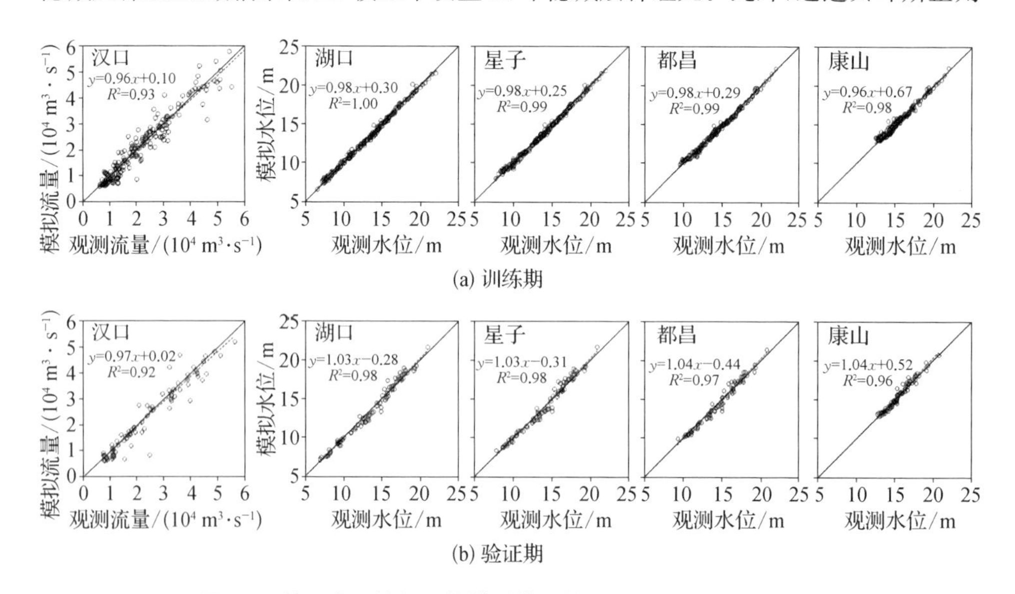

图 4.3 基于人工神经网络模型模拟的汉口站流量和湖泊水位

化，大幅度减少神经网络训练过程中可能出现的过拟合现象。模型优化的统计结果表明，在交叉验证过程中，鄱阳湖区 4 个水文站水位模拟结果的确定性系数(R^2)范围为 0.92～0.99，平均相对误差(MRE)范围为 0.06%～2.41%，表明该模型在湖泊水位模拟中具有很高的准确性。在汉口流量模拟中，R^2 在 0.82～0.93 范围内，MRE 范围为 0.38%～1.21%。基于人工神经网络模型的汉口站流量和湖泊水位模拟效果见图 4.3。

4.2.2　归因分析

作为连接流域来水和长江干流的通江湖泊，鄱阳湖水位变化的影响因素包括内因和外因两类：内因主要是湖区下垫面变化（特别是湖盆地形）；外因包括长江干流三峡工程作用、长江流域气候变化及其他人类活动作用（如土地利用变化、工农业用水、水利工程建设、跨流域调水等）。由于长江流域气候变化及其他人类活动作用不仅包括鄱阳湖流域的相关作用，也包括汉口站以上长江流域的相关作用，进一步的区分研究在目前情况下很难实现。基于此，我们将长江流域气候变化及其他人类活动作用作为除湖区下垫面变化和三峡工程影响之外的另一个综合影响因素。

研究中，以 2003 年三峡工程的建成运行为时间节点，将研究时段分为两部分：1980—1999 年和 2003—2014 年。以 1980—1999 年的实测湖泊水位作为参考情景（该水位序列标记为H^0_{obs}），则 2003—2014 年期间实测湖泊水位（该水位序列标记为H^1_{obs}）的变化(ΔH_{obs})反映了湖盆地形变化、三峡工程作用、长江流域气候变化及其他人类活动等三大因素综合作用的结果，即

$$\Delta H_{obs} = H^1_{obs} - H^0_{obs} = \Delta H_{bott} + \Delta H_{TGD} + \Delta H_{clim-hum} \tag{4.1}$$

式中，ΔH_{obs}为 2003—2014 年相对于 1980—1999 年湖泊水位的变化；ΔH_{bott}表示湖盆地形变化的影响；ΔH_{TGD}表示三峡工程的影响；$\Delta H_{clim-hum}$表示气候及其他人类活动的影响。

由于人工神经网络模型类似于黑箱模型，采用 2000 年之前的数据建立的湖泊水位 BPNN 模型，其模拟结果总体反映了 2000 年之前平均湖盆条件下湖泊水位对流域来水及长江水位的响应关系。基于此，对提出的三个驱动因素的定量区分研究，主要

分以下四个步骤：

第一步：基于实测的宜昌站流量以及三峡水库入、出库流量数据，重建无三峡工程影响下的2003—2014年宜昌站月径流时间序列（图4.4）。

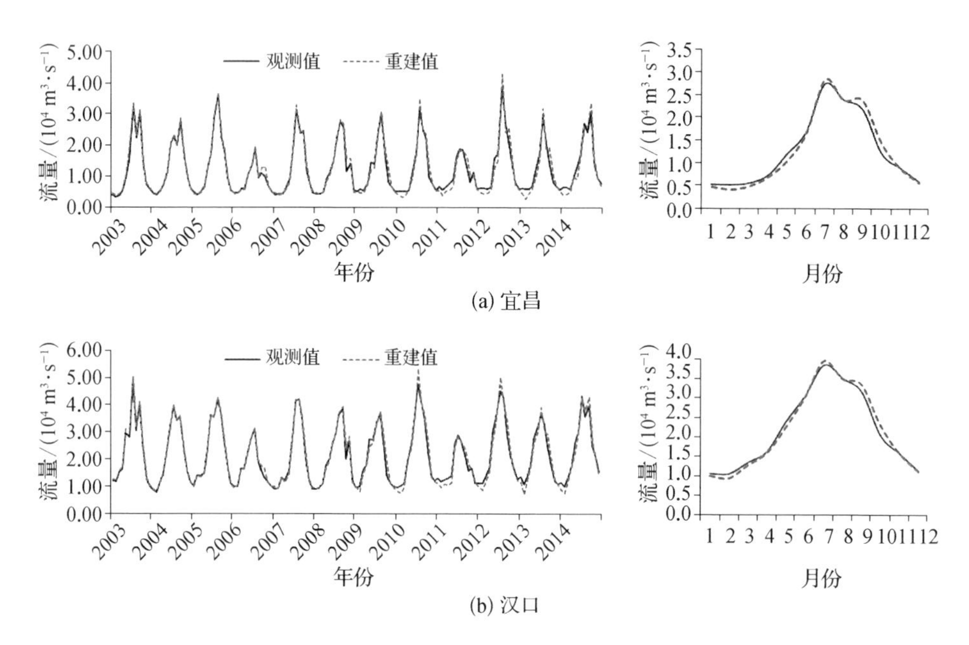

图4.4　重建无三峡工程影响下的2003—2014年宜昌站月径流序列

第二步：基于建立的1980—1999年汉口流量模型，重建无三峡工程影响下的2003—2014年汉口站月径流时间序列；然后在此基础上，以1980—1999年实测的汉口站水位—流量关系曲线，重建无三峡工程影响下的2003—2014年汉口站月水位序列。

第三步：基于实测的汉口水位和流域五河来水，采用建立的湖泊水位BPNN模型模拟获得2003—2014年湖泊月水位时间序列H_{sim}^{0}。该水位时间序列与1980—1999年的实测湖泊水位时间序列相比，反映了三峡工程和流域气候变化及其他人类活动作用影响下的湖泊水位变化情景，而排除了湖盆变化的影响。

第四步：基于重建的汉口水位和实测的流域五河来水，采用建立的湖泊水位BPNN模型模拟获得2003—2014年湖泊月水位序列H_{sim}^{1}。该水位时间序列与1980—1999年的实测湖泊水位序列相比，反映了流域气候变化作用及其他人类活动影响下的湖泊水位变化情景，而排除了湖盆变化和三峡工程的影响。

基于第三、四步的输出，各因素的影响分量计算如下：

$$\Delta H_{bott} = H^1_{obs} - H^0_{sim} \tag{4.2}$$

$$\Delta H_{TGD} = H^0_{sim} - H^1_{sim} \tag{4.3}$$

$$\Delta H_{clim-hum} = H^1_{sim} - H^0_{obs} \tag{4.4}$$

各因素对湖泊水位变化作用的相对贡献计算如下：

$$\eta_{bott} = \frac{\Delta H_{bott}}{\Delta H_{obs}} \times 100\% \tag{4.5}$$

$$\eta_{TGD} = \frac{\Delta H_{TGD}}{\Delta H_{obs}} \times 100\% \tag{4.6}$$

$$\eta_{clim-hum} = \frac{\Delta H_{clim-hum}}{\Delta H_{obs}} \times 100\% \tag{4.7}$$

以上定量区分方法设计巧妙、简单可行，同时理论依据充分，其最大优点在于：利用神经网络的最新进展，模拟潜在情景下的鄱阳湖水位变化而不用考虑所有三个驱动因素之间相互作用的复杂关系。相反，这几种情景模拟很难从传统的水文和水力学模拟中获得。

4.2.3 不同因素影响分量及空间差异

(1) 年内变化

统计表明，相对于1980—1999年，湖口、星子、都昌、康山4个水文站多年平均水位在2003—2014年分别下降了1.01 m、1.31 m、1.45 m和0.71 m。在多年平均的月尺度上，湖盆地形变化、三峡工程作用、长江流域气候变化及其他人类活动等三大影响因素对鄱阳湖水位变化的影响分量存在较大差异(图4.5)。湖盆地形变化在一年中的各个月份里均起着降低湖泊水位的重要作用，其导致的月平均湖泊水位下降最为显著的是都昌(0.28～1.57 m)，其次是星子(0.24～1.13 m)、湖口(0.20～0.63 m)和康山(0.09～0.52 m)。就季节变化来看(表4.1)，湖盆地形变化导致冬季枯期(12月—2月)湖泊水位下降尤为明显，0.32～1.57 m；春季和秋季，导致湖泊水位的下降幅度分别为0.09～1.00 m和0.24～1.14 m；但在夏季汛期，湖泊水位最大下降量小于0.60 m，平均为0.12～0.59 m。就相对贡献而言，湖盆地形变化对湖泊水位下降的季节性贡献在湖口为20%～132%，星子为25%～113%，都昌和康山均为32%～128%。其中，冬季湖泊水位的下降主要是由这一因素所驱动。

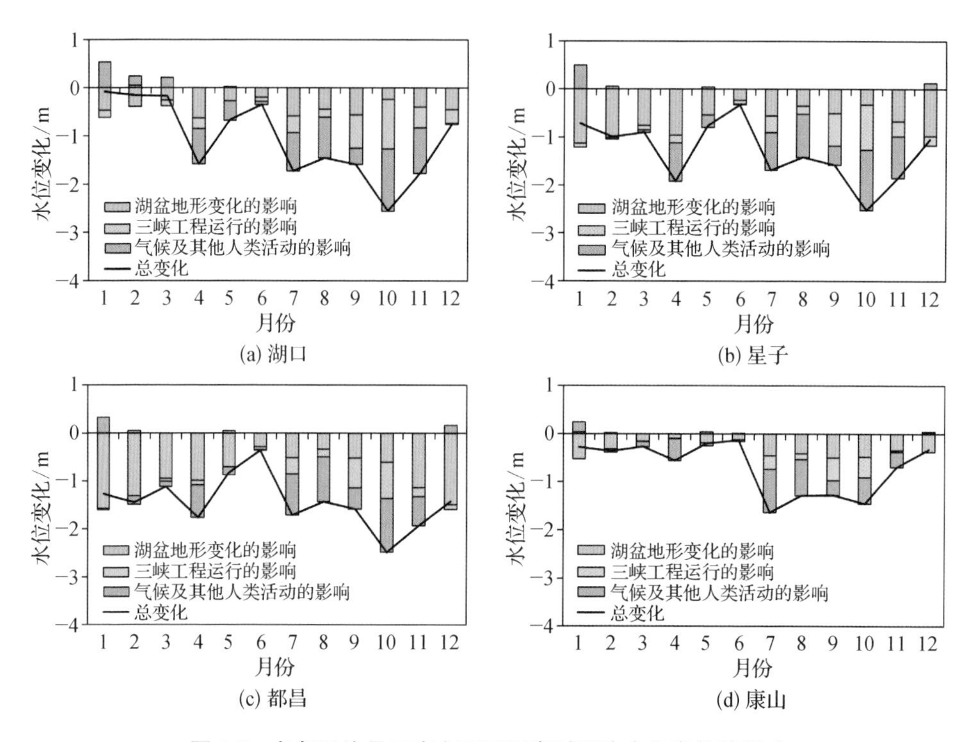

图4.5　多年平均月尺度上不同因素对湖泊水位变化的影响

三峡工程的运行对鄱阳湖水位变化的影响，除2月和5月引起湖泊水位略微上升外，其他月份均引起湖泊水位的下降(图4.5)。其中，最明显的水位下降发生在7—8月的湖泊主汛期和9—11月的湖泊退水期，其他月份的影响整体较小。此外，图4.5所示的结果还表明三峡工程引起的湖泊水位变化的效应在湖口处最大，向南部湖区逐渐减弱。在9—10月份，三峡工程的蓄水运行引起湖口站月平均水位下降0.69～1.03 m，其次是星子站的0.69～0.94 m，都昌站的0.63～0.76 m以及康山站的0.42～0.48 m。统计表明，9—10月的蓄水期间，三峡工程对全湖水位下降的贡献率为33%～42%，整个秋季为26%～36%。

图 4.5 所示长江流域气候变化及其他人类活动作用整体上导致 1—3 月份湖口水位的上升，其他三个站点的水位分别在 1 月份和 12 月份有所上升。其中，湖口水位平均上升 0.21～0.53 m。在其他月份，这一因素的影响主要起着降低湖泊水位的作用，尤其是 10 月份可引起湖口、星子、都昌和康山的平均水位分别下降 1.29 m、1.26 m、1.12 m 和 0.56 m。在 7—8 月份的湖泊主汛期，这一影响也非常突出，可导致整个湖泊水位平均下降 0.75～0.91 m。就相对贡献来看，这一因素对湖泊水位的影响在夏季可达 48%～54%，在秋季为 34%～43%。

表 4.1　2003—2014 年三个影响因素对湖泊水位变化的平均贡献(相对于 1980—1999 年)

站点	影响因素	春季(3—5 月)	夏季(6—8 月)	秋季(9—11 月)	冬季(12—2 月)	年
湖口	湖盆地形变化	−0.39(49%*)	−0.41(35%)	−0.40(20%)	−0.44(132%)	−0.41(38%)
	三峡工程运行	−0.11(13%)	−0.20(17%)	−0.72(36%)	−0.13(39%)	−0.29(27%)
	气候及其他人类活动	−0.31(38%)	−0.56(48%)	−0.85(43%)	+0.24(−71%)	−0.37(35%)
星子	湖盆地形变化	−0.75(63%)	−0.38(33%)	−0.50(25%)	−1.04(113%)	−0.67(51%)
	三峡工程运行	−0.07(6%)	−0.19(17%)	−0.64(32%)	−0.08(8%)	−0.25(19%)
	气候及其他人类活动	−0.37(31%)	−0.57(50%)	−0.84(42%)	+0.20(−22%)	−0.40(30%)
都昌	湖盆地形变化	−0.89(72%)	−0.38(32%)	−0.75(38%)	−1.46(128%)	−0.87(60%)
	三峡工程运行	−0.03(3%)	−0.18(16%)	−0.52(26%)	−0.03(2%)	−0.19(13%)
	气候及其他人类活动	−0.32(26%)	−0.61(52%)	−0.72(36%)	+0.10(−7%)	−0.39(27%)
康山	湖盆地形变化	−0.15(43%)	−0.32(32%)	−0.44(38%)	−0.41(128%)	−0.33(47%)
	三峡工程运行	+0.01(−2%)	−0.15(14%)	−0.31(28%)	+0.03(−9%)	−0.11(15%)
	气候及其他人类活动	−0.20(59%)	−0.55(54%)	−0.39(34%)	+0.06(−19%)	−0.27(38%)

注："+"表示引起湖泊水位上升；"−"表示引起湖泊水位降低；"*"表示湖泊水位变化的贡献百分比；气候变化和其他人类活动是指除了湖盆和三峡影响外的所有其他因素。

（2）年际变化

基于归因分析的研究结果，统计揭示了 2003—2014 年不同因素对湖泊水位变化的影响分量（相对于 1980—1999 年平均水位）及其线性趋势。如图 4.6 所示，三个影响因素中，湖盆地形变化对湖泊水位变化的影响呈现长期增加的趋势，其中，星子站和都昌站的线性趋势达到显著性水平（$p<0.05$），而湖口站和康山站的线性趋势不显著。三峡工程对湖泊水位的降低效应在 2003—2014 年总体较为稳定，在湖区 4 个站点均呈微弱

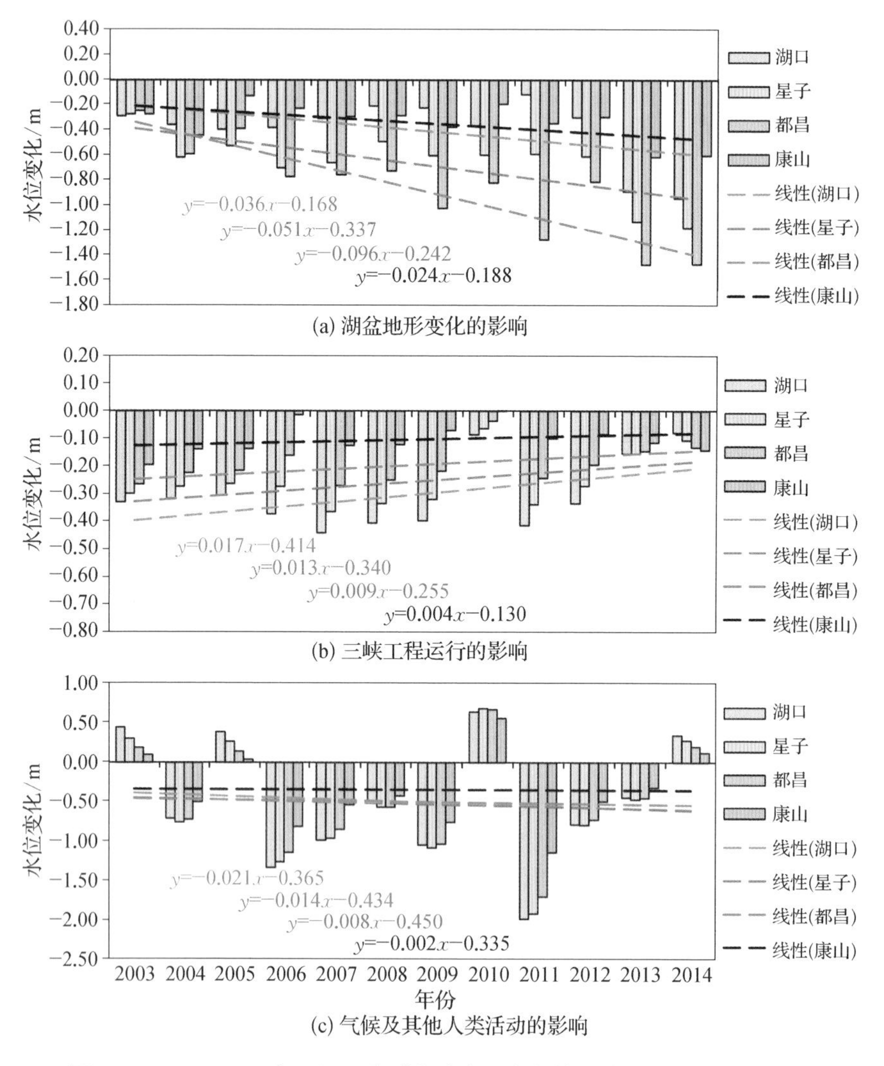

图 4.6 2003—2014 年不同因素对湖泊水位变化的影响分量及其线性趋势

的下降趋势。与前两个因素相比，在年际变化上，长江流域气候变化和其他人类活动对鄱阳湖水位变化的影响波动较大，并且其影响可正可负。除 2003 年、2005 年、2010 年和 2014 年外，大多年份里均对鄱阳湖年水位起到了降低的作用，尤其是在 2011 年，该因素导致鄱阳湖水位降低了 1.14～1.98 m。然而，近十多年来，长江流域气候变化和其他人类活动对鄱阳湖水位变化的影响并未呈现出明显的变化趋势。

(3) 多年平均影响

就多年平均情况而言，相对于 1980—1999 年，三种因素均导致 2003—2014 年鄱阳湖水位的降低(图 4.7)。其中，湖盆地形变化对降低湖泊水位的作用最为突出，分别引起 4 站水位下降 0.33～0.87 m。值得注意的是，这种效应从星子站开始显著增强，在都昌达到最大。湖盆地形变化引起两站多年平均水位下降 0.67 m 和 0.87 m，分别占该处湖泊水位总变化量的 51%和 60%。三峡工程的运行导致湖泊不同站点多年平均水位下降了 0.11～0.29 m，其对湖泊水位变化的相对贡献率为 13%～27%。长江流域气候变化和其他人类活动的综合影响在湖口、星子和都昌站相对一致，差异较小(0.37～0.40 m)，但在康山(0.27 m)略有减弱。对整个湖泊(各站点平均情况)而言，湖盆地形变化作用占湖泊水位下降平均贡献率的一半，而三峡工程的运行以及长江流域气候变化与其他人类活动的贡献率分别为 18%和 32%。

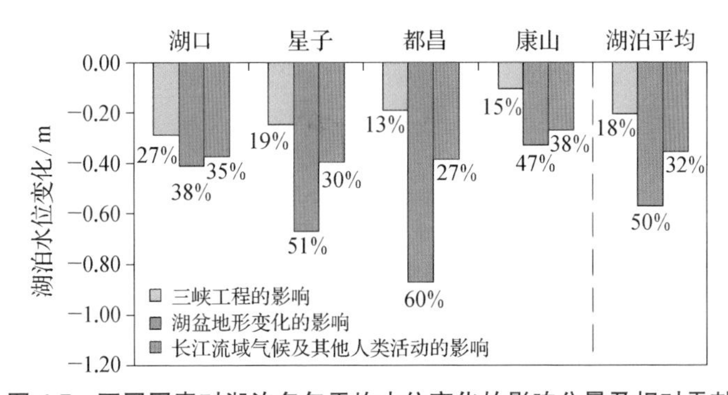

图 4.7　不同因素对湖泊多年平均水位变化的影响分量及相对贡献

4.2.4　不同因素作用机制探讨

(1) 湖盆地形变化

鄱阳湖湖盆地形的变化主要是由近年来的湖区大规模采砂活动引起的(Zhang et

al.,2014;Liu et al.,2016;Wu et al.,2007)。根据鄱阳湖1998年和2010年的两个时期的湖盆DEM数据,可知近20年来鄱阳湖湖盆地形发生了明显变化(图4.8)。Ye等(2019)计算出这一时期的湖盆体积的变化总量为1.154×10^9 m^3,特别是在北部湖区都昌至湖口的主要水道上存在明显的湖盆地形变形带。Lai等(2014)和江丰等(2015)利用实地调查和遥感数据分析了鄱阳湖出流水道地形变化及其对湖水出流能力的影响,结果表明鄱阳湖大规模集中采砂活动导致湖泊出流水道的加宽、加深,显著增加了湖水的泄流能力。近年来鄱阳湖在低水位时的出流能力已增加到大规模采砂前的1.5～2倍,受此影响,星子站平均水位在2008—2012年旱季(10月—次年3月)比1955—2000年同期下降了0.66 m(Zhang et al.,2014)。采砂活动引起的湖盆地形变化使得湖泊本身容积增大的同时,扩大了通江河道的过水断面面积,加快了湖水外泄速率,从而增加了鄱阳湖枯水季节的干旱风险。

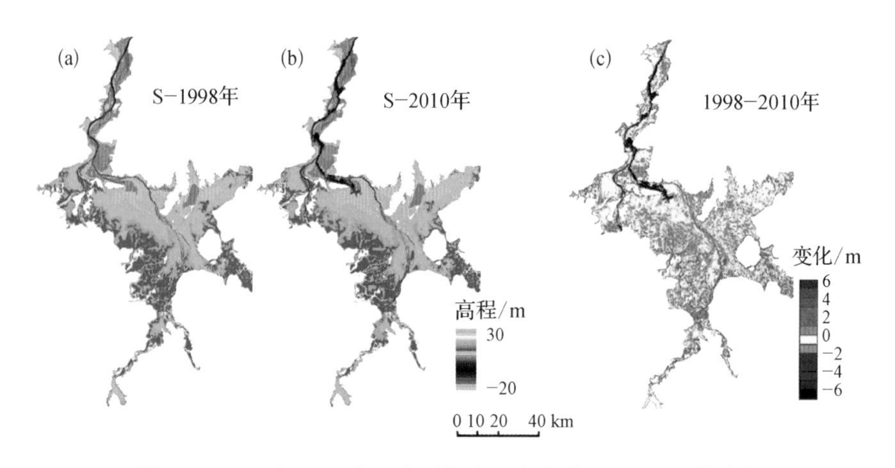

图4.8 1998和2010年两个时期鄱阳湖湖盆DEM图及其变化

就湖区不同站点而言,湖盆地形变化引起的都昌站水位下降幅度最大。究其原因,应为近十多年来采砂活动不断向湖盆中部、南部转移,2010年左右采砂行为已扩张到鄱阳湖中部都昌站附近(江丰 等,2015;崔丽娟 等,2013)。相较其他站点,采砂活动导致都昌站附近湖盆地形下降最为显著。此外,从图2.19中还可以看出,2009年以来,湖口、星子、都昌的年平均水位基本相同,表明这些地区因为采砂活动导致的湖盆地形的梯度差异基本消失。

(2) 三峡工程运行

作为世界上最大的水利工程，三峡工程的运行(包括蓄水和放水)对长江流量和水位的季节变化有很大的影响(Guo et al.,2012;Ye et al.,2018)。三峡工程的调节显著改变了长江与鄱阳湖之间的相互作用，特别是减弱了洪水季节(7—9 月)长江对鄱阳湖的顶托作用，从而增加湖泊出流量(Guo et al.,2012)。然而，值得注意的是，三峡工程在每年 12 月份至来年 5 月增加下泄流量并没有引起湖泊水位同步上升；此外，在大多数年份里，三峡工程在年际尺度上并不实现对长江中下游径流的调节，但其仍然起到降低湖泊水位的作用。究其原因，主要是三峡工程的运行导致了长江中下游河床的侵蚀下切，间接增大了鄱阳湖水的外泄。研究表明，自 2003 年三峡工程运行以来，长江中下游的悬移质输沙量和悬移质含沙量显著减少(Dai et al.,2013)。2003 年三峡大坝首次蓄水后，长江中游的部分断面床底高程显著降低(Ye et al.,2017)。

长江中下游强烈的河床侵蚀下切将对水位变化产生重大影响。2015 年中国河流泥沙公报指出，2003 年 11 月至 2015 年 11 月，城陵矶至汉口河段总体为冲刷，平滩河槽冲刷量为 2.011 亿 m^3，部分分汊河段和弯曲性河段断面河床冲淤变化较大，而相对顺直单一河段断面冲淤变化相对较小，断面形态较为稳定，如汉口水文站附近河床断面(图 4.9(a))。拟合不同时期汉口站水位—流量关系曲线，可知 2003—2014 年的汉口站水位—流量关系曲线整体低于 1980—1999 年曲线(图 4.9(b))，说明在同流量条件下，三峡工程运行后汉口站水位有所下降。此外，该图还表明，在低流量条件下，河流水位的下降幅度远大于高流量条件下的下降。例如，在月流量为 1.0×10^4 m^3/s 的情况下，计算出的长江水位月平均下降量为 0.55 m；在月流量为 3.0×10^4 m^3/s 时，计算的月平均水位下降为 0.25 m。Wang J 等(2013)也意识到河床侵蚀下切对水位的影响，其研究表明因长江下泄流量增加，汉口站附近本该上升的冬季水位完全被河道的强烈冲刷所抵消，最终导致平均水位反而降低了 0.11 m。

总的来说，三峡工程对湖泊水位变化的影响作用，包括三峡工程对下泄流量的季节性调节以及由此而引起的长江中下游河床侵蚀下切，在一定程度上加剧了鄱阳湖水位的下降。由于三峡工程的运行大多以年内调节为主，并不改变长江中下游的年径流总量，因此，在年际尺度上，三峡工程降低湖泊水位的主要原因在于长江中下游河床侵蚀下切。此外，图 4.6 所示的三峡工程引起的湖泊水位下降呈现出微弱的下降趋势，在很大程度上反映出三峡工程多年运行后长江中下游河床形态日趋稳定。

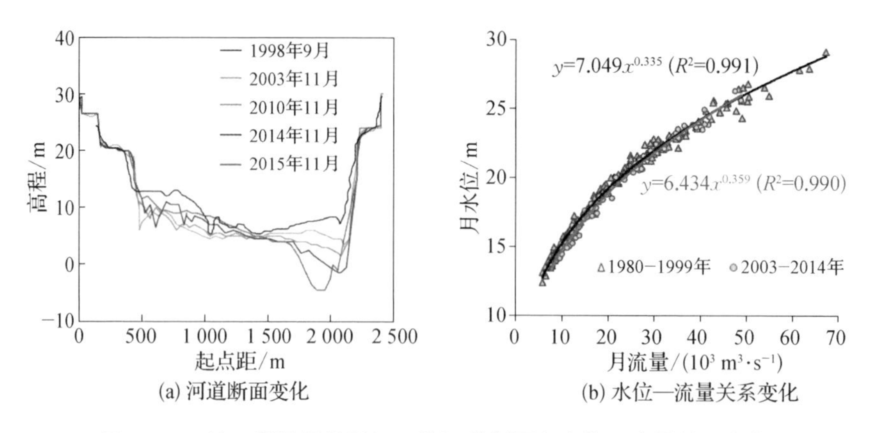

(a) 河道断面变化　　(b) 水位—流量关系变化

图 4.9　三峡工程运行前后汉口站河道断面和水位—流量关系变化

(3) 长江流域气候及其他人类活动

气候变化和其他人类活动对鄱阳湖水位变化的影响值得高度重视。由于较大的年际波动,在某些年份里,这种影响可以成为主导湖泊水位变化的关键因素,如2006 年和 2011 年。与其他两个驱动因子相比,这一因素引起的鄱阳湖夏季汛期水位下降的季节性效应更为显著。即使在随后的秋季退水期,这种因素的影响仍然较为突出。

1980—2014 年,长江流域年降水量呈不显著的下降趋势,长江干流流量也呈现出减少的趋势。与 1980—1999 年相比,2003—2014 年汉口站上游流域降水减少4.6%,流量减少 7.6%。这一结果很好地解释了长江来水减少对湖泊水位下降的影响。此外,这一结果也表明,长江流域降水减少至少可以解释长江流量减少原因的 60%。Yang 等(2015)的研究结果也表明流域降水变化的贡献率占长江大通站流量减少的61%。Chen 等(2014)指出,1955—2011 年长江年径流量对流域内水库库容、人口和GDP 变化的响应很小,这些人为活动因素的作用对长江流量变化的解释不到 20%。因此,长江流域气候变化和其他人类活动这一综合影响因素,在很大程度主要体现为气候变化特别是降水量变化的作用。

图 4.10 进一步显示了长江流域不同区间月降水量的变化。由图可知,相比于1980—1999 年,2003—2014 年年内绝大部分月份,长江中上游地区降水量均呈下降趋势。就不同区间而言,夏季降水量的减少主要表现在长江上游、洞庭湖流域和鄱阳湖流域,这些区间的降水减少是造成湖水位下降的主要原因。三峡水库蓄水期间,汉

江流域、鄱阳湖流域降水减少尤为明显，是除三峡工程影响外造成湖泊水位下降的另一重要原因。

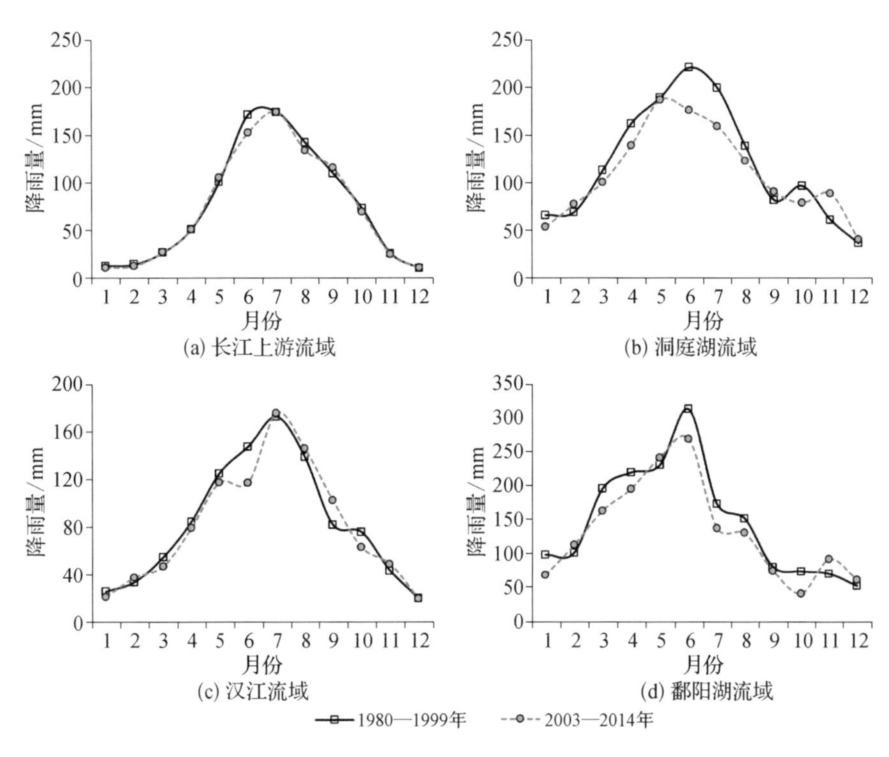

图 4.10　长江流域不同区间多年平均月降水量变化

4.3　鄱阳湖流域水库群调度对湖区干旱的影响

4.3.1　模拟情景构建

鄱阳湖流域水库数量众多，库容巨大，截至 2020 年，共建有各类型水库 10 798 座，总库容达 328 亿 m^3。其中库容大于 1 亿 m^3 的大型水库 33 座，库容大于 1 000 万 m^3 的中型水库 260 座，小型水库 10 000 多座。这些水库在鄱阳湖流域防洪、发电、灌溉、供水、航运、渔业、旅游等方面发挥着重要作用。为应对鄱阳湖湖区日益严峻的干旱，本研究共选择鄱阳湖流域兴利库容大于 1 亿 m^3 的大型水库 13 座(表 4.2)，总兴利库容 69.7 亿 m^3，其中赣江流域 7 座，总兴利库容 23.46 亿 m^3，抚河流域 1 座，兴利库容 3.74 亿 m^3，信江流域 2 座，总兴利库容 2.84 亿 m^3，饶河流域 1 座，兴利库容 1.4 亿 m^3，修水流域 2 座，总兴利库容 38.26 亿 m^3。通过构建不同的水库调度下泄水量情景，基于水动力模型进行情景模拟，分析流域水库调度补水对缓解下游湖区干旱的作用。

表 4.2　纳入模型模拟的鄱阳湖流域重点大型水库(库容>1.0 亿 m^3)基本信息表

序号	名称	流域	集水面积(km²)	东经	北纬	总库容(亿 m³)	兴利库容(亿 m³)	防洪库容(亿 m³)	调洪库容(亿 m³)	最大泄量(m³/s)
1	万安水库	赣江	36 900	114°41′	26°33′	22.16	10.19	5.33	—	—
2	江口水库	赣江	3 900	114°50′	27°44′	8.9	3.4	—	3.66	216
3	上犹江水库	赣江	2 750	114°24′08″	25°49′59″	8.22	4.71	—	1.01	152.8
4	长冈水库	赣江	4 845	115°26′47″	26°19′31″	3.57	1.58	0.11	1.06	205
5	上游水库	赣江	140	115°06′	28°31′	1.83	1.16	0.67	0.49	20
6	社上水库	赣江	427	114°16′	27°23′	1.71	1.41	0.28	0.6	27.2
7	白云山水库	赣江	464	115°19′	26°48′	1.16	1.01	0	0.24	—
8	洪门水库	抚河	2 376	116°26′	27°17′	12.2	3.74	6.72	—	500
9	大坳水库	信江	—	117°57′30″	28°11′19″	2.76	1.43	—	—	—
10	七一水库	信江	324	118°16′01″	28°49′02″	1.89	1.41	—	0.51	51.8
11	军民水库	饶河	133	116°54′23″	29°35′10″	1.89	1.4	0.73	0.73	23
12	柘林水库	修水	9 340	115°30′05″	29°12′18″	79.2	34.4	15.7	32	1 548
13	东津水库	修水	1 080	114°19′02″	28°59′00″	7.95	3.86	2.34	—	—

注:数据来源于江西省水资源监测中心。

水动力模拟以课题组之前构建并完成参数率定与验证的水动力模型 MIKE21 为模拟工具(Li et al., 2014)，模型上边界条件为五河逐日入湖径流过程，下边界条件为湖口逐日水位变化过程，模拟时段为 9 月至次年 2 月，其中 9 月份为模型预热期。模型模拟分四种情景：S0 为基准情景，设定其五河入湖过程和长江来水均为 2003—2018 年平均径流过程；S1、S2 和 S3 情景中设定 13 座水库分别将各自兴利库容的 25%、50%和 75%用于枯水期的径流调节，下泄的水量按模拟时段内日平均分配的原则叠加到五河径流上，形成不同补水情景下新的五河入湖过程。各情景下湖口水位过程通过神经网络模型(BPNN)获得 (Li et al., 2015)。

4.3.2 鄱阳湖水位变化

枯水期水位偏低是鄱阳湖干旱的重要特征之一。图 4.11 为不同情景下水动力模型模拟的鄱阳湖水位变化过程。由图可知，流域水库泄水显著抬高了鄱阳湖的水位，

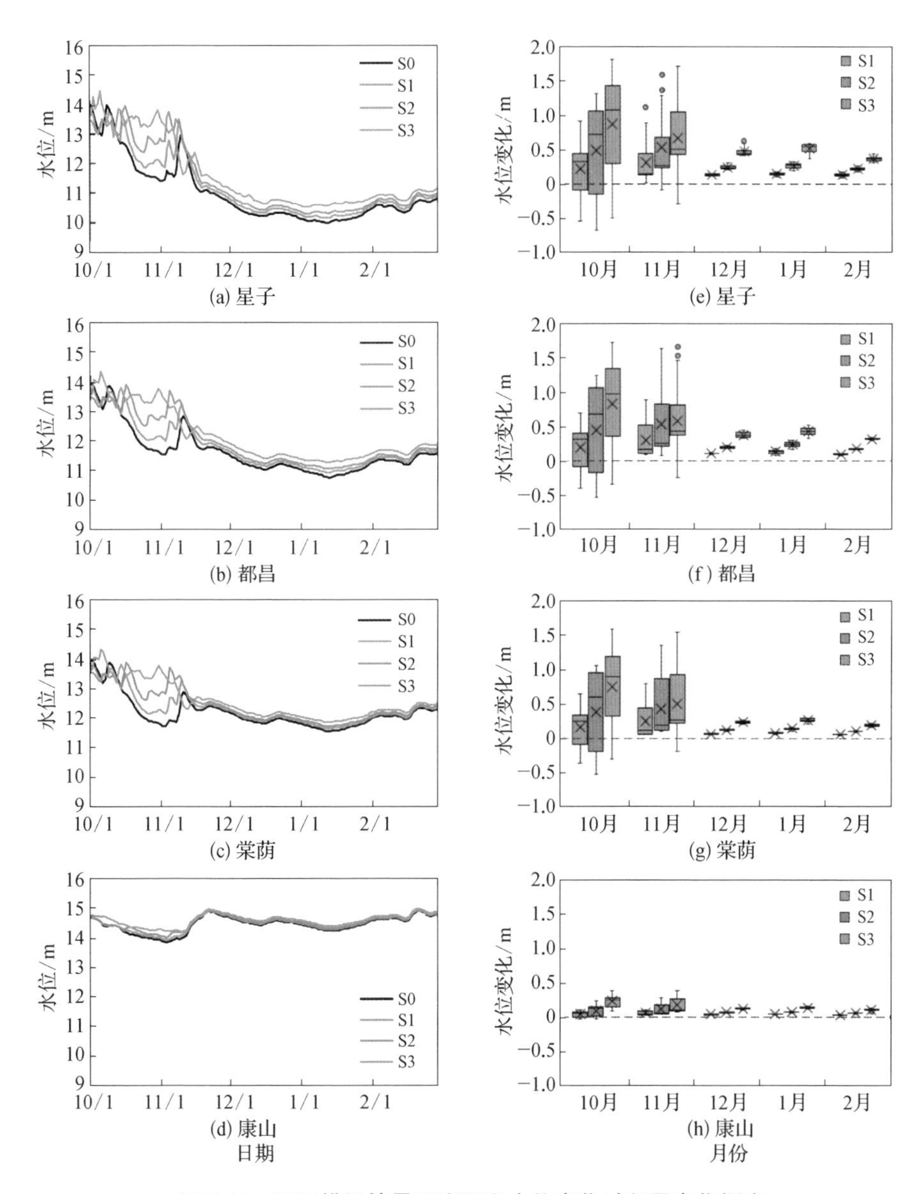

图 4.11　不同模拟情景下鄱阳湖水位变化过程及变化幅度

其中,星子站平均水位由 10.99 m 上涨至 11.18～11.59 m,增幅 0.19～0.60 m,都昌站由 11.64 m 上涨至 11.80～12.16 m,增幅 0.16～0.52 m,棠荫站由 12.18 m 上涨至 12.29～12.57 m,增幅 0.11～0.39 m,康山站由 14.45 m 上涨至 14.48～14.60 m,增幅 0.03～0.15 m(表 4.3)。同时,鄱阳湖的年最低水位也显著升高,其中,星子站最低水位由 9.97 m 升高至 10.14～10.50 m,增幅 0.17～0.53 m,都昌站由 10.78 m 升高至 10.94～11.29 m,增幅 0.16～0.51 m,棠荫站由 11.56 m 升高至 11.65～11.91 m,增幅 0.09～0.35 m,康山站由 13.85 m 升高至 13.93～14.15 m,增幅 0.08～0.30 m(表 4.3)。同时发现,湖水位的增幅在星子站最大,康山站最小,存在由北往南逐渐减小的趋势。

表 4.3　不同模拟情景下鄱阳湖枯水期平均水位与最低水位变化

站点	平均水位(m)				最低水位(m)			
	S0	S1	S2	S3	S0	S1	S2	S3
星子	10.99	11.18	11.36	11.59	9.97	10.14	10.28	10.50
都昌	11.64	11.80	11.96	12.16	10.78	10.94	11.07	11.29
棠荫	12.18	12.29	12.43	12.57	11.56	11.65	11.73	11.91
康山	14.45	14.48	14.53	14.60	13.85	13.93	14.01	14.15

图 4.12 为不同模拟情景下鄱阳湖水位变化的空间分布,由图可看出流域水库泄水引起的鄱阳湖水位变幅存在显著的空间差异性。北部入江通道水位的增加最为显

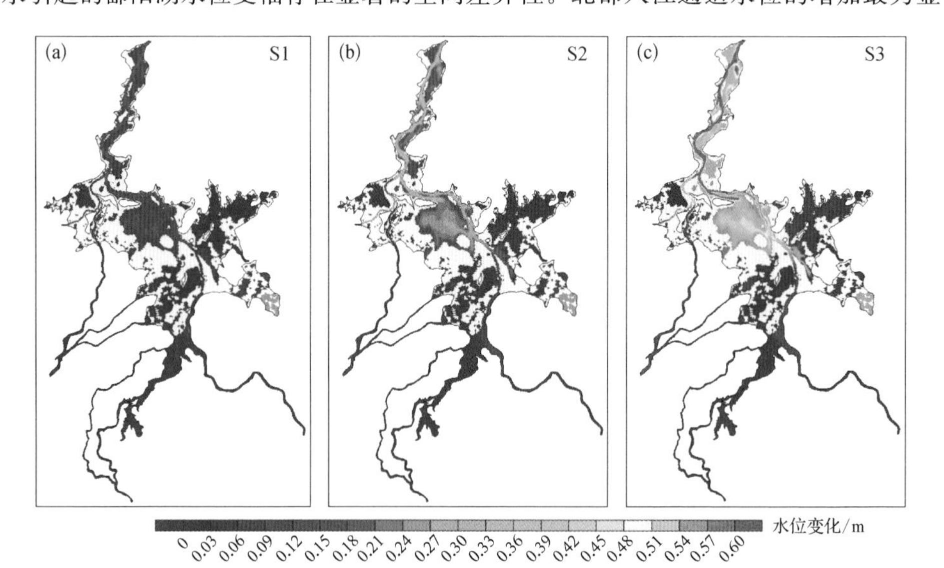

图 4.12　不同模拟情景下鄱阳湖水位变化空间分布

著，在 S1、S2 和 S3 三种情景下，水位增幅分别在 0.1～0.25 m、0.15～0.4 m 和 0.35～0.6 m，中部湖区水位的增幅显著降低，至南部湖区，水位变化非常微弱，大都不足0.1 m。另外，从不同模拟情景下鄱阳湖逐月水位变化空间分布(图 4.13)可看出，虽然各情景下每月的湖水位变幅不等，但总体仍以北部入江通道水位增加最为显著，往南依次减小。

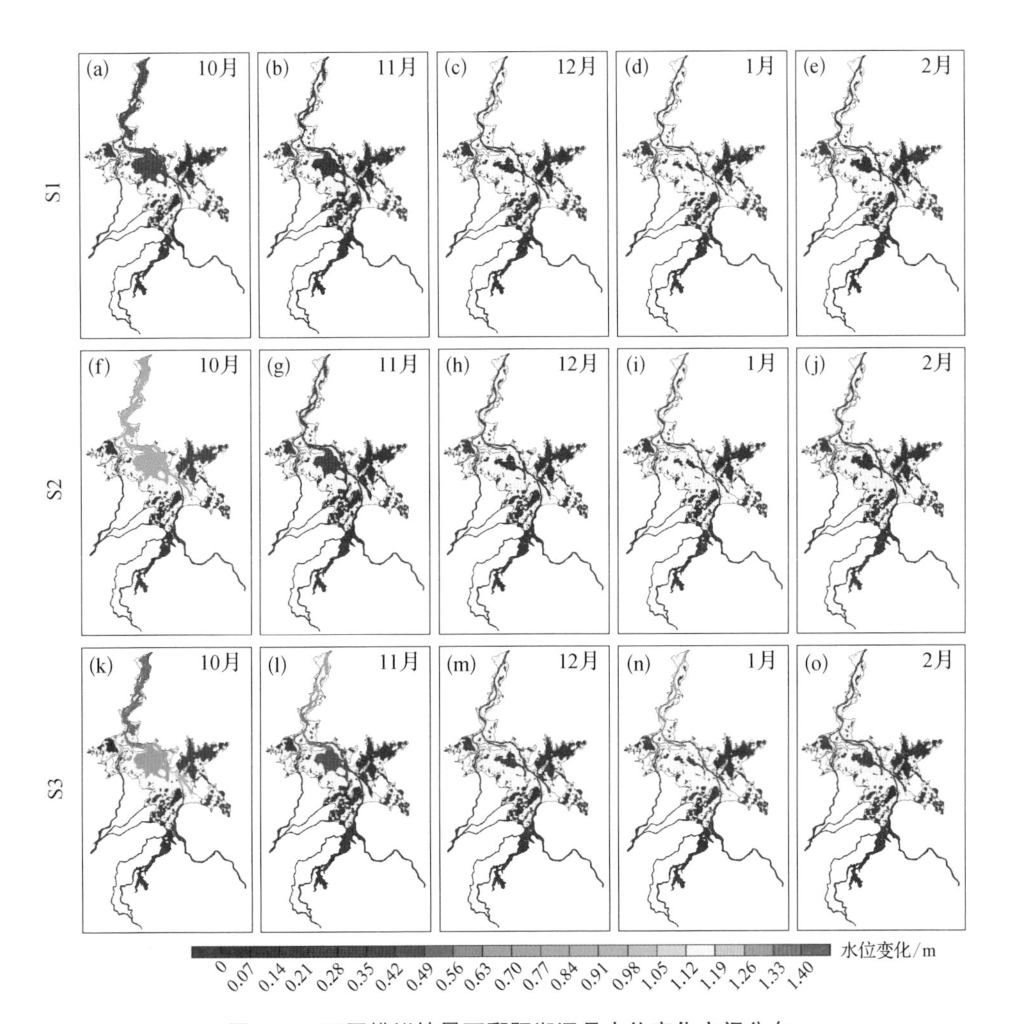

图 4.13　不同模拟情景下鄱阳湖逐月水位变化空间分布

4.3.3　枯水持续时间及干旱强度变化

图 4.14 为不同模拟情景下鄱阳湖低枯水持续时间变化，由图可看出，随着流域水

库下泄量的增加，鄱阳湖低枯水持续时间逐渐缩短，其中星子站 10.5 m 以下水位持续时间由 68 天缩短为 S1 情景下的 60 天、S2 情景下的 41 天及 S3 情景下的 1 天，而 11 m 以下水位持续时间则由 99 天分别缩短为 96 天、93 天和 78 天，12 m 以下水位持续时间由 128 天分别缩短为 115 天、108 天和 105 天。在都昌站，12 m 以下水位持续

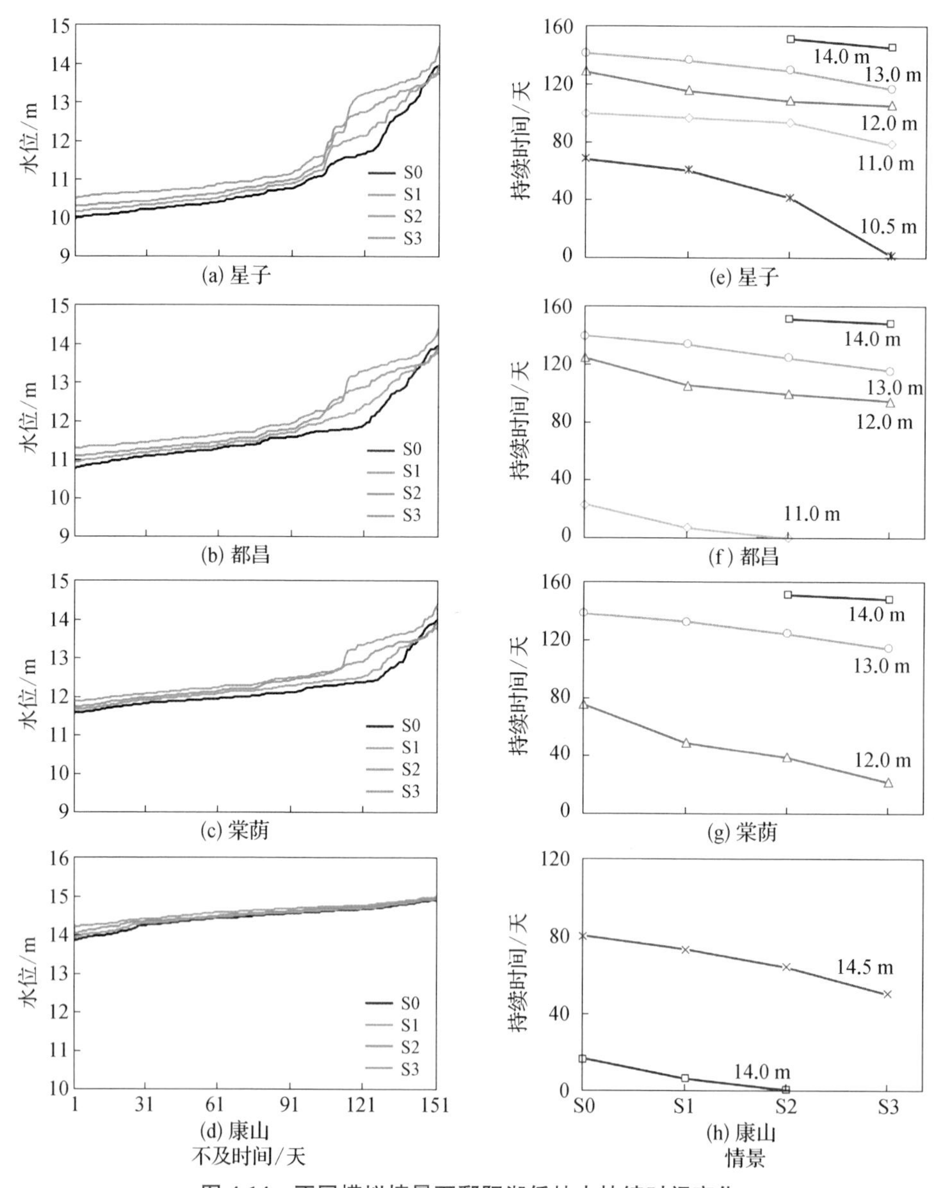

图 4.14　不同模拟情景下鄱阳湖低枯水持续时间变化

时间则由124天分别缩短为105天、99天和94天，棠荫站12 m以下水位持续时间则由75天分别缩短为49天、39天和22天。同时，鄱阳湖干旱的烈度和强度也随之减小。以星子站12 m阈值水位为例，干旱烈度由176.6 m减小为S1情景下的155.3 m、S2情景下的143.6 m及S3情景下的117.6 m，对应的干旱强度也由1.38 m/天分别减小为1.35 m/天、1.33 m/天和1.12 m/天（表4.4）。

表4.4　不同模拟情景下鄱阳湖干旱烈度与强度变化

模拟情景	12 m阈值水位		11 m阈值水位		10.5 m阈值水位	
	烈度(m)	强度(m/天)	烈度(m)	强度(m/天)	烈度(m)	强度(m/天)
S0	176.6	1.38	63.4	0.64	19.7	0.29
S1	155.3	1.35	50.9	0.53	11.4	0.19
S2	143.6	1.33	39.9	0.43	5.3	0.13
S3	117.6	1.12	21.8	0.28	0	/

4.3.4　洲滩出露时间及面积变化

水动力模拟发现不同情景下鄱阳湖洲滩出露时间也发生变化，如图4.15所示。流域水库下泄补水使鄱阳湖洲滩出露时间缩短，尤其是北部入江通道处，其洲滩出露时间由近3个月缩短为1.5～2.5个月，同时中部湖区洲滩出露时间较短的区域范围也显著扩大，而南部湖区和东部湖区变化不大。进一步统计发现，随着流域水库下泄

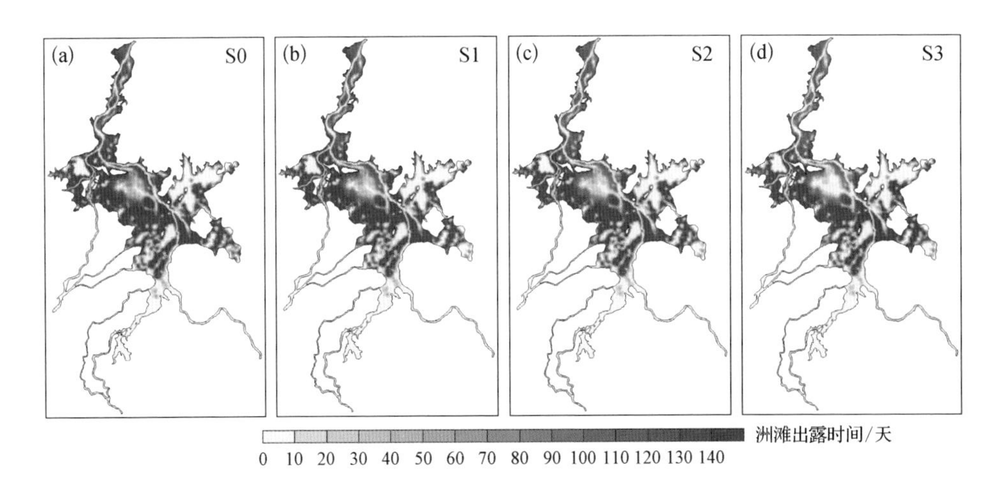

图4.15　不同模拟情景下鄱阳湖洲滩出露时间变化

量的增加，出露时间为0天（一直被水淹没）的洲滩面积显著扩大，由1 371 km² 增加至S1情景下的1 405 km²、S2情景下的1 429 km² 和S3情景下的1 507 km²，同时，出露时间为61～90天和91～120天的洲滩面积也出现类似的增加，而出露时间＞120天的洲滩面积显著减小，三种模拟情景下分别由1 309 km² 减小到1 155 km²、1 062 km² 和975 km²（表4.5）。

表4.5　不同模拟情景下不同出露时间对应的洲滩面积变化

洲滩出露时间	洲滩面积（km²）			
	S0	S1	S2	S3
0天	1 371	1 405	1 429	1 507
1～30天	79	93	104	75
31～60天	82	71	60	61
61～90天	80	95	106	129
91～120天	204	306	363	377
＞120天	1 309	1 155	1 062	975

4.4　三峡工程与流域水库群联合调度对湖区干旱的影响

为考虑不同的长江来水条件下流域水库的补水效果，设定三峡水库枯水期下泄流量在2003—2018年平均的基础上分别增加1 000 m³/s、2 000 m³/s和3 000 m³/s，鄱阳湖流域13座水库分别将各自兴利库容的25％、50％和75％用于枯水期的径流调节，以模拟分析三峡工程与鄱阳湖流域水库群联合调度对湖区干旱的缓解作用。

4.4.1　对鄱阳湖水位的影响

水动力模型进一步模拟了在三峡水库下泄流量增加的条件下流域水库调度对鄱阳湖枯水期水位的影响，如图4.16所示。发现流域水库与三峡联合调度使鄱阳湖枯水期水位进一步抬升，其中当三峡下泄流量增加1 000 m³/s时，流域水库三种补水情景下鄱阳湖星子站平均水位上涨至11.36～12.24 m，增幅达0.37～1.25 m，都昌站平均水位上涨至11.91～12.53 m，增幅为0.27～0.89 m，棠荫站平均水位上涨至12.37～12.76 m，增幅为0.19～0.58 m，康山站上涨至14.49～14.52 m，增幅为0.04～0.07 m；同时，星子站的最低水位也进一步上涨至 10.28～10.73 m，增幅 0.31～0.76 m，都昌站上涨至 11.11～11.36 m，增幅 0.33～0.58 m，棠荫站上涨至 11.71～11.84 m，增幅0.15～0.28 m，康山站上涨至 13.95～14.08 m，增幅 0.10～0.23 m。而当三峡下泄流量进一步增大时，流域水库三种补水情景下鄱阳湖各站的平均水位和最低水位也进一步升高，尤其当三峡下泄流量增加 3 000 m^3/s 时，星子站平均水位和最低水位分别增加 0.82～1.46 m 和 0.76～0.88 m，都昌站平均水位和最低水位分别增加 0.68～1.09 m 和 0.61～0.64 m，南部湖区康山站的平均水位和最低水位也分别增加 0.17～0.19 m 和0.25～0.33 m。

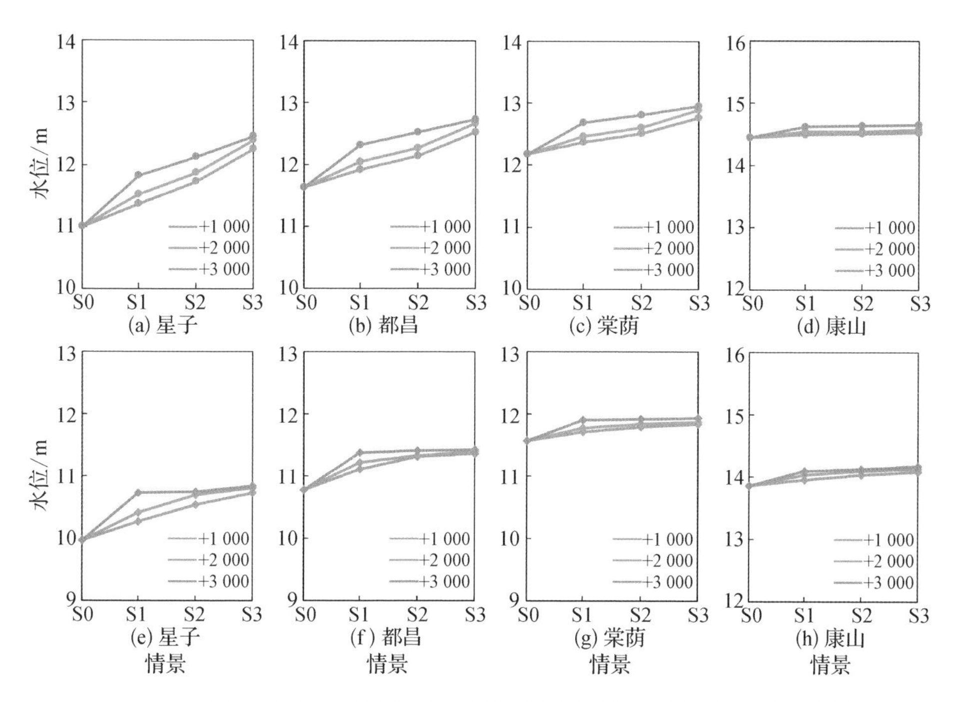

图 4.16　流域水库与三峡联合调度情景下鄱阳湖平均水位与最低水位变化

同时，在流域水库与三峡的联合调度下，鄱阳湖水位变化的分布在空间上也是不均匀的(图 4.17)。水动力模拟显示，无论三峡的下泄流量增加 1 000 m^3/s、2 000 m^3/s 还是 3 000 m^3/s，从星子到湖口的入江通道水位的变化仍最大，水位增量从北部湖区向南部湖区逐渐减小。流域水库与三峡的联合调度并没有改变湖泊水位变化的空间格局，反而进一步增强了其空间差异。特别是当三峡下泄流量增加 3 000 m^3/s 时，情景 S1 中北部入江通道水位增加 0.9～1.45 m，情景 S2 中水位增加 1.1～1.6 m，情景 S3 中水位则增加 1.3～1.65 m 甚至更高。此外，在不同情景下的逐月水位变化空间分布中也有类似分布格局，即湖泊北部的水位变化大于湖泊南部的水位变化(图 4.18、图 4.19 和图 4.20)。

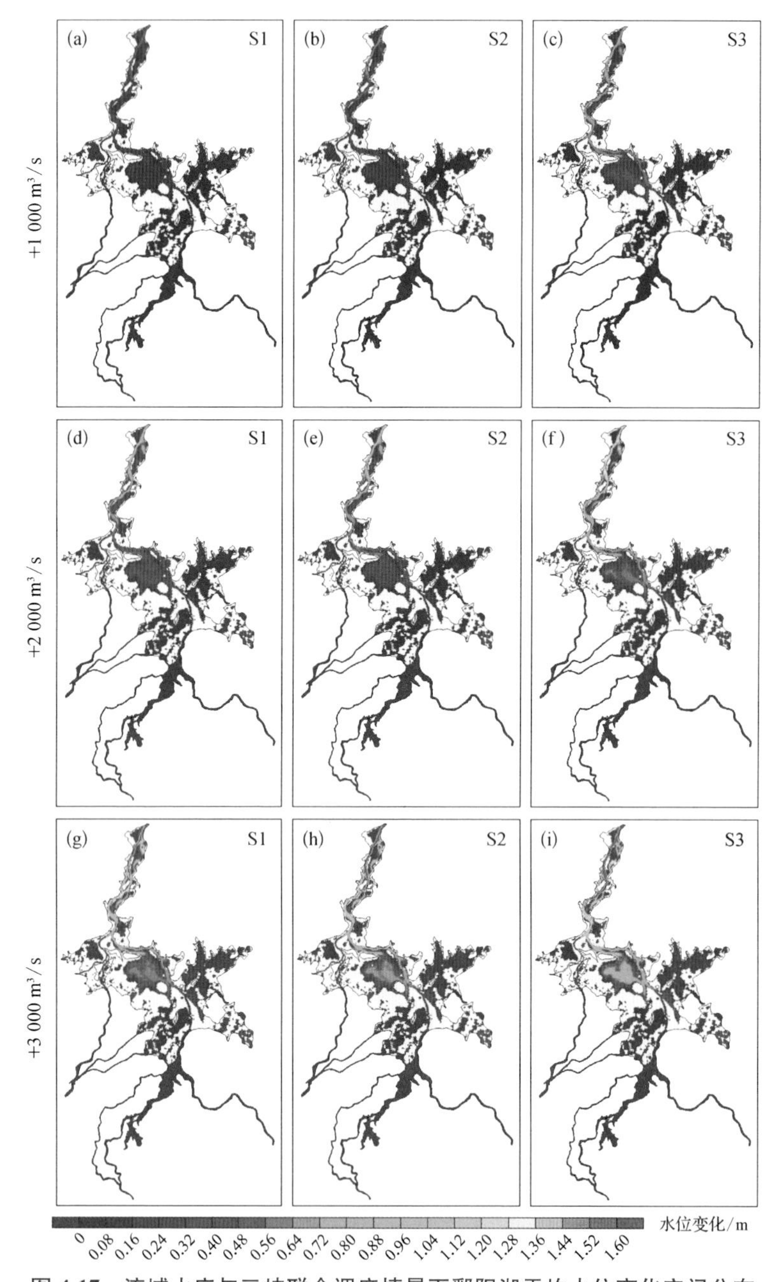

图 4.17　流域水库与三峡联合调度情景下鄱阳湖平均水位变化空间分布

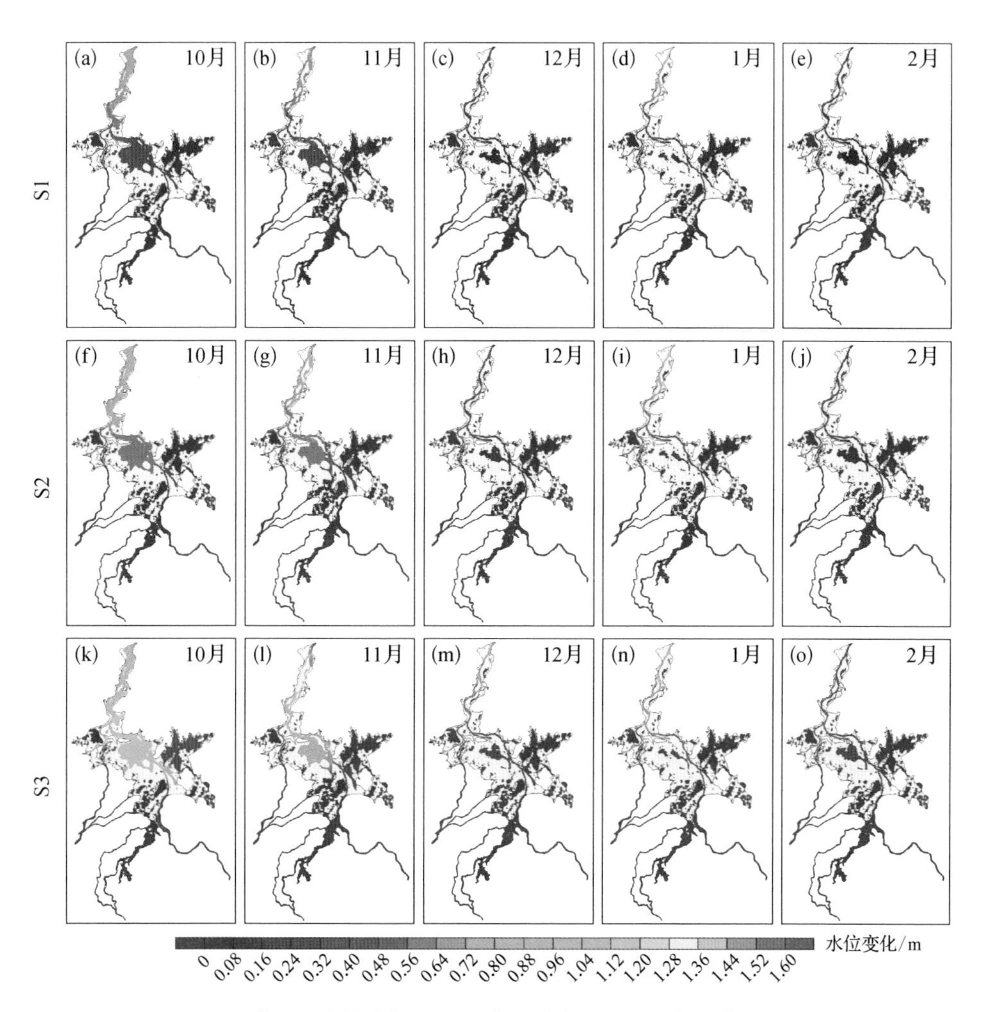

图 4.18　三峡下泄流量增加 1 000 m^3/s 时鄱阳湖逐月水位变化空间分布

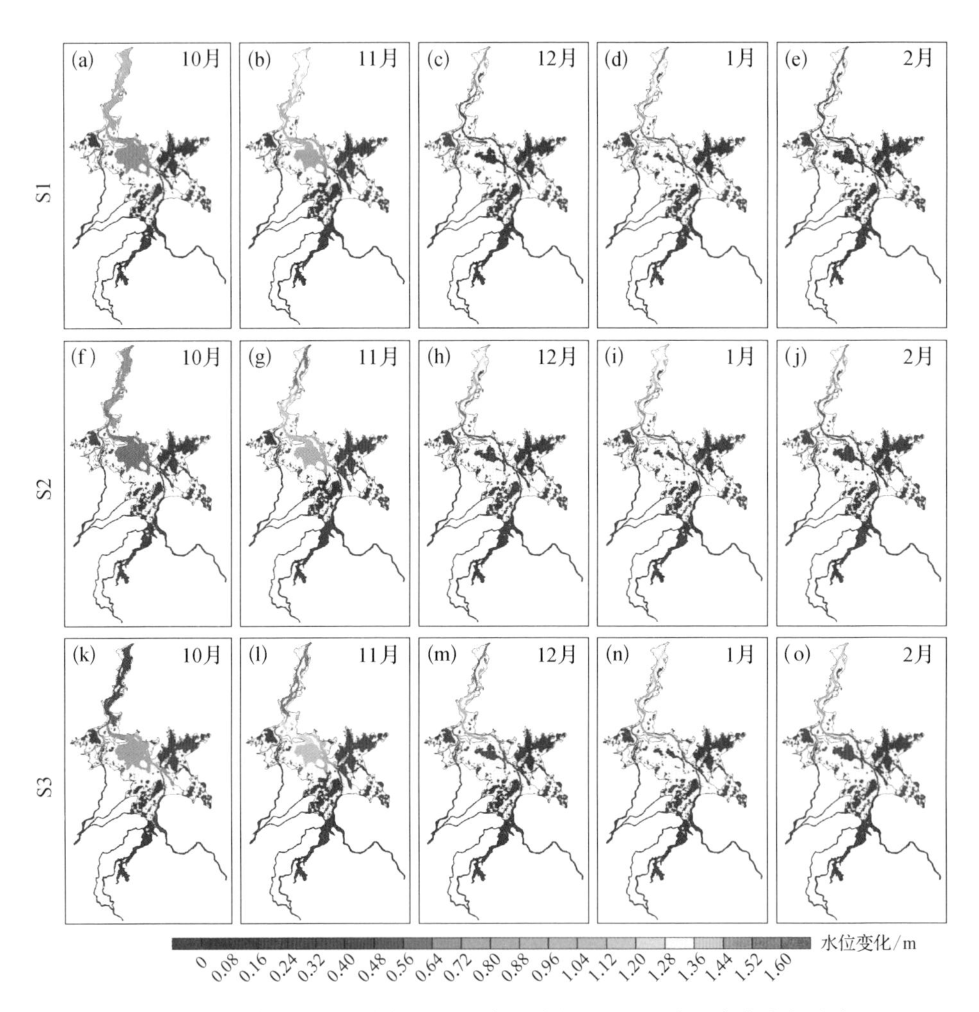

图 4.19　三峡下泄流量增加 2 000 m³/s 时鄱阳湖逐月水位变化空间分布

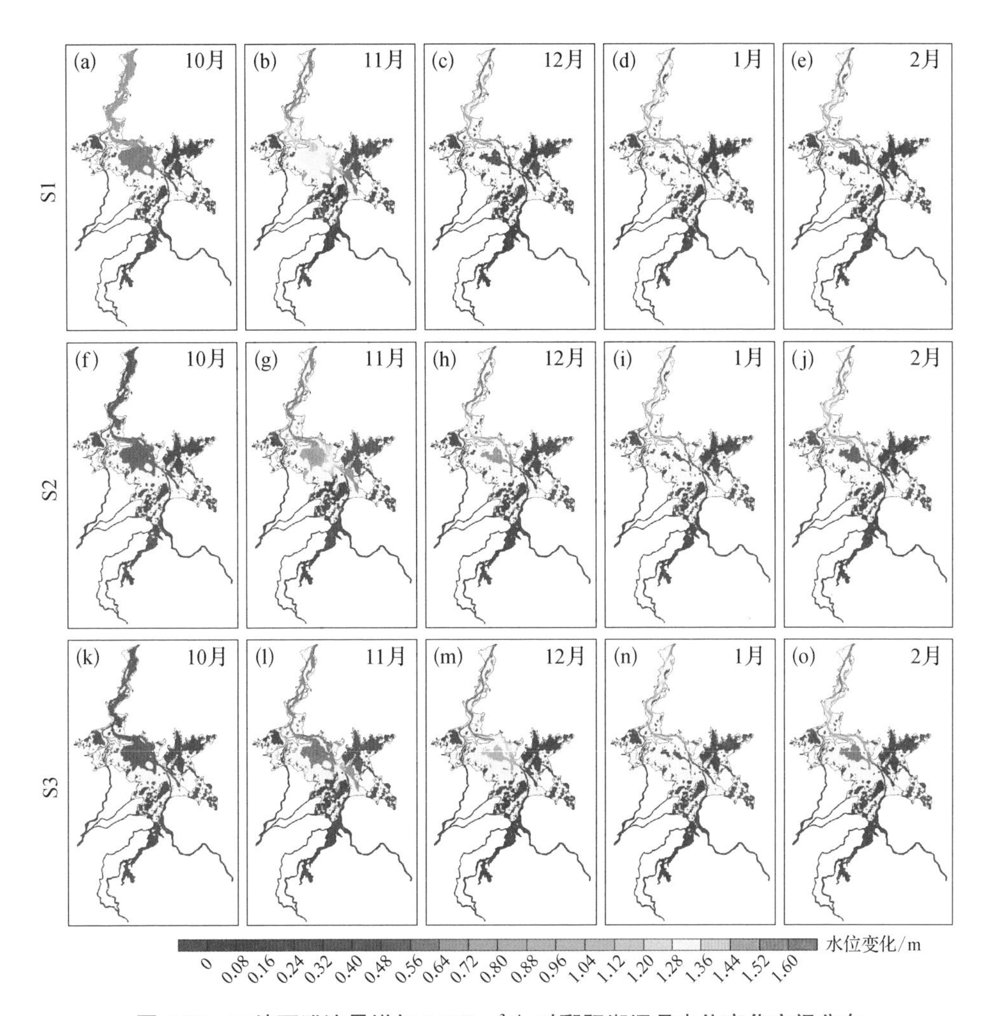

图 4.20　三峡下泄流量增加 3 000 m³/s 时鄱阳湖逐月水位变化空间分布

4.4.2　对枯水历时及干旱强度的影响

图 4.21 为流域水库与三峡联合调度情景下鄱阳湖水位—历时曲线变化。由图可看出，在三峡下泄流量增加的情况下，流域水库的下泄补水进一步抬高了各情景中的水位—历时曲线，即缩短了低枯水的持续时间。此外，三峡下泄流量增加越大，低枯水持续时间越短。图 4.22 更清楚地展示了不同模拟情景下鄱阳湖低枯水持续时间的变化。当三峡下泄流量增加 1 000 m^3/s 时，星子站 10.5 m 以下水位持续时间减少至

情景 S1 中的 31 天、情景 S2 中的 6 天和情景 S3 中的仅 1 天；当三峡下泄流量增加 2 000 m^3/s 或 3 000 m^3/s 时，星子站水位都已高于 10.5 m。对于 11 m 及 12 m 水位，也都存在类似的持续时间减小趋势。

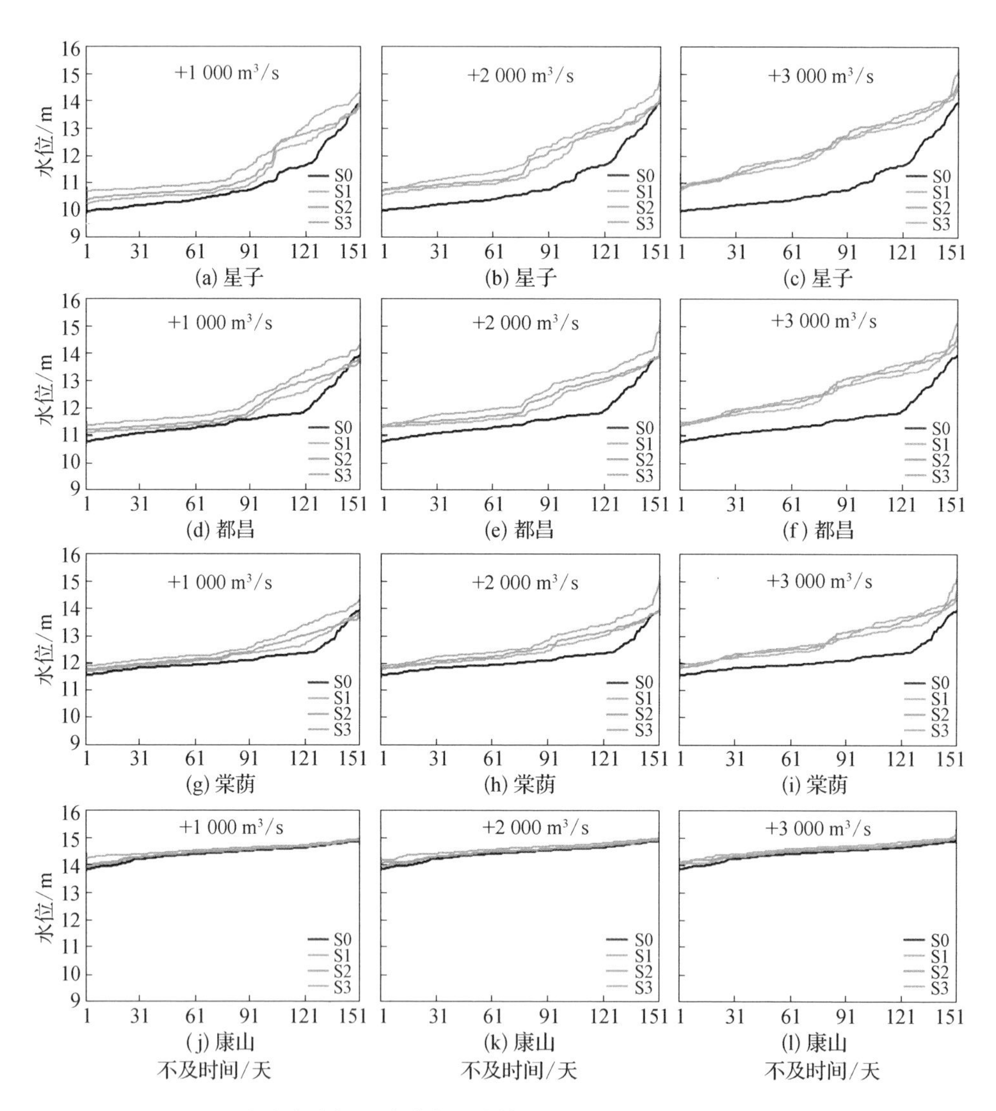

图 4.21　流域水库与三峡联合调度情景下鄱阳湖水位—历时曲线变化

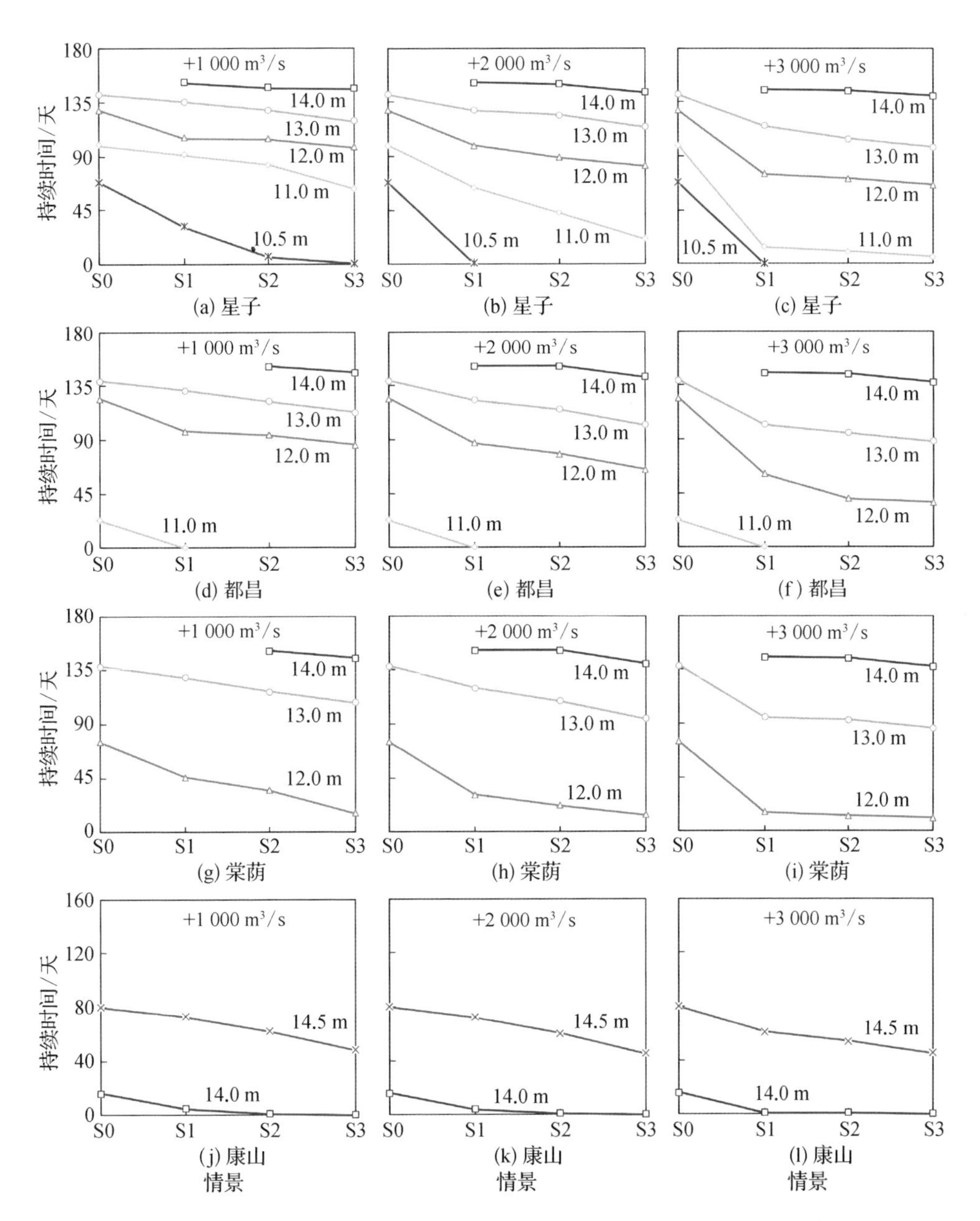

图 4.22　流域水库与三峡联合调度情景下鄱阳湖低枯水持续时间变化

表 4.6 为流域水库与三峡联合调度情景下鄱阳湖干旱烈度与强度的变化。由表可看出，在三峡下泄流量增加 1 000 m^3/s 的情况下，流域水库下泄补水进一步降低了鄱阳湖干旱的烈度和强度。以 12 m 阈值水位为例，三种补水情景下干旱烈度分别降至 137.3 m、122.1 m 和 94.4 m，干旱强度分别降至 1.32 m/天、1.19 m/天和 0.98 m/天；当三峡下泄流量增加 2 000 m^3/s 时，干旱烈度进一步分别降至 95.3 m、79.9 m 和 63.7 m，干旱强度分别降至 0.97 m/天、0.91 m/天和 0.79 m/天；当三峡下泄流量增加 3 000 m^3/s 时，干旱烈度进一步降至 36.8～45.7 m，干旱强度降至 0.56～0.62 m/天。

表 4.6　流域水库与三峡联合调度情景下鄱阳湖干旱烈度与强度变化

模拟情景		12 m 阈值水位		11 m 阈值水位		10.5 m 阈值水位	
三峡下泄	流域水库补水	烈度(m)	强度(m/天)	烈度(m)	强度(m/天)	烈度(m)	强度(m/天)
+1 000 m^3/s	S1	137.3	1.32	38.3	0.43	2.6	0.09
	S2	122.1	1.19	26.7	0.33	0.3	0.05
	S3	94.4	0.98	9.5	0.15	0	/
+2 000 m^3/s	S1	95.3	0.97	11.5	0.18	0	/
	S2	79.9	0.91	5.3	0.15	0	/
	S3	63.7	0.79	3.1	0.13	0	/
+3 000 m^3/s	S1	45.7	0.62	1.2	0.11	0	/
	S2	39.6	0.57	0.9	0.10	0	/
	S3	36.8	0.56	0.5	0.10	0	/

4.4.3　对洲滩出露时间及面积的影响

水动力模拟表明，流域水库与三峡联合调度使鄱阳湖洲滩湿地出露时间显著缩短(图 4.23)，特别是在星子至湖口的入江通道处以及湖泊中部区域，洲滩出露时间变化最为明显，而南部湖区的洲滩出露时间变化不大。图 4.24 为在流域水库与三峡联合调度情景下，不同出露时间对应的洲滩湿地面积变化。研究发现，在三峡下泄流量增加 1 000 m^3/s 的情况下，流域水库下泄补水进一步减少了出露时间较长(>120 天)的洲滩湿地面积，使在 S1、S2 和 S3 情景下洲滩面积分别减少至 1 102 km^2、1 043 km^2 和 949 km^2。同时，出露时间较短的洲滩湿地，尤其是一直被水淹没的区域(出露时间为 0 天)，其面积均有不同程度的增加。当三峡下泄流量增加 2 000 m^3/s 和 3 000 m^3/s 时，

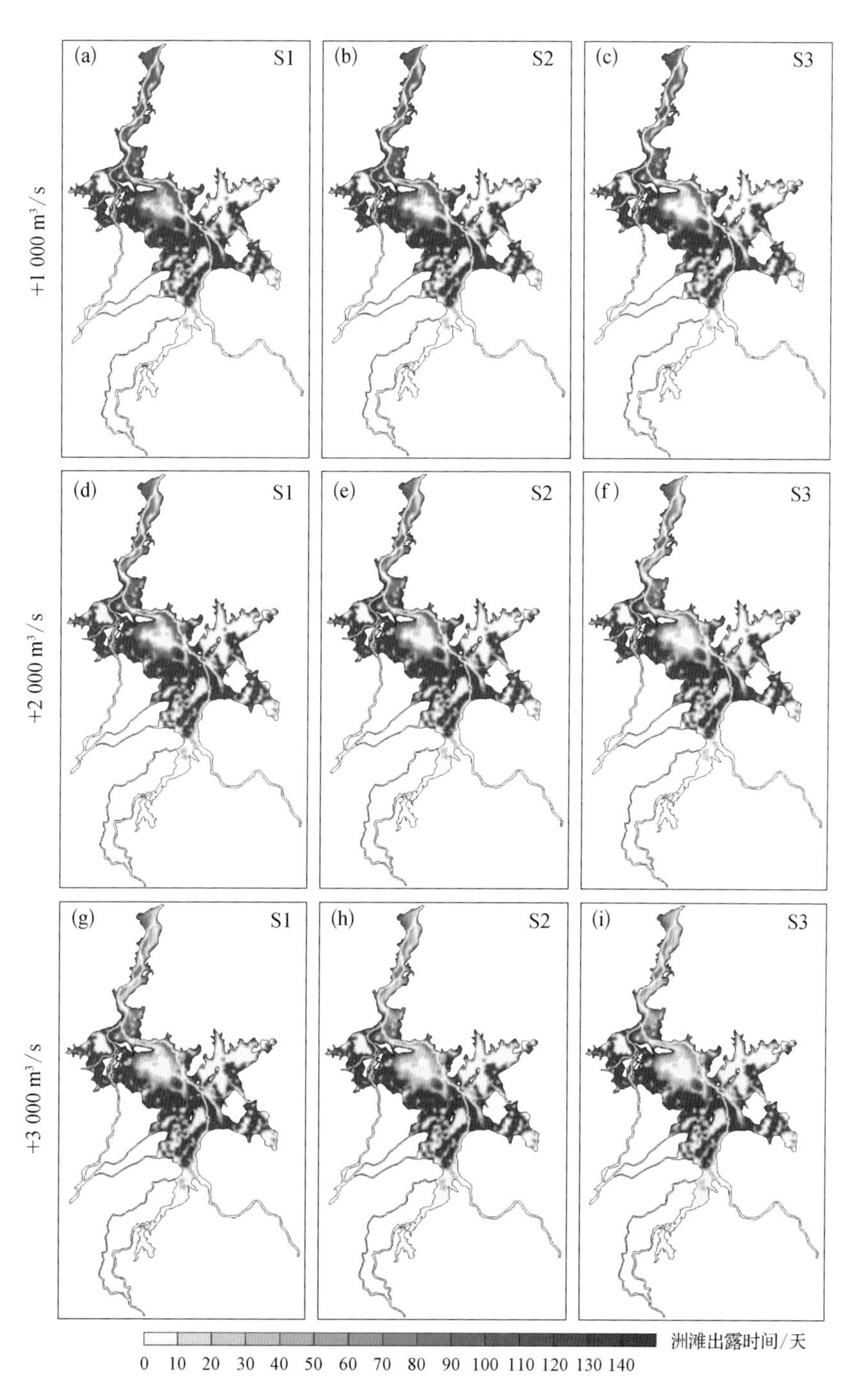

图 4.23 流域水库与三峡联合调度情景下鄱阳湖洲滩出露时间变化

不同出露时间对应的洲滩湿地面积也呈现出类似的变化格局。图 4.24 表明，由于流域水库与三峡联合调度，鄱阳湖出露时间较长的洲滩湿地面积减少，而出露时间较短的洲滩面积增加。

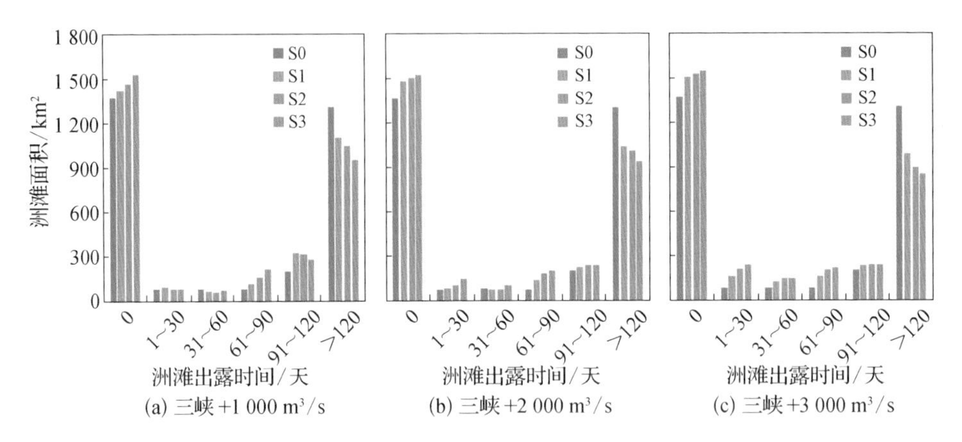

图 4.24　流域水库与三峡联合调度情景下不同出露时间对应的洲滩面积变化

4.5　小　　结

(1) 相对于 1980—1999 年，湖盆地形变化已成为 2003—2014 年鄱阳湖水位降低的重要因素，其影响还呈现出持续的增加趋势。冬、春季节水位降低主要是由湖盆地形变化引起，而夏、秋季节湖泊水位下降则主要归因于长江流域气候变化及其他人类活动的影响。三峡工程在 9—10 月份蓄水期间，可拉低鄱阳湖水位 0.42～1.03 m，其影响大约占同期湖泊水位下降的 33%～42%。长江流域气候变化及其他人类活动作用年际波动大，在某些年份里可成为湖泊水位降低的主导因素，但年际变化趋势不明显。另外，该因素在 1—3 月份里起到增高湖口水位的作用，对缓解这段时间内的湖泊萎缩具有积极作用。

(2) 各影响因素对湖泊水位变化的作用机制不同，空间差异十分突出。近年来的采砂活动由北向南发展，北部湖区湖口—星子—都昌一线的出流水道湖盆下降严重，湖底地形坡度接近消失，使得该 3 站年内水位波动几乎一致。都昌站附近地形下降相对最大，因此该站水位受湖盆地形变化的影响最为突出。三峡工程对湖泊水位变化的作用机制主要体现在季节性调蓄作用以及因此而引起的长江中下游河床侵蚀下切，其总体的效应是加剧了鄱阳湖水位的下降。长江流域气候变化及其他人类活动作用对鄱阳湖水位变化的影响主要是通过影响长江干流流量和鄱阳湖流域入湖流量来实现的，其对湖口、星子和都昌站水位变化的影响大致相当且较大，而在康山站则明显减小。

(3) 流域水库群下泄补水可抬高鄱阳湖枯水期的水位，在不同补水情景中，星子站平均水位从 10.99 m 上升到 11.18～11.59 m，最低水位从 9.97 m 上升到 10.14～10.50 m。同时，鄱阳湖低枯水持续时间缩短，12 m 以下水位的持续时间从 128 天缩短至 105～115 天，11 m 以下水位持续时间从 99 天缩短至 78～96 天。湖水位和持续时间的变化在湖泊北部最为显著，往南其变化量逐渐减小。流域水库下泄补水也降低了鄱阳湖干旱的烈度和强度，12 m 阈值水位对应的烈度和强度分别从 176.6 m 和 1.38 m/天降至 117.6～155.3 m 和 1.12～1.35 m/天。此外，流域水库补水也显著缩短了鄱阳湖洲滩湿地的出露时间，出露时间大于 120 天的洲滩湿地面积明显减少。

(4) 在三峡工程与流域水库群联合调度情景下，鄱阳湖枯水期平均水位、最低水位会进一步抬高，低枯水持续时间和干旱烈度、强度会进一步减小。三峡工程与流域水库群的联合调度对鄱阳湖干旱具有显著的缓解作用。

【参考文献】

[1] Chen J, Wu X, Finlayson B L, et al., 2014. Variability and trend in the hydrology of the Yangtze River, China: annual precipitation and runoff[J]. Journal of hydrology, 513: 403 - 412.

[2] Dai Z, Liu J, 2013. Impacts of large dams on downstream fluvial sedimentation: an example of the Three Gorges Dam (TGD) on the Changjiang (Yangtze River)[J]. Journal of hydrology, 480: 10 - 18.

[3] Guo H, Hu Q, Zhang Q, et al., 2012. Effects of the Three Gorges Dam on Yangtze River flow and river interaction with Poyang Lake, China: 2003 - 2008[J]. Journal of hydrology, 416(2): 19 - 27.

[4] Lai X, Jiang J, Liang Q, et al., 2013. Large-scale hydrodynamic modeling of the middle Yangtze River Basin with complex river-lake interactions[J]. Journal of hydrology, 492: 228 - 243.

[5] Lai X, Shankman D, Huber C, et al., 2014. Sand mining and increasing Poyang Lake's discharge ability: a reassessment of causes for lake decline in China[J].

Journal of hydrology，519：1698－1706.

[6] Li Y L，Zhang Q，Werner A D，et al.，2015. Investigating a complex lake-catchment-river system using artificial neural networks：Poyang Lake (China)[J]. Hydrology research，46：912－928.

[7] Li Y L，Zhang Q，Yao J，et al.，2014. Hydrodynamic and hydrological modeling of the Poyang Lake catchment system in China[J]. Journal of hydrologic engineering，19：607－616.

[8] Liu Y，Wu G，Zhao X，2013. Recent declines in China's largest freshwater lake：trend or regime shift? [J]. Environmental research letters，8：014010.

[9] Liu Y，Wu G，2016. Hydroclimatological influences on recently increased droughts in China's largest freshwater lake[J]. Hydrology and Earth system sciences，20(1)：93－107.

[10] Qiu J，2011. China admits problems with Three Gorges Dam[J]. Nature.

[11] Shrestha R R，Theobald S，Nestmann F，2005. Simulation of flood flow in a river system using artificial networks[J]. Hydrology and Earth system sciences，9(4)：313－321.

[12] Wang J，Sheng Y，Gleason C J，et al.，2013. Downstream Yangtze River levels impacted by Three Gorges Dam[J]. Environmental research letters，8(4)：044012.

[13] Wang Y，Jia Y，Guan L，et al.，2013. Optimizing hydrological conditions to sustain wintering waterbird populations in Poyang Lake National Natural Reserve：implications for dam operations[J]. Freshwater biology，58(11)：2366－2379.

[14] Wu G，DeLeeuw J，Skidmore A K，et al.，2007. Concurrent monitoring of vessels and water turbidity enhances the strength of evidence in remotely sensed dredging impact assessment[J]. Water research，41：3271－3280.

[15] Yang S，Xu K，Milliman J D，et al.，2015. Decline of Yangtze River water and sediment discharge：impact from natural and anthropogenic changes[J]. Scientific reports，5(1)：1－14.

[16] Ye X，Guo Q，Zhang Z，et al.，2019. Assessing hydrological and sedimentation effects from bottom topography change in a complex river-lake system of Poyang lake，China[J]. Water，11：1489.

[17] Ye X，Liu F，Zhang Z，et al.，2020. Quantifying the impact of compounding influencing factors to the water level decline of China's largest freshwater lake[J]. Water resources planning and management，146(6)：05020006.

[18] Ye X，Xu C，Li X，et al.，2017. Change of annual extreme water levels and correlation with river discharges in the middle-lower Yangtze River：characteristics and possible affecting factors [J]. Chinese geographical science，27(2)：325－336.

[19] Ye X，Xu C，Zhang Q，et al.，2018. Quantifying the human induced water level decline of China's largest freshwater lake from the changing underlying surface in the lake region[J]. Water resources management，32：1467－1482.

[20] Zhang Q, Ye X, Werner A D, et al., 2014. An investigation of enhanced recessions in Poyang Lake: comparison of Yangtze River and local catchment impacts[J]. Journal of hydrology, 517: 425-434.

[21] 崔丽娟，翟彦放，邬国锋，2013. 鄱阳湖采砂南移扩大影响范围——多源遥感的证据[J]. 生态学报，33(11)：3520-3525.

[22] 江丰，齐述华，廖富强，等，2015. 2001—2010年鄱阳湖采砂规模及其水文泥沙效应[J]. 地理学报，70(5)：837-845.

[23] 李云良，姚静，张奇，2017. 长江倒灌对鄱阳湖水文水动力影响的数值模拟[J]. 湖泊科学，29(5)：1227-1237.

[24] 中华人民共和国水利部，2016. 中国河流泥沙公报(2015)[M]. 北京：中国水利水电出版社.

第五章　鄱阳湖湿地景观类型空间格局及转移变化

5.1 引　　言

湿地植被作为湿地生态系统最为重要的组成部分，是湿地物质生产、能量流动、生物地化循环、污染物吸收转化等功能的基础。湿地植被分布面积、种类、数量及优势种的变化会对湿地生态系统稳定性及碳收支平衡、水生动物的觅食空间等产生严重影响。为及时掌握湿地结构变化及植被资源分布，诸多学者基于遥感影像数据对鄱阳湖湿地植被的动态变化特征进行了研究。但以往研究大多聚焦在植物群落面积的年际变化过程，缺少不同植物群落的空间分布差异及相互演替的定量化描述，并且长时序的研究只依靠枯水期的少部分 Landsat 影像或 MODIS 影像。而 Landsat 数据受时间分辨率（16 d）和云覆盖等天气干扰的影响，缺乏年内时序的连续性，从而无法考虑年内水情变化引起的植被物候差异。虽然相比单时相遥感数据，时间序列数据更有利于高度动态湿地的监测和精细分类，但应用最广的 MODIS 时序数据的空间分辨率较低，对线状地物（如条带状植被或河流）等空间细节的识别较差。而多源遥感数据时空融合方法能结合来自多个传感器的高分辨率时空信息，为植被精细化分类提供很好的技术支撑，已在国内外多个区域的植被及土地覆被与土地利用研究中得到广泛应用。

本章基于多源遥感影像时空融合模型，对 Landsat 和 MODIS 数据进行时空融合，并结合物候特征构建决策树分类方法，解译 2000—2020 年鄱阳湖洪泛湿地植被空间分布格局，分析不同植物群落的时空动态特征及转移变化过程。本研究对进一步认识干旱加剧影响下鄱阳湖洪泛湿地植物群落的分布格局及演替规律具有重要的科学意义。

5.2　多源遥感数据时空融合

5.2.1　遥感影像数据

本研究使用的遥感影像数据包括 2000—2020 年的 Landsat(包括 TM、ETM+、OLI)系列卫星多光谱遥感影像(http://glovis.usgs.gov),以及 NASA Terra 平台上 MODIS 地表反射率数据集(MOD09A1)和陆地产品中的植被指数产品 MODIS/Terra Vegetation Indices(MOD13Q1)(http://reverb.echo.nasa.gov)。其中,Landsat 数据空间分辨率为 30 m,时间分辨率为 16 d,每年共 23 景影像。云覆盖的影响大大降低了 Landsat 数据的可用性,在研究时段内,直接获得可用 Landsat 影像数据 299 幅。MOD09A1 数据集则是 MODIS 数据的 500 m 地表反射率每 8 天的合成产品,一年共 46 景影像,研究时段内,共获得 MODIS 影像数据 847 幅。MOD13Q1 数据集是采用 Sinusoidal 投影方式的三级网格陆地植被数据产品,拥有 250 m 的空间分辨率和 16 d 的时间分辨率,共有 12 个波段。图 5.1 显示了研究使用的所有遥感影像数据的时间分布情况,数据具体信息见表 5.1。

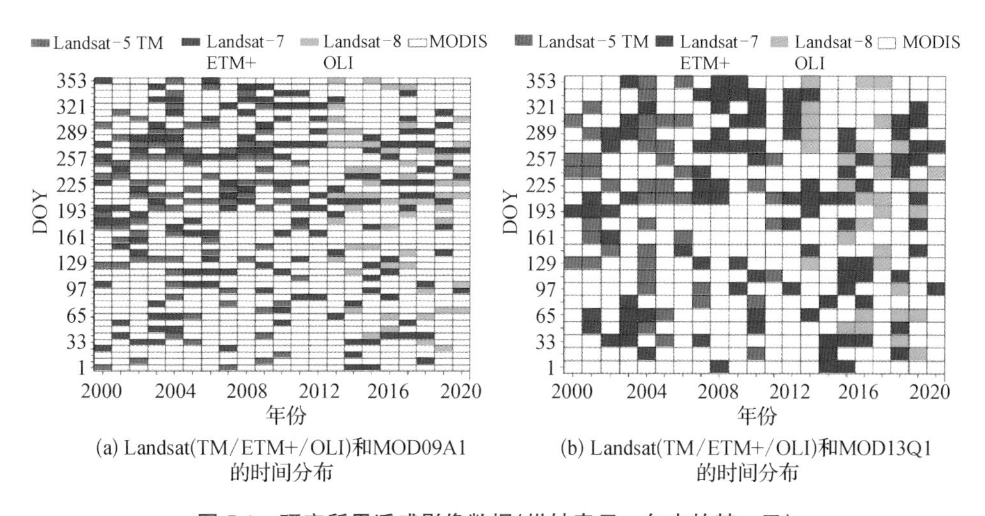

(a) Landsat(TM/ETM+/OLI)和MOD09A1的时间分布

(b) Landsat(TM/ETM+/OLI)和MOD13Q1的时间分布

图 5.1　研究所用遥感影像数据(纵轴表示一年中的某一天)

表 5.1　研究所用遥感影像数据信息

数据类型	传感器类型	时空分辨率	年内影像数	行号/列号	总影像数
Landsat	TM	16 d,30 m	23	121/40	88
Landsat	ETM+	16 d,30 m	23	121/40	151
Landsat	OLI	16 d,30 m	23	121/40	60
MOD09A1	TERRA	8 d,500 m	46	121/40	847
MOD13Q1	TERRA	16 d,250 m	23	121/40	483

所有获取的 Landsat,在使用前均进行了标准化的预处理。Landsat 数据在 ENVI 平台上进行了辐射定标、大气校正、批量裁剪以及 Landsat 7 ETM SLC-OFF 数据产品的条带处理等。此外,利用 NDVI 求取公式,将近红外波段和红波段进行波段运算得到 NDVI 数据;利用 EVI 求取公式,将红波段、蓝波段和近红外波段进行波段运算得到 EVI 数据;利用 NDWI 求取公式,将绿波段和近红外波段进行波段运算得到 NDWI 数据。由于从官方网站下载的原始 MODIS 数据采用的是分级数据格式(HDF, Hierarchical Data Format),且后续需要进行融合处理,因此在使用该数据之前,需要利用 MRT(MODIS Reprojection Tool)工具把 MOD13Q1 数据中的 EVI 波段和 MOD09A1 数据中的绿波段 B4 和近红外波段 B2 批量重新投影为与 Landsat 数据相同的投影,并将格式转换为 GeoTIFF 格式。此外,将 MODIS 数据重采样为 30 m 空间分辨率,与 Landsat 数据精确配准后进行相同区域的裁剪,作为时空融合模型的输入数据。

5.2.2　遥感数据融合方法与流程

云覆盖的影响将大大降低 Landsat 影像数据的可用性,必须用相应低空间分辨率的 MODIS 地表反射率数据代替。因此,为获得完整、连续的鄱阳湖高时空分辨率 NDWI、NDVI 和 EVI 数据,本章采用 ESTARFM(Enhanced Spatial and Temporal Adaptive Reflectance Fusion Model)改进型时空自适应反射率融合模型(Zhu et al., 2010)进行缺失数据的重构。ESTARFM 模型是在 STARFM 模型的基础上,通过加入额外两幅基期影像,充分考虑到了不同分辨率遥感影像之间相关性,在此基础上来减少不同传感器之间的硬件偏差,从而增强了在异质性区域的融合精度。

图像融合涉及 BI(先融合再计算指数)和 IB(先计算指数再融合)两种不同的融合方案。研究中,首先使用两种融合方案用 MODIS 数据来预测 2020 年 4 月 7 日的

Landsat 数据,并利用该日真实的 Landsat 数据作为参考数据,用于评价融合数据的精度。结果表明,IB 融合的结果相比于 BI 削弱了由于云干扰导致的图斑现象,并能够较好地反映出真实地物的细小纹理特征,融合精度提高了 21.5%。所以,参与本研究融合的输入数据是已经通过波段计算的 NDWI、NDVI 和 EVI 数据。

ESTARFM 模型是通过模拟日期前后至少 2 期的 Landsat(L_a,L_b)和 MODIS(M_a,M_b)影像以及模拟日期当日的一景 MODIS(M_p)影像来融合重构当日的 Landsat(L_p)影像,融合流程如图 5.2 所示。基于 ESTARFM,利用已有的 Landsat 系列指数数据与 MODIS 系列指数数据进行融合,得出高空间分辨率(30 m)NDWI 数据。最终,利用融合后的 NDWI 对 Landsat 系列 NDWI 进行插补,构建自 2000 年以来连续的高时空分辨率(8 d,30 m)NDWI 数据集。植被 NDVI、EVI 数据的融合方案与 NDWI 的基本一致,最终得到的是连续的高时空分辨率(16 d,30 m)NDVI 和 EVI 数据集。

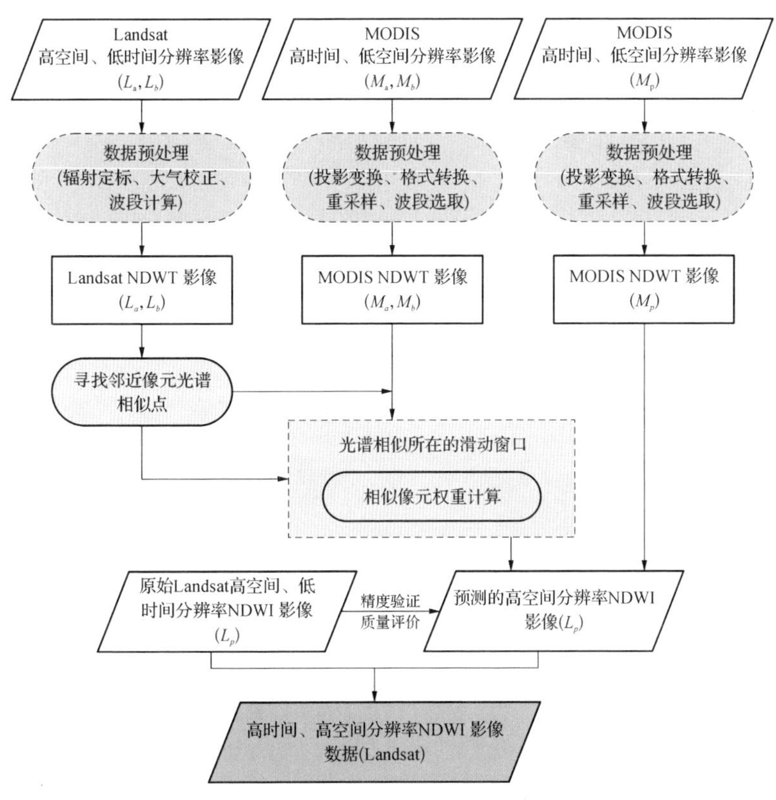

图 5.2　ESTARFM 时空数据融合流程

5.2.3 融合精度评价

本研究利用ESTARFM模型重构了2000—2020年667景缺失的NDWI数据和203景缺失的NDVI、EVI数据，并对融合后的数据与真实的Landsat数据进行了精度验证。图5.3显示了基于ESTARFM融合与Landsat数据计算的NDWI和EVI的空间对比。从目视观察来看，无论是NDWI还是EVI，利用ESTARFM模型融合结果

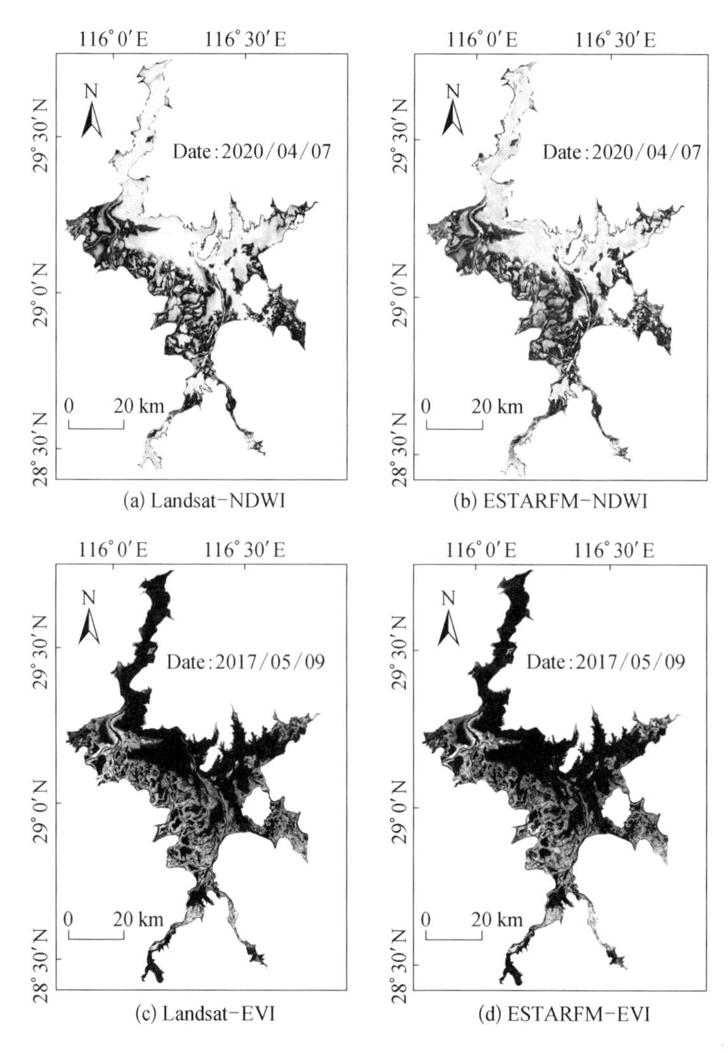

图5.3 ESTARFM融合模型结果对比

和 Landsat 影像计算的相关指数在空间表现上基本是一致的。图 5.4 为 ESTARFM 融合结果与 Landsat 真实数据的逐栅格像元二维密度散点图，其中的背景颜色代表的是相应融合结果和 Landsat 真实数据在图像中的像素数目，红色越深代表相应的像素数目越多。由图可知，无论是 NDWI 还是 EVI 的融合结果都和 Landsat 真实数据基本符合线性分布，且拟合优度分别为 0.827 和 0.878，表明融合后的结果与真实数据之间高度相关。针对 NDWI，本书还利用影像相减法将真实的 Landsat 和 ESTARFM 融合结果的影像的水体淹没面积进行相减，得出融合前后数据之间的误差值。统计结果表明，融合后的数据与真实的 Landsat 数据在统计水体淹没面积上的准确度为 92.7%，精度较高。综上，利用 ESTARFM 模型处理所得的融合影像可以用于鄱阳湖系统淹没动态和植被覆盖变化的监测。

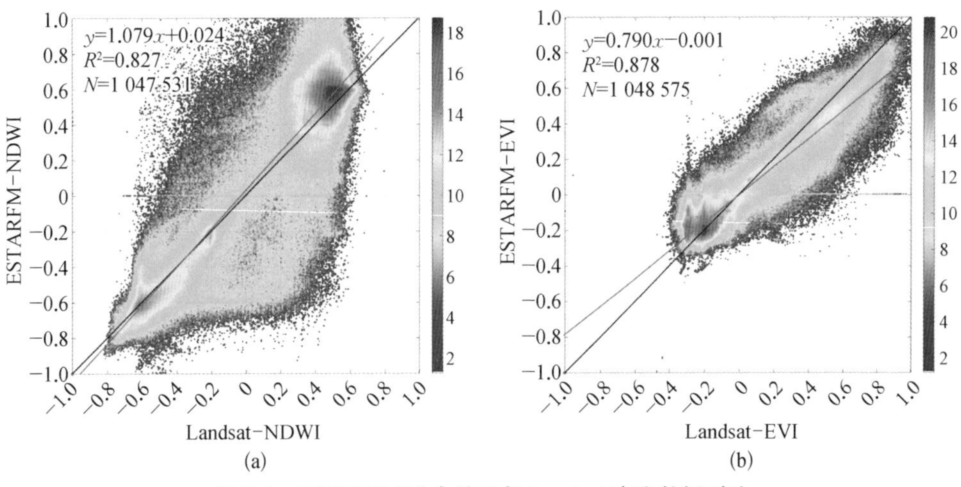

图 5.4　ESTARFM 融合结果与 Landsat 真实数据对比

5.3　鄱阳湖湿地植被 EVI 变化特征

5.3.1　基于 EVI 的湿地植被与非植被分类

基于 ESTARFM 模型融合获取的鄱阳湖湿地植被 EVI 连续数据(16 d，30 m)可以很好地反映鄱阳湖湿地植被的时间序列动态变化与淹没动态的响应关系。鄱阳湖受流域内洪水和长江洪水的双重影响，湖区内水位变化显著，植被对淹没动态的响应迅速。为了准确地区分植被与非植被，本书利用像元直方图对研究区年均 EVI 数据进行图像分割。如图 5.5 所示，首先对生成的直方图进行滤波平滑处理；然后在平滑后的直方图上找到两个距离相距较远波峰(A、C)和一个波谷 B；最后将波谷 B 对应的 EVI 值作为图像分割的阈值，用来区分植被与非植被。根据图 5.5(b)的结果，本书发现鄱阳湖植被 EVI 普遍大于 0.1，后续时间序列分析中将剔除 EVI ≤ 0.1 的其他水体、泥滩像元后统计鄱阳湖湿地植被各时间尺度 EVI 均值。

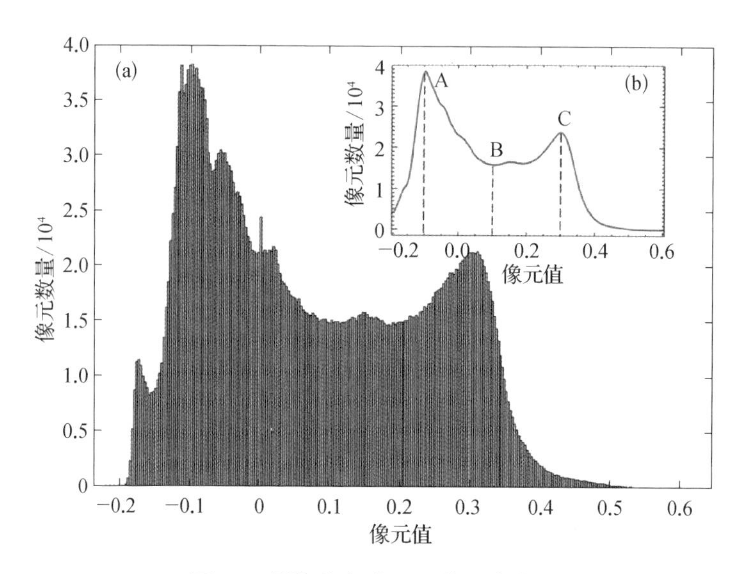

图 5.5　鄱阳湖年均 EVI 像元直方图

5.3.2　鄱阳湖湿地植被 EVI 年内变化特征

图 5.6 显示了 2000—2020 年鄱阳湖湿地植被 EVI 月尺度均值变化。总体来看，鄱阳湖的 EVI 月尺度变化呈双峰形，分别在上、下半年出现了两个峰值。其中，上半年峰值出现在 4 月，为 0.389；下半年峰值出现在 9 月，为 0.375。从各个时间段来看，1—2 月鄱阳湖湖区水位低，洲滩出露广泛，但此时植被尚未进入生长期，各植被 EVI 较小，为一年中的最低值。3—5 月，鄱阳湖受流域“五河”来水增多的影响，湖泊水位快速上涨，但总体水位偏低，湖泊洲滩出露仍然较为广泛，此时正值植被快速生长发育的阶段，湿地植被 EVI 逐渐增大，在 4 月达到峰值(0.389)。6—8 月，受长江中上游

来水顶托作用的影响，湖泊水位高涨，此时的鄱阳湖洪水一片，大片洲滩湿地被淹没，植被 EVI 迅速下降，在 6 月达到最低值(0.311)。此后，随着湖水的大量排泄和洲滩湿地出露面积的增加，部分植被(苔草及芦苇-南荻)花期到来再次萌发，EVI 持续缓慢增加，直至下半年 9 月出现年内的第二个峰值(0.375)。9 月之后，湖泊水位继续下降，洲滩大量出露，但由于此时气温也随之下降，植被生长期停止并进入凋落期，各植被 EVI 相继回落至较低水平，翌年又进入新的生长循环中。

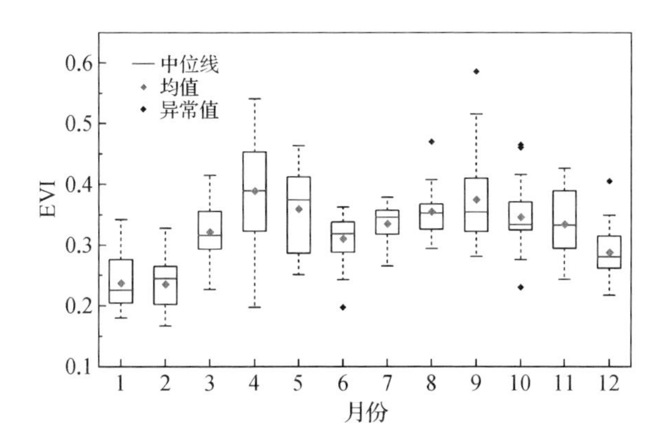

图 5.6　2000—2020 年鄱阳湖湿地植被 EVI 各月均值变化

此外，图 5.6 进一步显示了 2000—2020 年期间各个月份植被 EVI 的整体变化幅度。由图可知，同一月份，不同年份鄱阳湖湿地植被 EVI 均值差异显著，最大值和最小值分别出现在 4 月(0.344)和 2 月(0.161)。涨水期(3—5 月)和退水期(9—11 月)，鄱阳湖湿地植被 EVI 波动程度较大，最大 EVI 和最小 EVI 之间的差值达到了 0.067，而在丰水期和枯水期，湖区湿地植被 EVI 波动程度较小，相对比较稳定。

图 5.7 展示了 2000—2020 年多年平均情况下的鄱阳湖湿地植被 EVI 年、季空间分布。由图可知，在空间上，鄱阳湖区 EVI 年均值空间变化范围为－0.195～0.605，整体上呈现“北低南高”，并由湖心至洲滩至湖区边缘逐渐增加的分布格局(图 5.7(a))。其中，EVI 较高的区域主要集中在湖泊碟形湖区域，其 EVI 大多高于多年平均值 0.241。在北部河道段，受科里奥利力的影响，来自长江干流的泥沙淤积在左侧，凹岸三角洲的植被 EVI 较高。低值区主要集中在主湖区片状水域边缘以及西南部各碟形湖内部。鄱阳湖中心地带基本无植被覆盖，特别是北部的入江水道和东北湖湾区以

及西南部的碟形湖和南部部分人工湖(金溪湖、青岚湖、杨坊湖等),这些区域的 EVI 值大多数小于 0.1。就季节尺度来看,各个季节 EVI 空间分布与鄱阳湖季节性淹没频率特征规律相反。春季 EVI 的最大值为 0.618,EVI 较高区域主要分布在淹没频率较低的西南碟形湖区(图 5.7(b))。夏季 EVI 的最大值达到了 0.736,受洲滩淹水影响,除赣江和修水各分支入湖口及部分湖区边缘等高程较高区域外,湖区其他区域 EVI 基本小于 0.1(图 5.7(c))。秋季 EVI 的最大值为 0.628,与春季相似,除湖泊北部入江

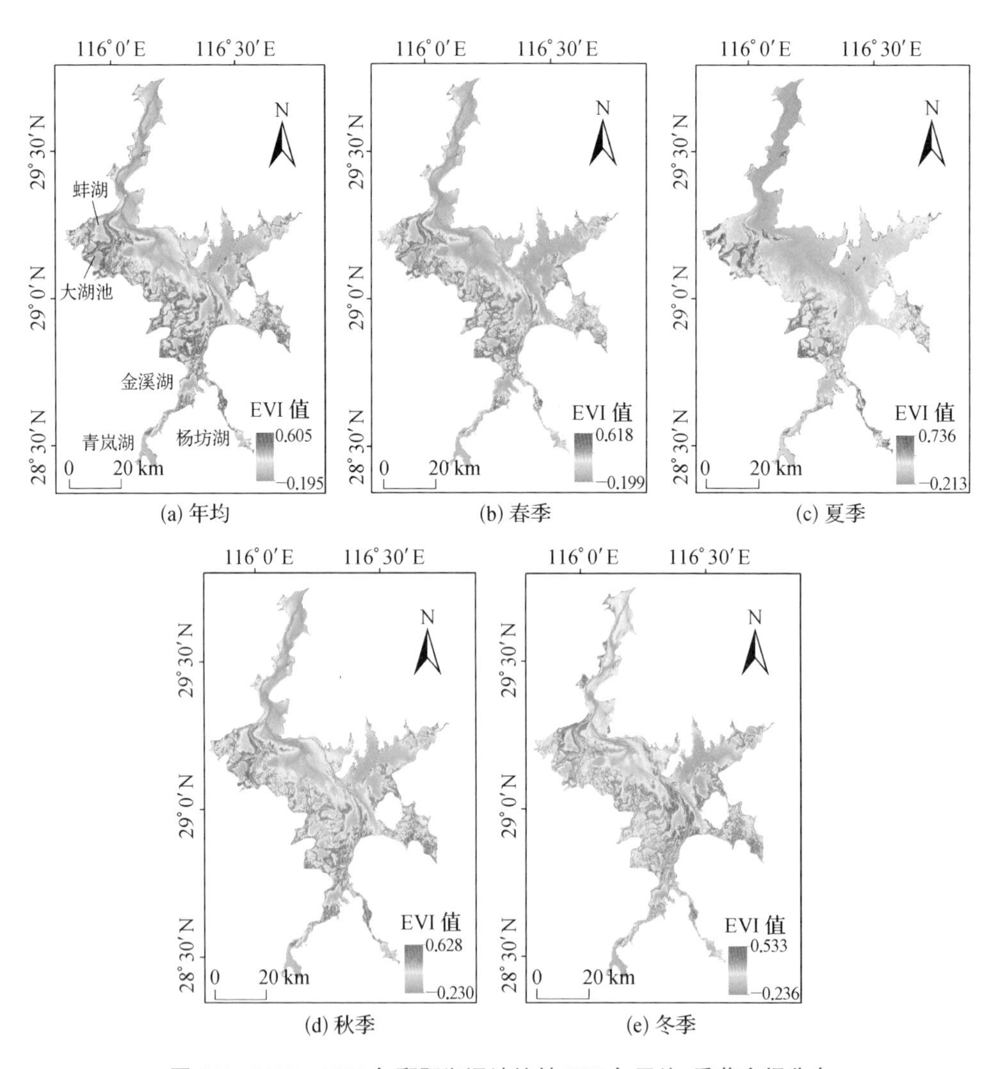

图 5.7　2000—2020 年鄱阳湖湿地植被 EVI 年平均、季节空间分布

通道、中部和东北湖湾水体淹没频率较大的带状区域外，湖区其他区域植被 EVI 基本上大于 0.1(图 5.7(d))。冬季 EVI 的最大值为 0.533，湖区大部分区域被不同植被侵占，主要以苔草及稀疏草洲为主，但湖区五河河床内和东北湖湾片区几乎无植被生长(图 5.7(e))。

5.3.3　鄱阳湖湿地植被 EVI 年际变化特征

图 5.8 显示了 2000—2020 年鄱阳湖湿地植被各季节 EVI 年际变化过程。由图可知，研究时段内，春、秋及冬季鄱阳湖湿地植被 EVI 在年际变化上均呈现增长趋势，夏季植被 EVI 呈微弱的下降趋势，但只有秋、冬两季的趋势变化分别通过了 0.05 和0.01 的显著水平。不同季节植被变化存在差异性，春季 EVI 的变化范围在 0.184～0.439 之间，总体上呈现不显著增加趋势($p>0.05$)，年均增长率为 0.004。夏季 EVI 的变化

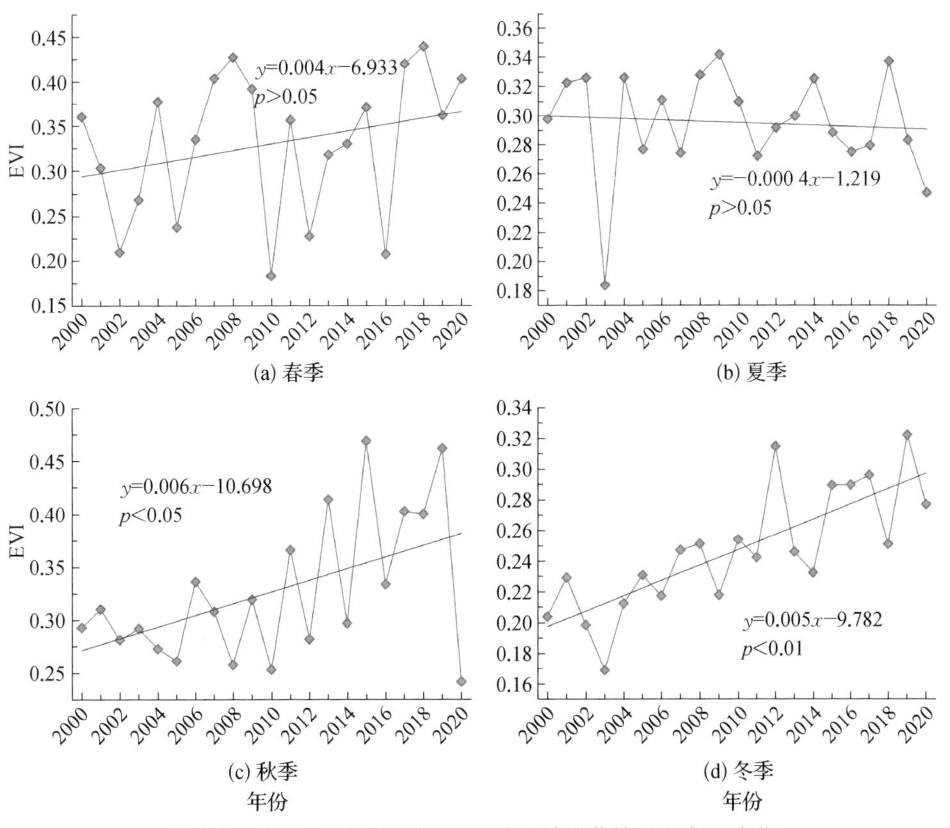

图 5.8　2000—2020 年鄱阳湖湿地植被季节性 EVI 年际变化

范围在0.184～0.342，其多年变化过程无明显增加趋势，年均增长率仅为－0.000 4。秋季EVI的变化范围为0.242～0.469，其多年变化过程呈显著增加趋势($p<0.05$)，特别是2010年以后的EVI相对于之前有明显的提高，年均增长率为0.006。冬季EVI在0.169～0.322之间变化，与秋季相似，其多年变化过程呈显著增加趋势($p<0.01$)，年均增长率为0.005。以上分析说明，在年际变化上，EVI季节变化趋势大小依次为：秋季(0.06/10 a)＞冬季(0.05/10 a)＞春季(0.04/10 a)＞夏季(－0.004/10 a)。春、秋两季，年际植被EVI的变化过程波动较大，夏、冬两季植被EVI的变化过程波动较小，湖区年EVI的长期增加趋势主要是由秋、冬两季EVI的增加所致。

湖泊淹水状况是湿地植被变化的重要影响因素。为了更精确地分析湿地植被EVI的变化动态，本研究绘制了鄱阳湖不同总淹水频率(inundation frequency，IF)区域中EVI均值年际变化图。按照总IF将鄱阳湖划分为10个区域，剔除EVI ⩽ 0.1的其他像元后通过分区统计计算各IF区域内植被像元EVI平均值，分析21年间不同淹水频率下EVI的年际变化(图5.9)。总体来看，不同淹水频率下EVI的年际变化呈现不显著增加的趋势($p>0.05$)。在2002、2005、2010、2012、2016这几个湿润年份，由于淹水频率的增加和淹水面积的扩张导致对应植被EVI值较低；而2004、2009、2011、2018这几个干旱年份，由于淹水频率的减小和淹水面积的萎缩导致对应植被EVI值处于较高水平。图5.9中还可以发现，EVI在逐渐上升的同时，各年总IF与区域EVI均值遵循着一定的梯度排列方式：总IF越低的区域EVI值越高，总IF越高的区域EVI值越低，这主要是由于淹水频率越高，植被的生长就越受到水体的限制。总IF＜20％区域多为陆生植被，EVI趋于饱和，且EVI值较高；总IF＞90％区域一般为永久性水体；而总IF在20％～90％的水域季节性变化明显，是湿地植被变化的主要区域。

在鄱阳湖淹水面积萎缩、IF降低背景下，湖区各区域平均EVI值21年间呈现不显著上升趋势。IF的降低一定程度上有利于湿地植被的生长。值得注意的是，由于鄱阳湖区大规模采砂活动对湖盆变化的影响，2009年之后鄱阳湖水域面积萎缩趋势有所缓解，使得2009年以后EVI增速下降，波动程度变大。这种影响在湖区较高淹水频率区域表现得更明显，这是因为持续的采砂活动导致鄱阳湖入江水道下切侵蚀严重，对植被生长环境造成了严重的人为破坏，使得50％～90％淹水频率下EVI年际均值增幅变小，改变了该区域植被生长以往遵循的规律。此外，图5.9还能发现0～10％和90％～100％IF范围内的年际EVI均值变化与其他IF范围下的波动规律

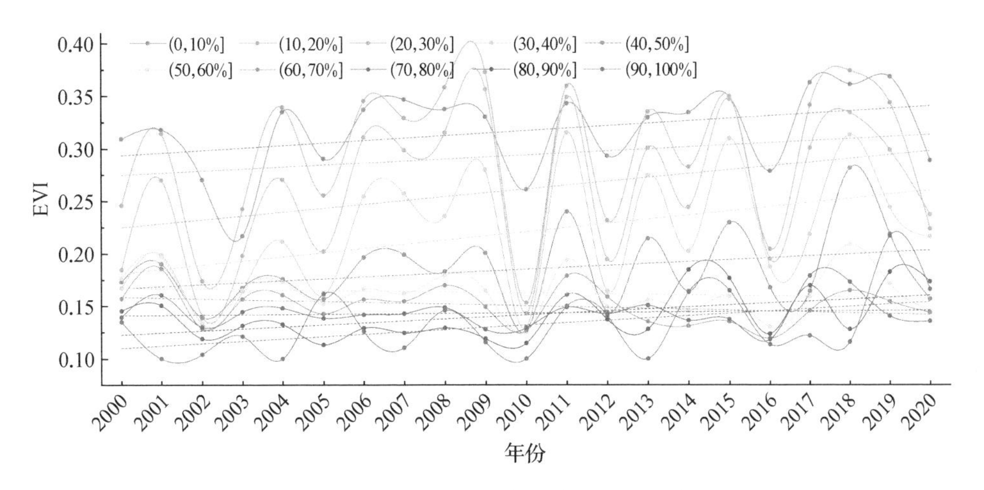

图 5.9　鄱阳湖不同总淹水频率区域中植被 EVI 年际变化(2000—2020)

不一致。这是因为 10%以下淹水频率区域主要是地势较高的高滩地,其生长的多为陆地植被,常年受水文波动影响较小,所以其 EVI 年际均值变化波动较为平缓。IF>90%的区域是永久淹没水体,植被常年被水体淹没,EVI 动态变化受水文状况影响较小,仅在干旱年(2005、2008、2011、2019)波动程度有所增大。

空间上,本书将植被趋势值大于 0.000 5 的区域划定为植被增长区,小于 −0.000 5 的区域划分为植被退化区,两值中间区域为植被稳定区。同时,根据 M-K 检验的显著性结果将植被变化趋势分为显著变化($|Z_c|>1.96$)和不显著变化($|Z_c|\leqslant 1.96$),进而将植被 EVI 的变化趋势划分为显著增长、不显著增长、稳定不变、显著退化和不显著退化五级,最终得到像元尺度上 EVI 不同等级变化趋势空间分布(图 5.10)及其面积占比情况(表 5.2)。由图 5.10(a)可知,鄱阳湖植被 EVI 变化趋势范围为−0.039/a～0.040/a,整体以增加趋势为主。结合图 5.10(b)进一步发现,鄱阳湖植被增长的区域面积达 1 710 km²,占湖区总面积 53.30%,其中显著增长面积占比 25.50%,主要集中在湖泊中心高程较低的平原一带,不显著增长分布范围最广,面积占比 27.80%,零散分布在水情变化较小的水域边缘;植被退化区域总体位于湖泊北部的入江水道和东北湖湾区以及西南部的碟形湖地带,面积约 1 280 km²,占湖区总面积 40.14%;而淹没频率较高的水域边缘地带,植被处于稳定状态,面积占比仅 6.56%。

季节上,各季节植被退化区域的分布特征与年均 EVI 情况相似,但夏季略有不同。其中,夏季植被变化以不显著退化为主,面积占比高达 51.49%,主要分布在北部入江水道和西南部湖区边缘一带(图 5.10(d)),植被显著增长面积仅占 3.55%。春、秋和冬季植被增长区域广泛分布,面积占比分别为 48.10%、59.63%和 61.62%,春、秋两季植被变化以不显著增长为主,广布在湖泊淹水频率减小的区域(图 5.10(c)和(e)),而冬季主要以显著增长为主,特别是沿大湖区中部从南到北存在较大范围的增长区域(图 5.10(f)),其显著增长区域面积占湖区总面积的 34.49%。总体而言,近 20 年来,鄱阳湖植被覆盖范围有沿着水域萎缩方向逐渐扩张的演变趋势,且不同季节植被均存在不同程度的退化和增长,这与湖区整体复杂的水文环境以及特有的水文节律密切相关。

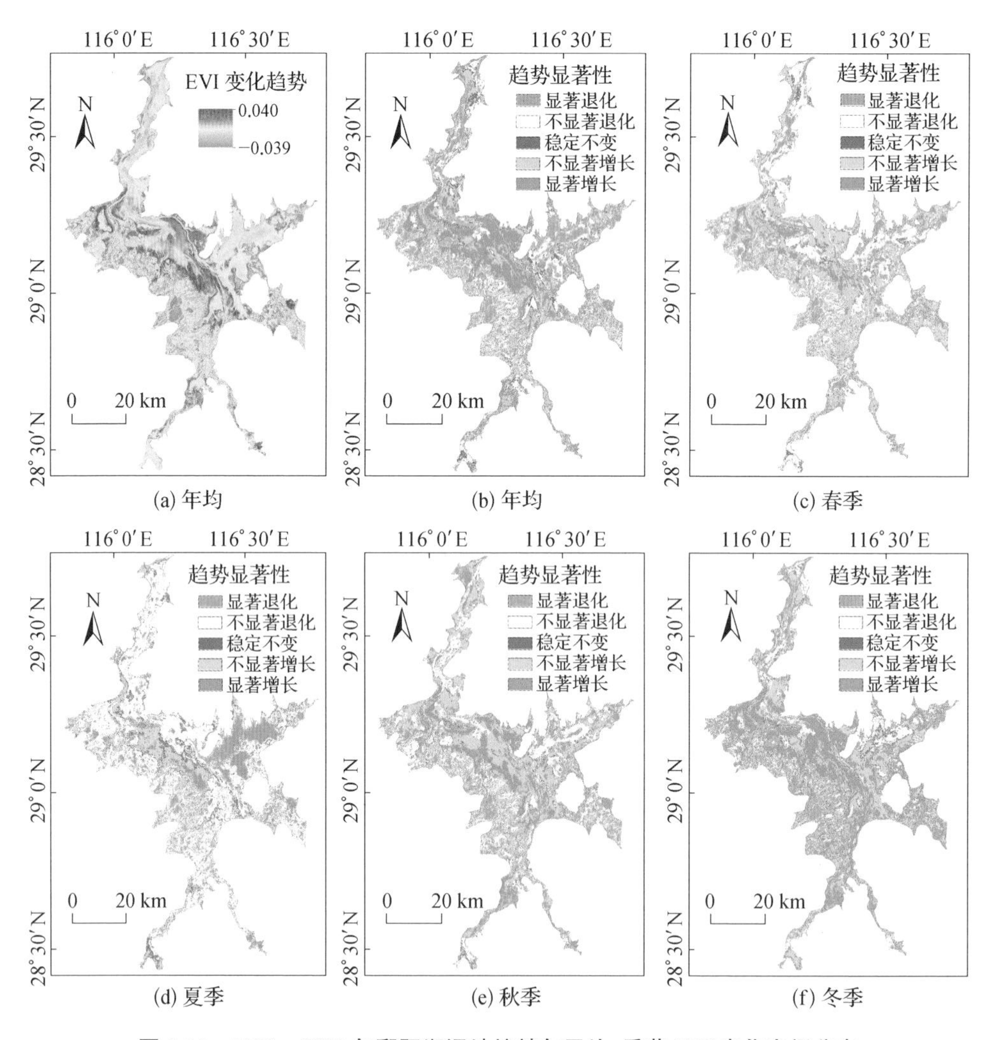

图 5.10　2000—2020 年鄱阳湖湿地植被年平均、季节 EVI 变化空间分布

表 5.2　2000—2020 年鄱阳湖湿地植被 EVI 年均和季节变化趋势面积及面积占比

EVI 变化趋势	面积(10^3 km^2)					面积占比(%)				
	年均	春季	夏季	秋季	冬季	年均	春季	夏季	秋季	冬季
显著退化	0.58	0.56	0.53	0.38	0.49	18.21	17.48	16.48	11.80	15.18
不显著退化	0.70	0.93	1.65	0.79	0.58	21.93	29.16	51.49	24.72	18.18
稳定不变	0.21	0.17	0.29	0.12	0.16	6.56	5.25	8.92	3.84	5.02
不显著增长	0.89	1.15	0.63	1.17	0.87	27.80	35.88	19.56	36.52	27.13
显著增长	0.82	0.39	0.11	0.74	1.10	25.50	12.22	3.55	23.11	34.49

5.4　鄱阳湖湿地景观空间格局特征

5.4.1　鄱阳湖湿地景观分类

(1) 基于物候特征的决策树分类方法构建

基于由 STAFFN 模型(Chen et al.,2018)融合的鄱阳湖洪泛湿地高时空分辨率 NDVI 数据集,借鉴 Han 等(2018)提出的鄱阳湖湿地优势植物群落分类算法,通过提取 2019 年和 2020 年(以当年 2 月至次年 1 月为一个生长周期)实地调查数据中七种景观的 NDVI 时序曲线(图 5.11(a))及最大值、最小值对比(图 5.11(b)),并结合不同植物的物候信息,构建鄱阳湖洪泛湿地植被遥感决策树分类体系。

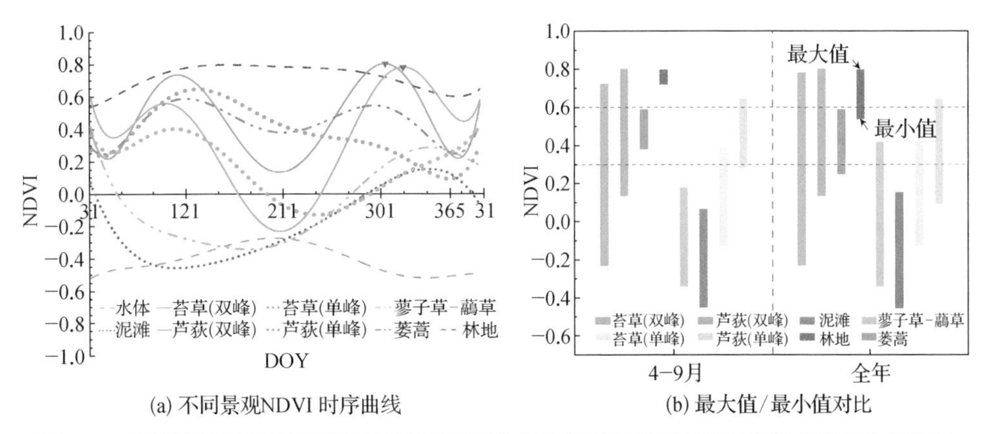

图 5.11　鄱阳湖洪泛湿地不同景观 NDVI 时序曲线和最值对比(DOY 指当年 2 月至次年 1 月,红色▽和灰色▽分别为芦荻群落和苔草群落 NDVI 时序曲线第二峰值位置)

永久性水体区域 NDVI 值在全年内均小于 0，泥滩在丰水期(4—9 月)被淹没，NDVI 值为负值，在枯水期暴露，NDVI 略高于 0。泥滩与蓼子草-虉草群落的 NDVI 时序线较为相似，但蓼子草-虉草群落在枯水期长势明显，NDVI 值明显高于泥滩。相比于其他植被，林地和蒌蒿群落的 NDVI 值总体偏高且振幅较小，该特征在 4—9 月尤为突出。浮叶植物群落在丰水期大量繁殖，NDVI 时序曲线为单峰形且峰值出现在丰水期(Han et al.，2018；Xu et al.，2017)。苔草群落和芦荻群落具有相似的物候，丰水期淹水停止生长，9 月退水后相继迎来第二个生长周期，芦荻群落分布高程较高，总是先于苔草群落露出水面进而达到 NDVI 峰值，苔草群落的 NDVI 时序线第二峰值出现日期总是晚于芦荻群落，因此以第二峰值对应日期来区分二者。芦荻群落植株较高，顶部在汛期不会被淹没，但随着年际水位的变化及空间分布的差异，植株被淹没的程度有所不同，因此部分区域的芦荻群落在丰水期保持较高的 NDVI 值，使得 NDVI 时序线呈现为单峰形。另外，一部分苔草群落在冬季长势旺盛，生长趋势延伸到下一年，在当年未达到第二峰值，也呈现为单峰形(蔺亚玲 等，2023)。决策树分类具体流程如图 5.12 所示。

最终将研究区解译为水体、泥滩、浮叶植物群落、蓼子草-虉草群落、苔草群落、芦荻群落、蒌蒿群落和林地八种景观类型。

(2) 鄱阳湖湿地景观分类精度验证

课题组于 2012 年 12 月—2013 年 12 月以每 30～40 天一次的频率通过样方法对研究区植物群落进行了连续调查。另外，在 2019 年和 2020 年也对鄱阳湖湿地植物群落进行了实地调查，并使用搭载高光谱相机的无人机对湖区多个区域进行了航拍。通过高分辨率无人机航拍数据目视解译植被类型，并结合野外样方调查结果，共获得研究区内 236 个数据点。另外，基于 2020 年 10 月高分辨率无人机航拍数据、江西省第二次鄱阳湖综合科学考察植被分布图(纪伟涛，2017)以及余莉(2010)、叶春(2013)的公开发表数据获取 498 个验证样本，对鄱阳湖湿地植被分类结果进行精度验证。

采用混淆矩阵对分类结果进行评价(表 5.3)。从表 5.3 可知，分类总体精度达到 89.36％，Kappa 系数为 0.85。苔草群落和芦荻群落的分类精度较高，超过 92％，其次是泥滩，蓼子草-虉草群落和蒌蒿群落的分类精度相对较低。在湿地植被交错带以及植被与泥滩过渡带容易出现错分现象，蓼子草-虉草群落在分布上缘和下缘分别易与苔草群落和泥滩相混淆，蒌蒿群落的精度偏低主要是由于样本点数量较少导致存在误差(蔺亚玲 等，2023)。

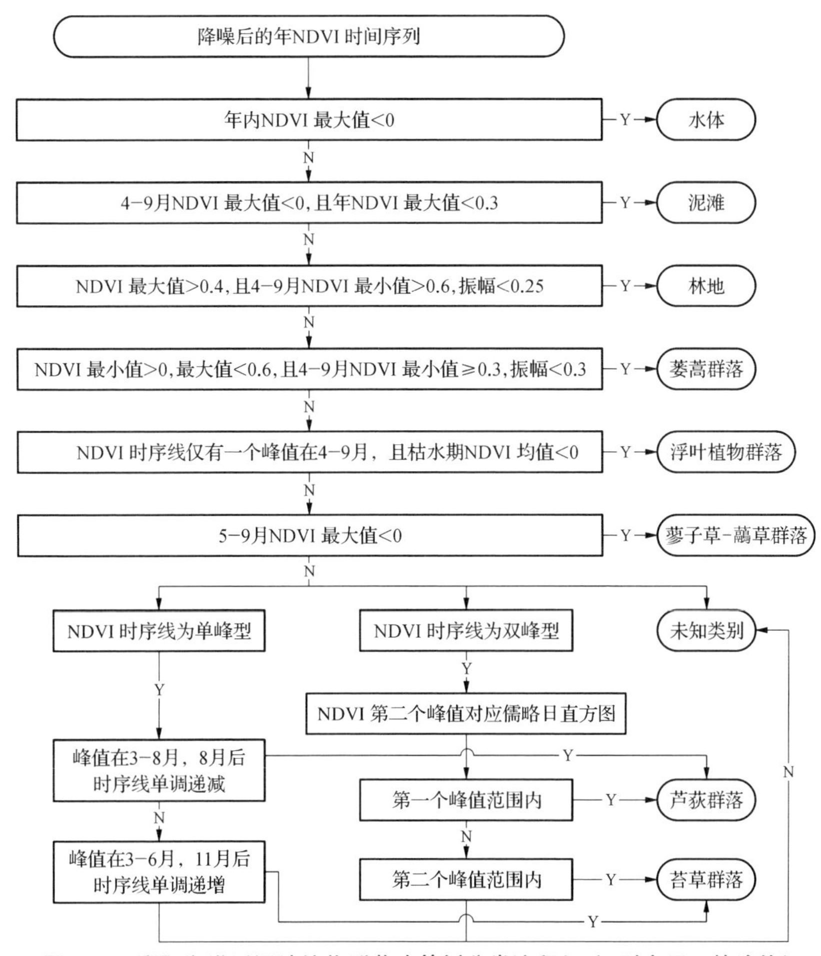

图 5.12 鄱阳湖洪泛湿地植物群落决策树分类流程(只识别大于0的峰值)

表 5.3 鄱阳湖洪泛湿地植被分类精度

	泥滩	苔草群落	芦荻群落	蒌蒿群落	蓼子草-虉草群落	用户精度
泥滩	54	1	0	0	7	87.10%
苔草群落	4	171	10	1	12	86.36%
芦荻群落	0	5	136	4	0	93.79%
蒌蒿群落	0	1	0	16	0	94.12%
蓼子草-虉草群落	3	4	1	0	68	89.47%
生产者精度	88.52%	93.96%	92.52%	76.19%	78.16%	89.36%

注：总体精度为89.36%，Kappa系数为0.85。

另外，在2019和2020年丰水期及枯水期的Dynamic World数据中选取验证样本进行精度验证。由图5.13可看出，分类解译的蓼子草-虉草群落、苔草群落、芦荻群落分布格局与Dynamic World数据中稀疏草洲、茂密植被、洪泛植被的空间分布均具有较好的一致性。

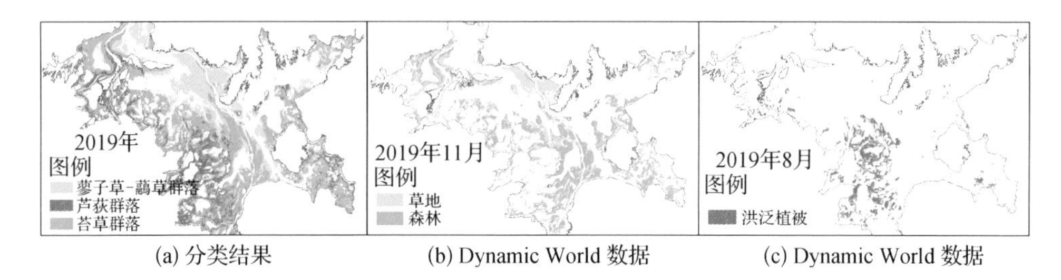

(a) 分类结果　　(b) Dynamic World 数据　　(c) Dynamic World 数据

图5.13　2019年分类结果与Dynamic World数据对比

5.4.2　鄱阳湖湿地景观空间格局

2000—2020年鄱阳湖洪泛湿地景观格局分布如图5.14所示。由图可知，虽然不同景观的分布格局在年际间存在一定差异，但整体来看，从湖心向外，景观类型沿海拔梯度表现为水体、浮叶植物群落、泥滩、蓼子草-虉草群落、苔草群落、芦荻群落、蒌蒿群落、林地。水体在整个湖区的平均占比为20%，主要包括自南向北汇入长江的河道、松门山岛附近的较大片水域、东部的撮箕湖、汉池湖及两个国家级自然保护区内的众多碟形湖。泥滩主要分布在水体附近，连接着浅水和湿地植被，占湖区面积的24%。湿地植被在湖区内广泛分布，不同植物以集群的方式沿环境梯度呈现有规律的带状分布，其中苔草群落分布范围最广，占到湖区总面积的近30%，其次为芦荻群落和蓼子草-虉草群落，分布面积都在10%以上，浮叶植物群落和蒌蒿群落的分布较少，仅占1%～2%。

从2000—2020年不同湖区的景观分布差异来看(图5.15)，北部湖区以泥滩分布面积最大，平均占比达42%左右，水体覆盖占近22%，湿地植被主要为苔草群落和蓼子草-虉草群落，面积分别占14%和18%，其他植物群落分布面积都较小。西部湖区的苔草群落分布明显多于其他植物群落，面积占比在40%以上，芦荻群落的分布也相对较广，在17%左右，水体和泥滩面积分别占12%和19%，其余植物群落的面积占比

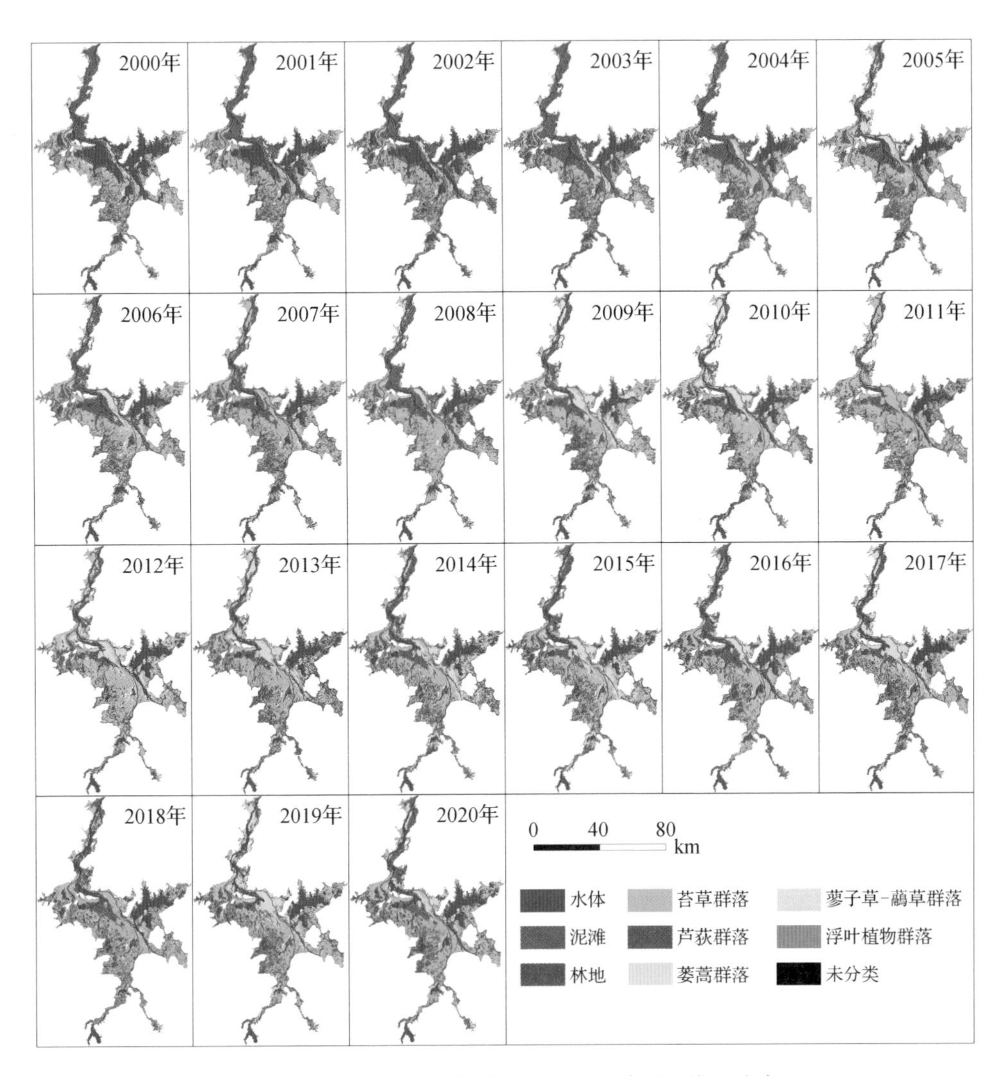

图 5.14　2000—2020 年鄱阳湖洪泛湿地景观格局分布

都在 5%以下。东部湖区的水体覆盖面积最大,达 30%,泥滩的分布在 20%左右,植物群落以苔草为主,面积占 27%,蓼子草-虉草群落和芦荻群落的分布面积接近,都在 10%左右,其余两个植物群落蒌蒿及浮叶植物的分布面积较小。南部湖区以苔草群落分布最为广泛,占到该湖区面积的 35%左右,其次为芦荻群落,分布面积占近 20%,与北部湖区和东部湖区相比,该区域泥滩和水体面积占比都大幅减小,分别为 16%和 14%,其他植物群落的分布面积占比与其他区域基本相当(蔺亚玲 等,2023)。

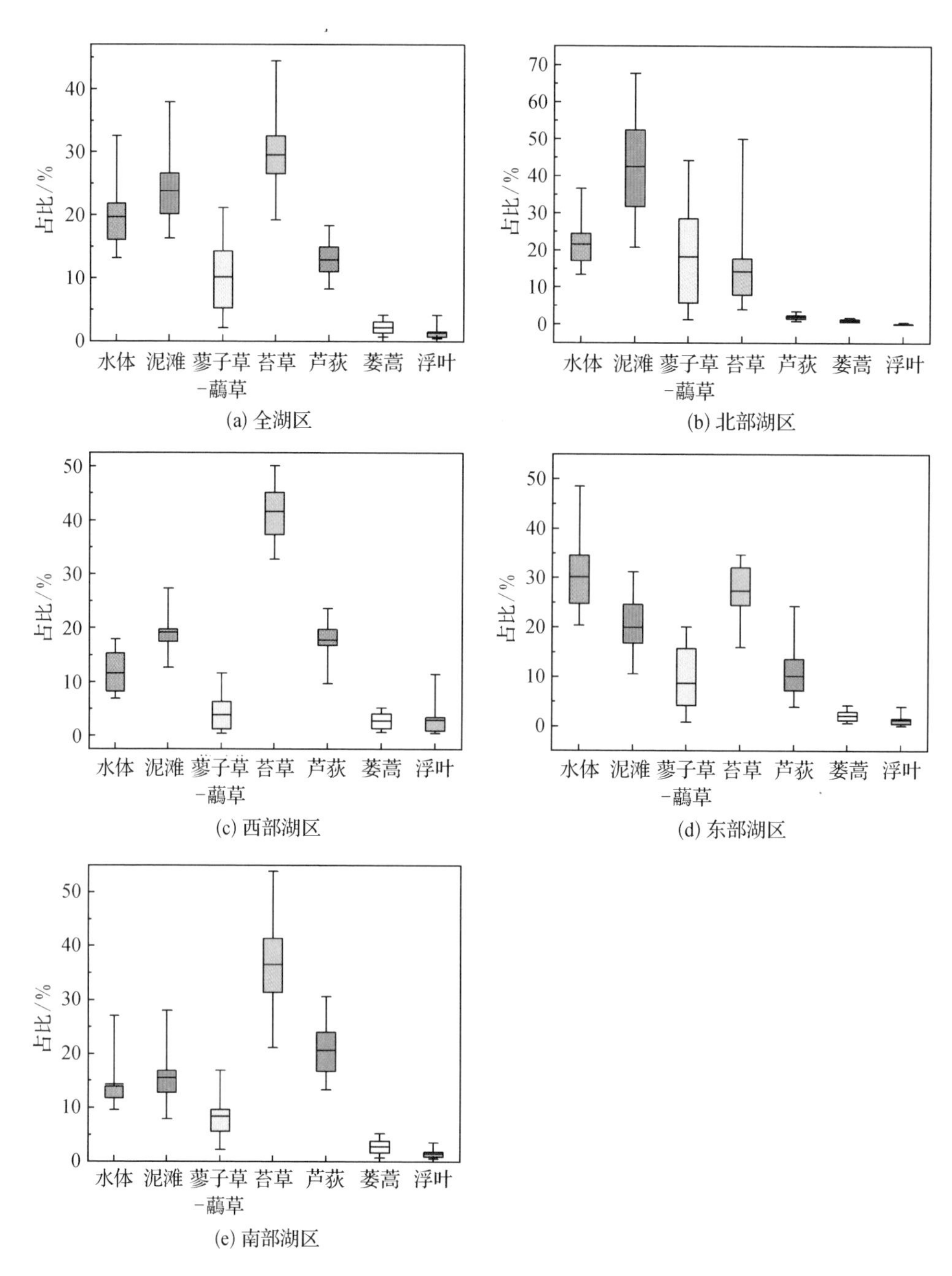

图 5.15　湿地景观在不同湖区的分布差异

5.4.3　鄱阳湖湿地景观格局转移变化特征

图 5.16 为 2000—2020 年鄱阳湖洪泛湿地景观类型转移变化分布特征。由图可知，与 2000 年相比，2020 年鄱阳湖洪泛湿地景观的变化主要表现为水体、浮叶植物群落面积的大幅减少和蓼子草-藨草群落、苔草群落、芦荻群落面积的增加。其中以水体向泥滩的转化最为显著，面积达 328.5 km^2（表 5.4），主要位于湖心和碟形湖边缘区域，同时，也有入江通道两旁的泥滩转化为水体（95.8 km^2），使入江通道水面有所加宽。另外，还有部分位于低滩地的苔草等植物群落也转化为水体，从而使大沙坊湖、铭溪湖等碟形湖水域面积有所扩张（图 5.16(a)）。图 5.16(b)显示，在湖中心和入江通道两岸的水陆过渡带，大量的泥滩和蓼子草-藨草群落向苔草群落转化，面积分别达 184.7 km^2 和 164.1 km^2；碟形湖四周和河道两侧低滩地的苔草群落转化为芦荻群落（121.1 km^2），而高滩地的芦荻群落又向苔草群落转化（77.7 km^2）。此外，主河道两岸的蓼子草-藨草群落还由泥滩（146.7 km^2）和水体（82.8 km^2）转化而来，芦荻群落与蒌蒿群落的相互转化主要发生在湖岸边。图 5.16 整体反映了鄱阳湖洪泛湿地植被，尤其是苔草群落及芦荻群落向湖中心扩张的态势（蔺亚玲 等，2023）。

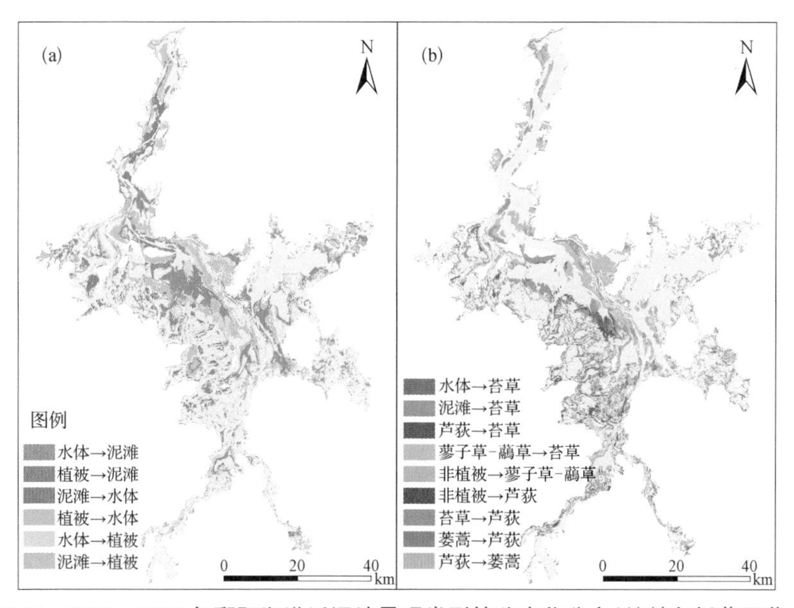

图 5.16　2000—2020 年鄱阳湖洪泛湿地景观类型转移变化分布（植被包括蓼子草-藨草群落、浮叶植物群落、苔草群落和芦荻群落，非植被包括水体和泥滩）

表 5.4　2000—2020 年鄱阳湖洪泛湿地景观类型变化转移矩阵　（单位：km^2）

		2020 年								
		虉子草-藨草	浮叶	林地	蒌蒿	芦荻	泥滩	水体	苔草	未知
2000 年	虉子草-藨草	26.4	0.3	0	0.2	5.5	25.4	10.4	**164.1**	0.1
	浮叶	1.3	6.8	0	0	7.4	39.5	28.5	19.1	0
	林地	0.0	0.0	0	0	0.2	0	0	0.4	0
	蒌蒿	2.1	0.1	0.3	5.4	16.9	2.6	0.7	10.6	0.6
	芦荻	10.2	1.0	2.6	12.1	134.0	12.7	10.1	**77.7**	2.3
	泥滩	**146.7**	1.2	0	0.3	11.3	227.3	**95.8**	**184.7**	0.4
	水体	**82.8**	8.5	0	0.1	10.9	**328.5**	540.2	63.5	0.3
	苔草	17.3	3.4	0.2	4.4	**121.1**	58.5	38.6	575.1	0.9
	未知	1.1	0.0	0.1	0.5	1.2	2.1	0.2	5.6	6.2
2000—2020 年		55.5	−81.3	2.6	−16.3	45.8	28.9	−310.3	281.3	−6.2

注：黑体为主要的景观转移变化面积；最后一行为每种类型在该阶段变化面积，正值代表面积增加，负值代表面积减少。

另外，从不同湖区的景观转移特征来看（图 5.17），北部湖区主要是泥滩向水体、虉子草-藨草群落及苔草群落的转化，转化面积分别达 75.5 km^2、64.4 km^2 和 59.5 km^2，其中泥滩向水体的转化 80%都发生在北部湖区。此外，在靠近主湖区处有 51.3 km^2 的水体转化为了泥滩，在入江通道左岸星子码头等地的虉子草-藨草群落转化为了苔草群落（42.0 km^2）；东部湖区的景观变化中，虉子草-藨草群落面积的增加来自主河道外侧水体（33.2 km^2）和泥滩（56.5 km^2）的转化，而增加的苔草群落主要由碟形湖四周低滩地的虉子草-藨草群落（33.6 km^2）和泥滩（30.3 km^2）转化而来。同时，撮箕湖、汉池湖外围及与主河道连通处的大量水体又转化为泥滩（115.5 km^2），致使东部湖区水体面积大幅减小；西部湖区和南部湖区的景观变化基本与整个湖区的变化特征一致，总体上以水体、泥滩、虉子草-藨草群落及芦荻群落向苔草群落的转化为主（蔺亚玲 等，2023）。

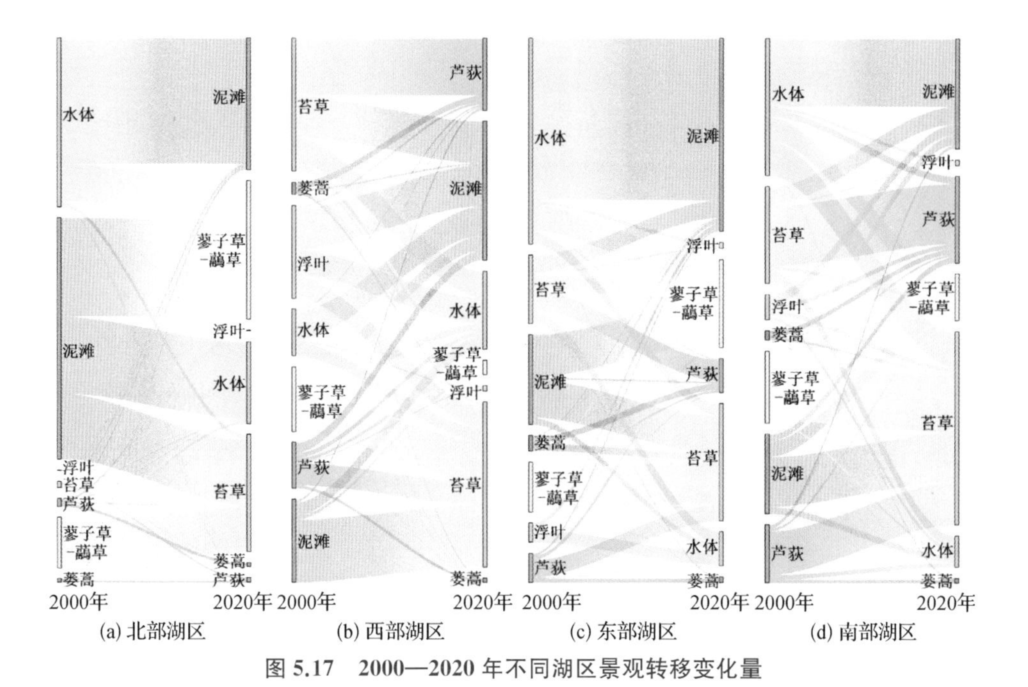

图 5.17　2000—2020 年不同湖区景观转移变化量

5.5　鄱阳湖典型湿地植物群落分布高程及变化趋势

5.5.1　典型湿地植物群落分布高程特征

基于高斯回归模型，以鄱阳湖洪泛湿地内最为典型的蓼子草-虉草、苔草、芦荻和菱蒿四种植物群落为例，构建其面积高程分布曲线，如图 5.18 所示。在整个湖区内，蓼子草-虉草群落、苔草群落、芦荻群落和菱蒿群落的最适分布高程分别为 11.16 m、12.67 m、14.14 m 和 15.14 m（表 5.5）。其中，菱蒿群落分布高程主要在 11.82～18.46 m，生态幅宽最大，达 6.64 m，其次是蓼子草-虉草群落，分布在 8.70～13.62 m，生态幅宽 4.92 m，苔草群落在 10.35～14.99 m 达到最大分布面积，芦荻群落相对更为集中地分布于 12.00～16.28 m，并且蓼子草-虉草群落和芦荻群落都分别与苔草群落在很大的高程区间范围内处于交错分布的状态。此外，虽然菱蒿群落的整体分布高于芦荻群落，但由于其生态幅宽较大，导致生态幅区间下限位于芦荻群落之下（蔺亚玲 等，2023）。

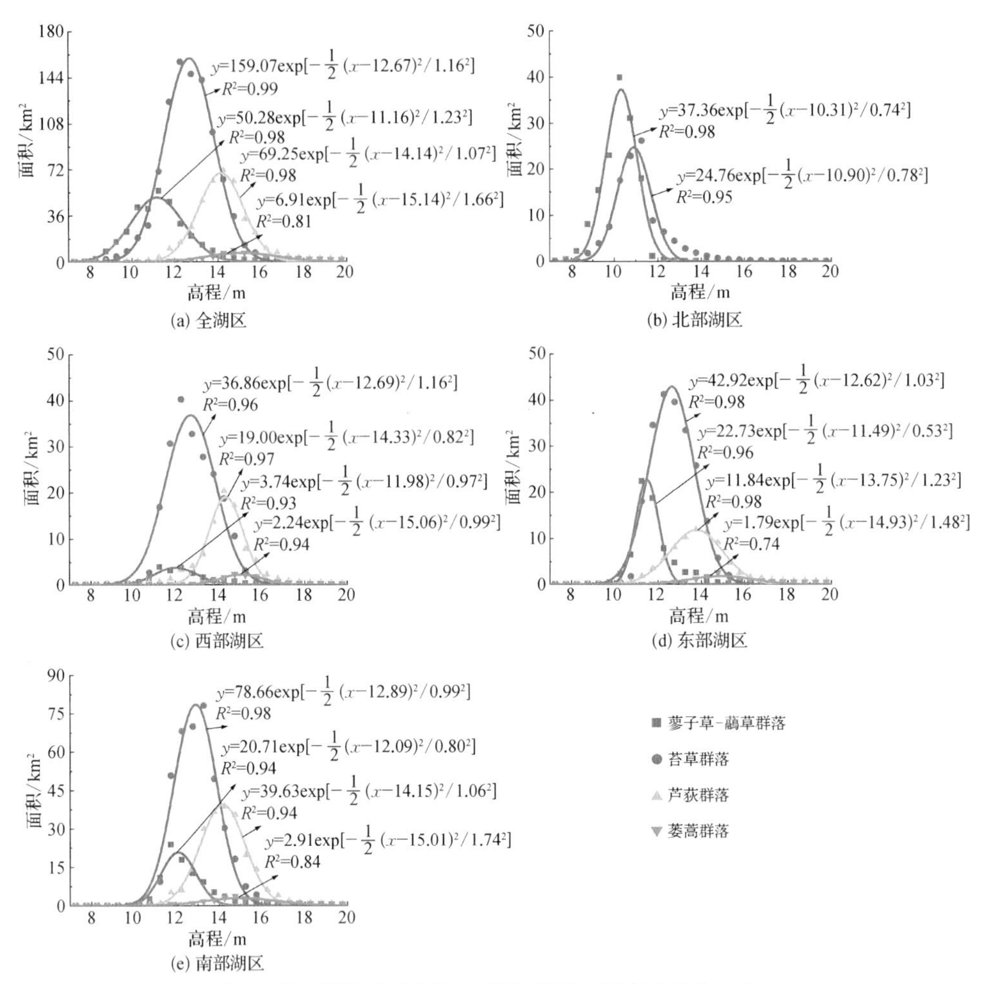

图 5.18　鄱阳湖典型湿地植物群落面积高程分布曲线

表 5.5　鄱阳湖典型湿地植物群落生态阈值　（单位：m）

区域	分布高程	蓼子草-虉草群落	苔草群落	芦荻群落	蒌蒿群落
全湖区	最适值	11.16	12.67	14.14	15.14
	最适区间	9.93～12.39	11.51～13.83	13.07～15.21	13.48～16.80
	生态幅区间	8.70～13.62	10.35～14.99	12.00～16.28	11.82～18.46
北部湖区	最适值	10.31	10.90	—	—
	最适区间	9.57～11.05	10.12～11.68	—	—
	生态幅区间	8.83～11.79	9.34～12.46	—	—

续　表

区域	分布高程	蓼子草-虉草群落	苔草群落	芦荻群落	蒌蒿群落
西部湖区	最适值	11.98	12.69	14.33	15.06
	最适区间	11.01～12.95	11.53～13.85	13.51～15.15	14.07～16.05
	生态幅区间	10.04～13.92	10.37～15.01	12.69～15.97	13.08～17.04
东部湖区	最适值	11.49	12.62	13.75	14.93
	最适区间	10.96～12.02	11.59～13.65	12.52～14.98	13.45～16.41
	生态幅区间	10.43～12.55	10.56～14.68	11.29～16.21	11.97～17.89
南部湖区	最适值	12.09	12.89	14.15	15.01
	最适区间	11.29～12.89	11.90～13.88	13.09～15.21	13.27～16.75
	生态幅区间	10.49～13.69	10.91～14.87	12.03～16.27	11.53～18.49

图 5.18 也显示了四种典型植物群落分别在四个子湖区内沿高程梯度的分布，由于北部湖区内芦荻群落和蒌蒿群落分布极少，因此在该区域不考虑二者沿高程梯度的分布情况。从不同植物群落在不同湖区的分布高程差异来看，蓼子草-虉草群落在北部、东部、西部和南部湖区分布的最适高程分别为 10.31 m、11.49 m、11.98 m 和12.09 m，最高与最低间相差 1.78 m，其中，在西部湖区主要分布于 10.04～13.92 m，生态幅宽最大，以至于在该区域的分布下限低于东部湖区的 10.43 m。与蓼子草-虉草群落的分布规律一致，苔草群落在北部、东部、西部和南部湖区的分布高程最适值分别为10.90 m、12.62 m、12.69 m 和 12.89 m，在后三个区域的分布较为接近，并且同样由于在西部湖区的生态幅宽最大，使得该区域的生态幅区间下限 10.37 m 较东部湖区的10.56 m 更低。而芦荻群落在西部湖区的分布最高，达 14.33 m，在南部、东部湖区分布的最适高程分别为 14.15 m 和 13.75 m，而且由于芦荻群落在西部湖区的分布相对更为集中，主要位于 12.69～15.97 m，生态幅宽最小，致使其在该区域的分布上限反而低于在东部湖区（生态幅区间上限为 16.21 m）和南部湖区（生态幅区间上限为 16.27 m）。蒌蒿群落的分布高程特征与芦荻群落类似，在东部、南部和西部湖区的分布高程最适值分别为14.93 m、15.01 m 和 15.06 m，同样由于在西部湖区的生态幅宽最小，生态幅区间为 13.08～17.04 m，导致其在东部、南部湖区的分布上限皆高于西部湖区。此外，各湖区内四种植物群落的最适分布高程特征皆与全湖一致，但当两种群落的分布高程最适值接近而生态幅宽相差较大时，可能导致二者生态幅区间上限、下限的分布逆序（蔺亚玲　等，2023）。

5.5.2 典型湿地植物群落最适分布高程变化趋势

2000—2020年鄱阳湖典型湿地植物群落最适分布高程变化趋势如图5.19至图5.22所示(蔺亚玲 等,2023)。由图可知,蓼子草-虉草、苔草和芦荻群落的最适分布高程整体上呈下降趋势。在整个湖区内以蓼子草-虉草群落和苔草群落的最适分布高程降速最大(slope=−0.03),芦荻群落的最适分布高程仅以0.01 m/a的速度下降。其中,蓼子草-虉草群落最适高程从12.09 m降至10.94 m,降低了1.15 m,苔草群落最适高程由13.25 m变为12.69 m,下降了0.56 m,芦荻群落最适高程由14.66 m下移了0.4 m,降为14.26 m。从蓼子草-虉草群落在各湖区的最适分布高程变化差异来看(图5.19),在北部湖区有最大幅度的下降(slope=−0.05),由2000年的11.05 m降至2020年的10.22 m,降低了0.83 m,在东部湖区,2000年最适分布高程为12.46 m,到2020年变为11.70 m,下降了0.76 m,在南部湖区大体上在12.0 m上下浮动,而在西部湖区却以0.02 m/a的速度上升,上移了0.59 m。由图5.20可知,苔草群落的最适分布高程在北部湖区和西部湖区以0.03 m/a的速度分别降低了1.62 m和0.71 m,在东部湖区和南部湖区的降速皆为0.02 m/a,下降高度为0.3 m左右。芦荻群落的最适分布高程在东部湖区的下降速度相对更快(slope=−0.02),在2000年为14.88 m,近

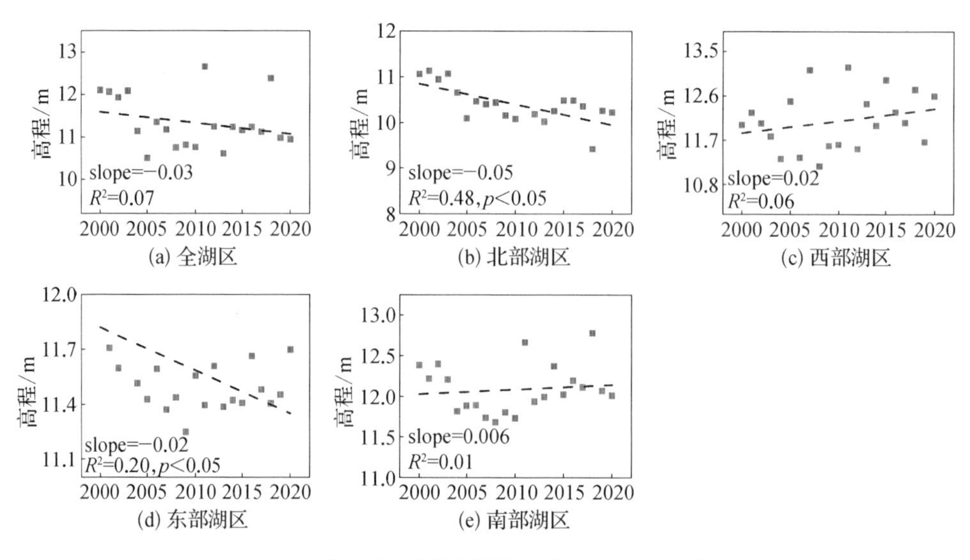

图5.19 蓼子草-虉草群落最适分布高程变化趋势

20 年下移了 0.59 m，变为 14.29 m，在西部湖区和南部湖区的下降略缓（slope＝－0.01），都下降了约 0.4 m（图 5.21）。与蓼子草-虉草、苔草和芦荻群落变化趋势相反，蒌蒿群落的最适分布高程在全湖各区域皆呈现明显的上升趋势，整体由 15.23 m 升高至 18.71 m，上移了 3.48 m，在东部湖区的上升趋势最为显著，以 0.14 m/a 的速度升高，在西部湖区和南部湖区升高了约 2 m（图 5.22）。

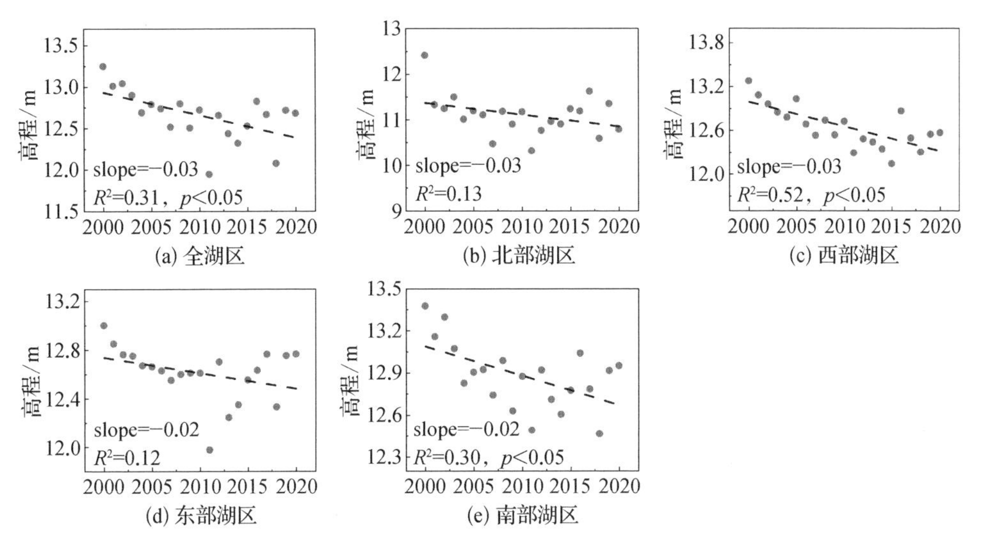

图 5.20　苔草群落最适分布高程变化趋势

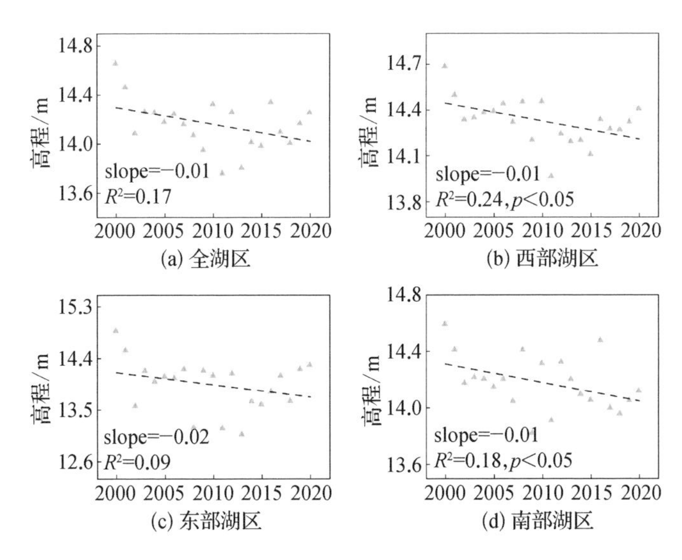

图 5.21　芦荻群落最适分布高程变化趋势

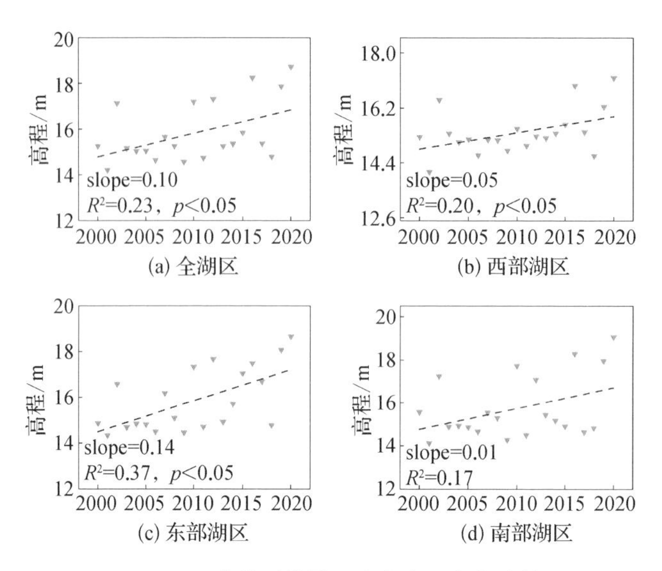

图 5.22　蒌蒿群落最适分布高程变化趋势

5.5.3　典型湿地植物群落分布高程上限变化趋势

2000—2020 年鄱阳湖典型湿地植物群落分布高程上限变化趋势如图 5.23 至图 5.26 所示(蔺亚玲　等,2023)。由图可知,在整个湖区内,蓼子草-虉草群落和苔草群落的分布上限无明显变化趋势,分别在 13.5 m 和 14.9 m 左右波动,而芦荻群落和蒌蒿群落的分布上限皆呈上升趋势,特别是蒌蒿群落的变化最为显著,在近 20 年分布上限上移了 4 m 左右。从蓼子草-虉草群落在各湖区的分布上限变化差异来看(图 5.23),在北部湖区和东部湖区皆呈下降态势,且在东部湖区的降幅更大,降低了 1.67 m,在北部湖区仅下移了 0.37 m,而在西部湖区和南部湖区分别以 0.10 m/a 和 0.06 m/a 的速度升高,皆上移了近 1.5 m。由图 5.24 可知,苔草群落分布上限在北部湖区以0.06 m/a 的速度下移,由 14.96 m 降至 12.14 m,降低了 2.82 m,在西部湖区的降幅相对较小(slope=－0.02),下降高度为 0.39 m,在东部湖区大体在 14.6 m 上下波动,而在南部湖区表现为弱上升趋势,由 14.98 m 上移至 15.22 m,升高 0.24 m。芦荻群落分布上限在各湖区的变化趋势皆不明显(图 5.25)。与最适分布高程变化趋势一致,蒌蒿群落分布上限在各区域皆呈明显上升态势,整体以 0.24 m/a 的速度上移 5 m

左右，特别是在东部湖区的上升趋势最为明显(slope＝0.34)，由 17 m 左右升至 23 m 左右，在西部湖区和南部湖区皆上移 3 m 左右(图 5.26)。

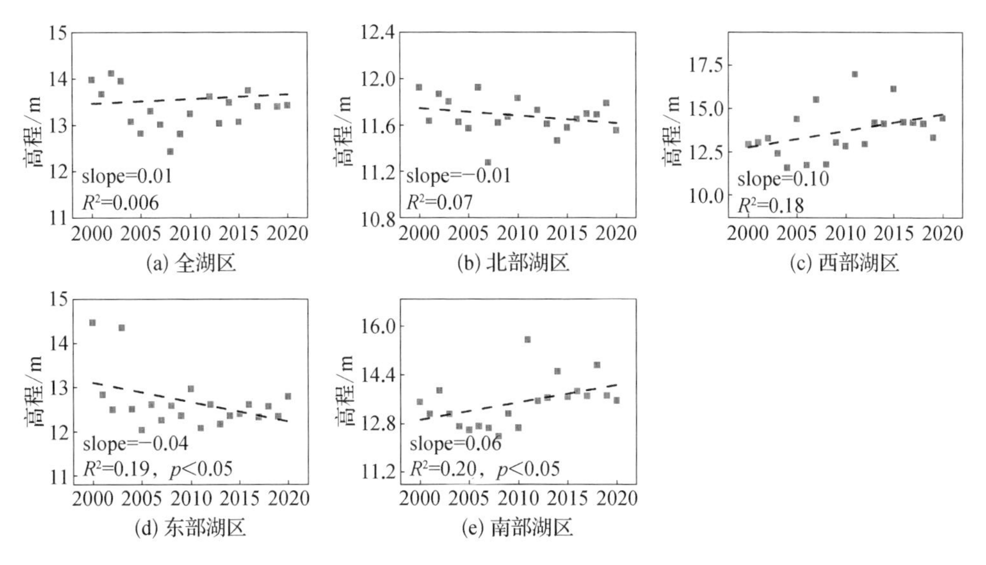

图 5.23 蓼子草-虉草群落分布高程上限变化趋势

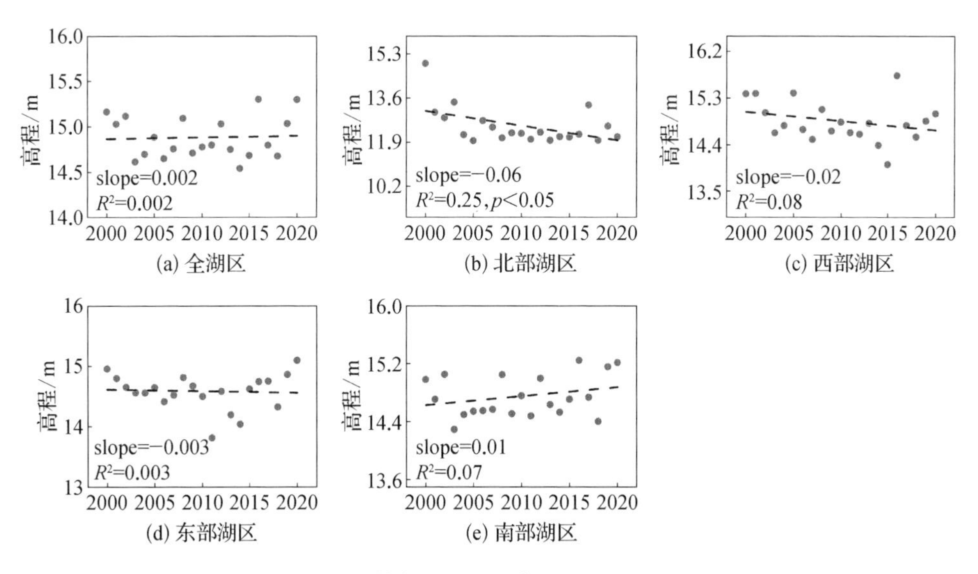

图 5.24 苔草群落分布高程上限变化趋势

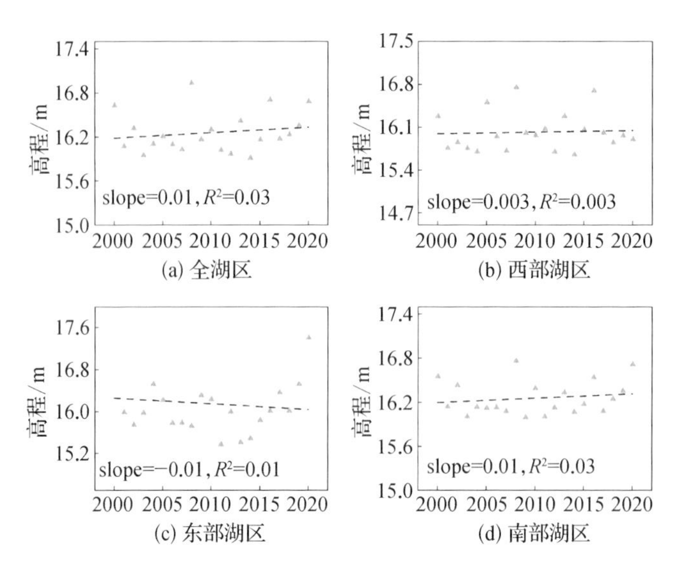

图 5.25　芦荻群落分布高程上限变化趋势

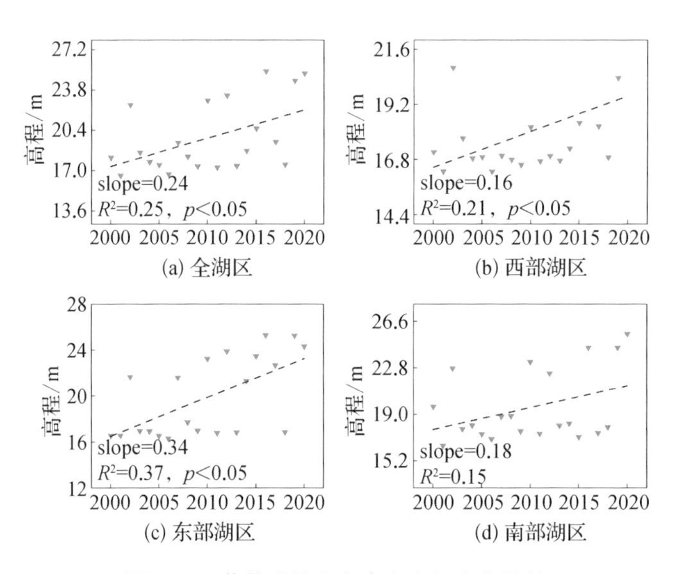

图 5.26　蒌蒿群落分布高程上限变化趋势

5.5.4　典型湿地植物群落分布高程下限变化趋势

2000—2020 年鄱阳湖典型湿地植物群落分布高程下限变化趋势如图 5.27 至图 5.30 所示(蔺亚玲 等,2023)。由图可知,鄱阳湖湿地植被分布高程下限整体呈明显下降趋势，在整个湖区内，蓼子草-虉草群落和苔草群落分布下限下降速度相对较快(slope＝－0.06)，芦荻群落和蒌蒿群落分布下限降速分别为 0.04 m/a 和 0.03 m/a。其中，蓼子草-虉草群落分布下限降低了 1.75 m，由 2000 年的 10.19 m 下移至 2020 年的 8.44 m，苔草群落分布下限由 11.33 m 降至 10.06 m，降低了 1.27 m，下移至比原蓼子草-虉草群落带分布更低的滩地，而芦荻群落和蒌蒿群落分布下限下降都不足 1 m。从蓼子草-虉草群落在各湖区的分布下限变化差异来看(图 5.27)，在北部湖区有最大幅度的下降(slope＝－0.08)，近 20 年下降了 1.29 m，在西部湖区和南部湖区以 0.05 m/a 的速度降低，分别降低了 0.33 m 和 0.78 m，在东部湖区无明显变化，分布下限在 10.5 m 上下波动。由图 5.28 可知，苔草群落分布下限在西部湖区和南部湖区的下降相对较快(slope＝－0.05)，都降低了 1.1 m 左右，在东部湖区由 11.03 m 降至 10.43 m，下降幅度较小，在北部湖区无明显变化态势，在 9.5～10.5 m 之间波动。相比于蓼子草-虉草群落和苔草群落，芦荻群落的分布高程下限在各区域的下降幅度都更小，其在西部、东部和南部湖区的变化趋势无明显差异，都以 0.03 m/a 的速度降低，但在西部湖区和东部湖区下降高度不足 0.2 m，在南部湖区由 12.64 m 下移至 11.53 m，降低了 1.11 m(图 5.29)。蒌蒿群落分布高程下限在东部湖区下降速度最快，平均以 0.07 m/a 的速度下降，由 13.15 m 降至 11 m 左右，在西部湖区的下降幅度也相对较大，降低了 1.6 m 左右，而在南部湖区表现出截然相反的弱上升趋势(图 5.30)。

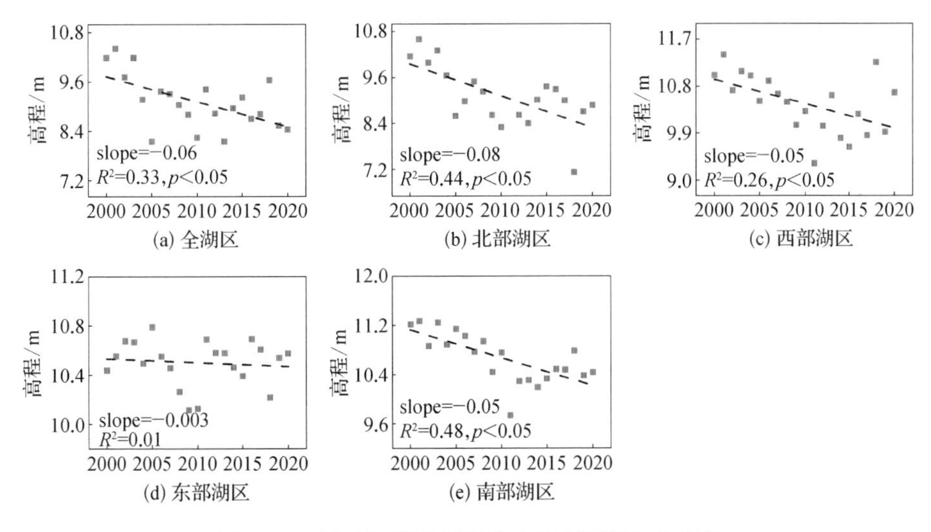

图 5.27　蓼子草-虉草群落分布高程下限变化趋势

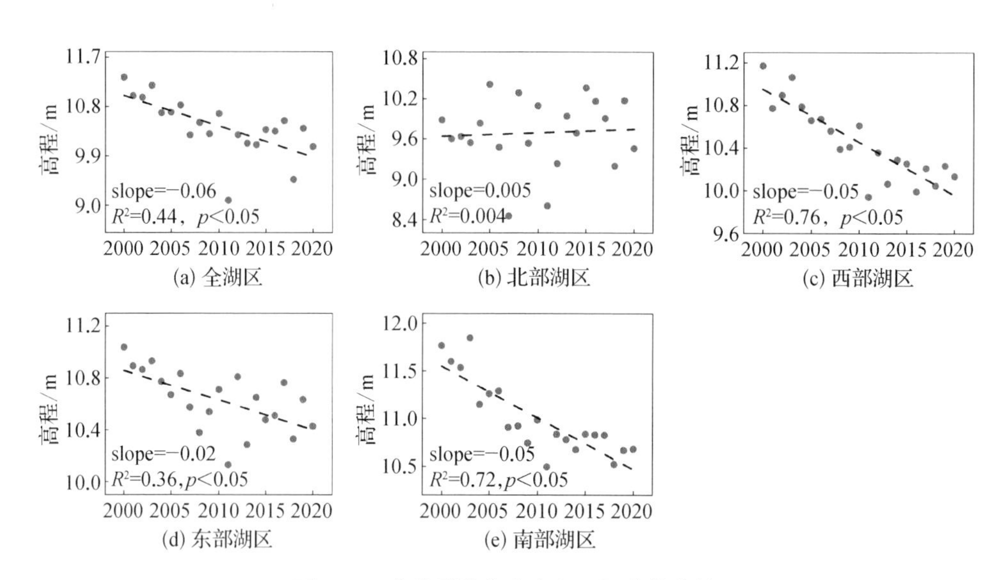

图 5.28　苔草群落分布高程下限变化趋势

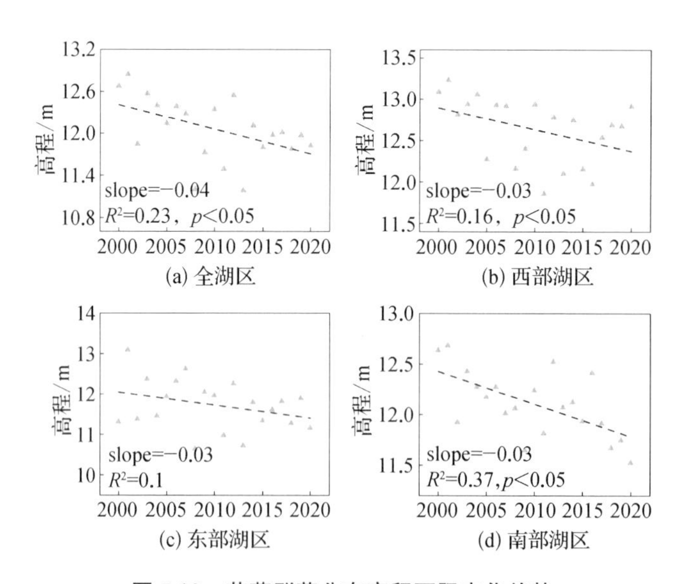

图 5.29　芦荻群落分布高程下限变化趋势

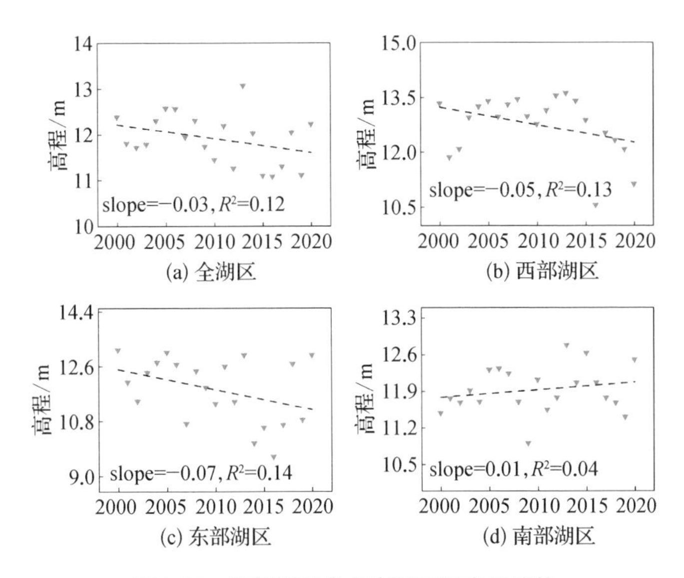

图 5.30　蒌蒿群落分布高程下限变化趋势

5.6　鄱阳湖湿地景观年际转移变化特征

5.6.1　湿地景观面积年际变化特征

2000—2020 年鄱阳湖洪泛湿地水体、泥滩及植被总面积变化过程如图 5.31 所示。由图可知，鄱阳湖水体面积整体呈减小趋势，尤其在 2003 年，水体面积呈断崖式下降，其中南部湖区水体面积减小最多，之后自 2010 年起水体面积虽有一定程度的增加(占比增加到 20%左右)，但整体仍未达 2003 年以前的水平，平均占比 31%(图 5.31(a))。与水体面积大幅减小对应的是，泥滩面积在 2003 年出现明显的增大，也以南部湖区的增加最为显著，东部湖区泥滩面积增加也较大，自 2003 年之后，泥滩面积呈减小态势，整体以 16.1 km^2/a 的速度显著($p<0.05$)减小，尤其是北部湖区，泥滩减小趋势最为明显(图 5.31(b))。与水体和泥滩变化趋势相反，鄱阳湖湿地植被总面积在 2000—2020 年呈现波动上升的趋势，以 25.3 km^2/a 的速度显著($p<0.05$)增加，植被覆盖总面积最大达 2 087.9 km^2，占鄱阳湖洪泛湿地总面积的 66%(2011 年)，但最

近几年湿地植被面积又有一定程度的减小，植被面积在四个子湖区的变化态势与整个湖区的变化一致(图 5.31(c))。

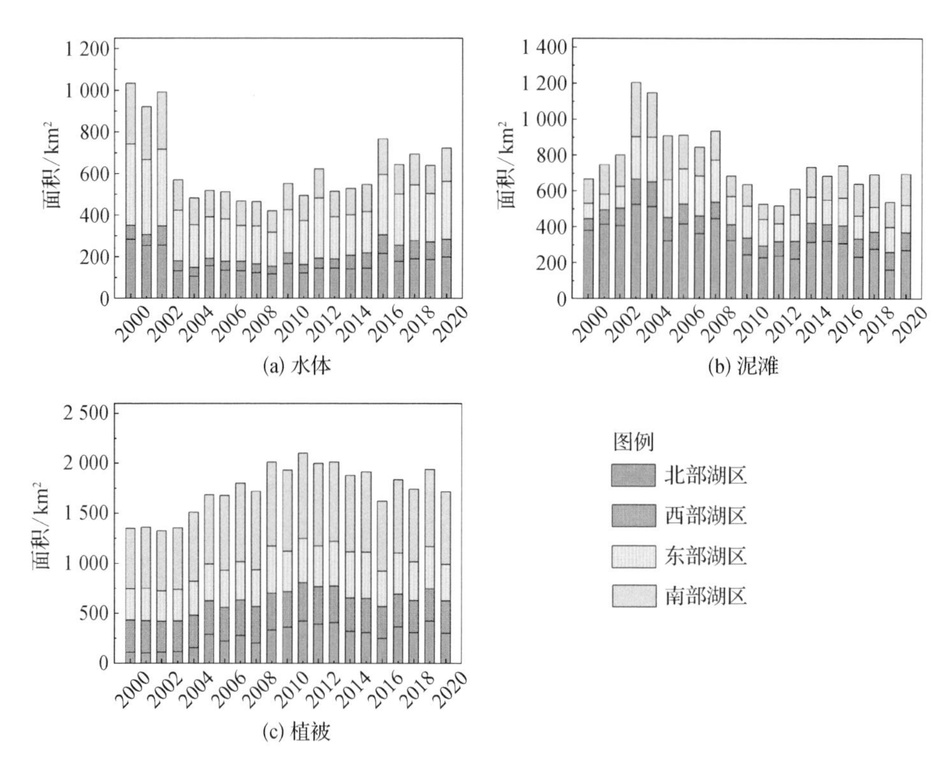

图 5.31　鄱阳湖洪泛湿地三大类景观面积年际变化

从不同湿地植物群落面积的变化对比来看(图 5.32)，2000—2020 年，蓼子草-虉草群落面积变化最为显著，平均以 19.2 km²/a 的速度增加，且在北部、西部、东部及南部湖区都具有明显的增加态势。苔草群落整体上呈先增加后减小的趋势(图 5.32(a))，特别是在 2011 年苔草群落面积最大达 1 503.5 km²，接近鄱阳湖洪泛湿地总面积的一半(47%)，其中北部湖区和南部湖区的苔草群落面积增加最为显著。另外，虽然浮叶植物群落和蒌蒿群落在鄱阳湖洪泛湿地分布面积相对不是很大，但二者在 21 年间均呈显著下降趋势，存在被其他优势植物群落演替的风险。而芦荻群落面积整体在 300～500 km² 波动，未出现显著的趋势变化，但在北部湖区的分布相对稳定(蔺亚玲 等，2023)。

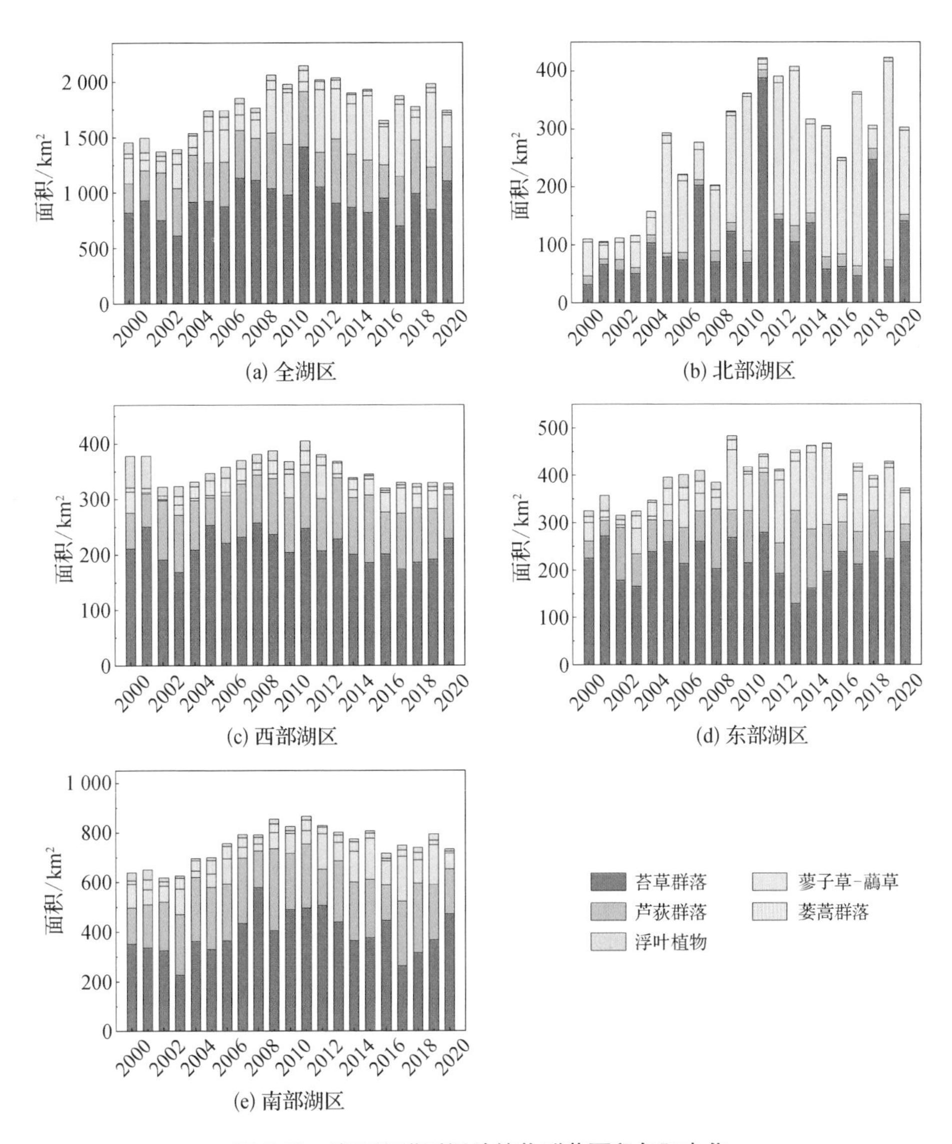

图 5.32　鄱阳湖洪泛湿地植物群落面积年际变化

5.6.2　不同时段湿地景观转移变化量特征

根据鄱阳湖洪泛湿地景观面积年际变化过程特征，分别以 2000 年、2004 年、2009 年、2014 年及 2020 年为典型时间节点，分析不同时段鄱阳湖湿地景观类型的转移变化过程特征，如图 5.33 所示。2000—2004 年，鄱阳湖湿地景观变化主要以水体向泥滩转化(550.1 km²),泥滩和蓼子草-虉草群落向苔草群落转化(289.7 km²),而苔草群落又向芦荻群落的转化(184.4 km²)为主(表5.6);而后在2004—2009年,主要发生泥滩向蓼子草-虉草群落(278.7 km²)及苔草群落(167.8 km²)的转化,同时,也有134.2 km² 的苔草群落转化为芦荻群落(表5.7);在2009—2014年,除苔草群落和芦荻群落的相互转化量较大外,其余景观之间的转化量无显著差异(表5.8);在最近的2014—2020年,以芦荻群落向苔草群落的转化量最大(285.5 km²),泥滩向水体的转化量(183.3 km²)及蓼子草-虉草群落向泥滩的转化量(150.4 km²)也较大(表5.9)。此外,芦荻群落与蒌蒿群落在不断相互转化,且相互转化量接近。整体来看,鄱阳湖湿地景观格局在前两个时段呈现由水体→泥滩→低滩地植被(苔草群落、蓼子草-虉草群落)转化的过程,后两个时段主要发生苔草和芦荻两种优势植物群落间的相互转化(蔺亚玲 等,2023)。

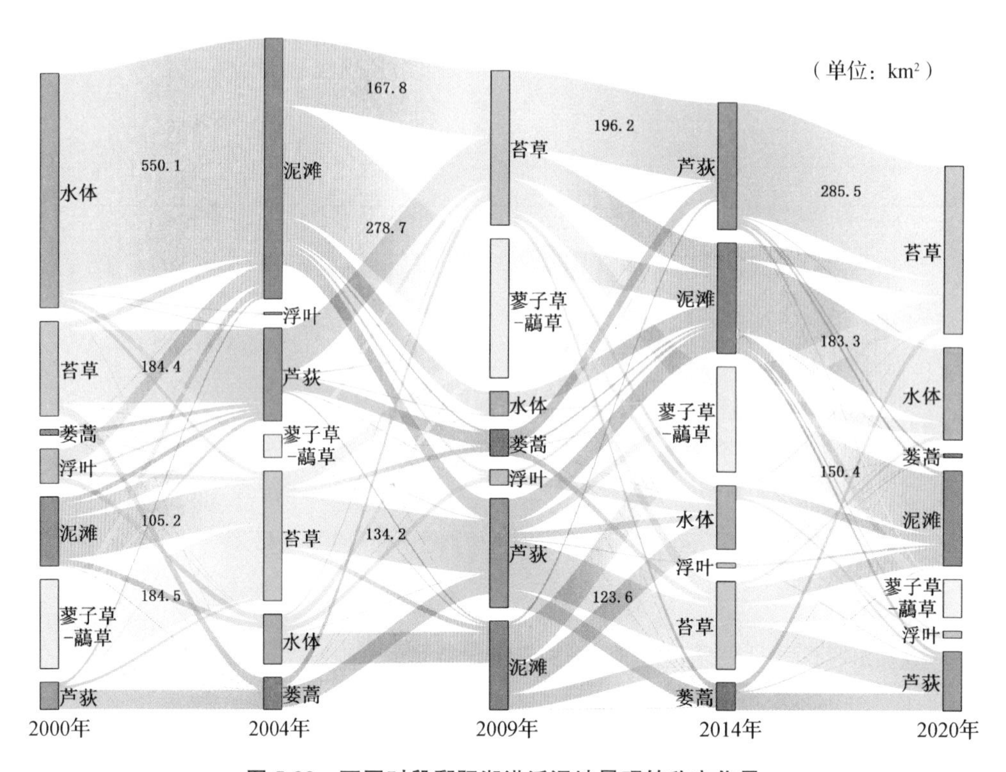

图5.33 不同时段鄱阳湖洪泛湿地景观转移变化量

表 5.6　2000—2004 年鄱阳湖洪泛湿地景观类型变化转移矩阵　（单位：km^2）

		2004 年								
		蓼子草-藨草	浮叶	林地	蒌蒿	芦荻	泥滩	水体	苔草	未知
	蓼子草-藨草	8.8	0.1	0.0	1.7	11.4	25.6	0.4	**184.5**	0.0
	浮叶	0.4	15.6	0.0	0.2	7.2	48.7	17.3	13.3	0.0
	林地	0.0	0.0	0.0	0.3	0.3	0.0	0.0	0.0	0.0
	蒌蒿	0.2	0.0	0.0	24.6	12.0	1.0	0.1	1.1	0.2
2000 年	芦荻	1.5	0.2	0.0	48.9	193.6	7.7	1.2	8.6	1.0
	泥滩	34.6	0.6	0.0	1.5	15.0	493.9	16.7	**105.2**	0.2
	水体	17.3	4.7	0.0	0.3	3.3	**550.1**	445.8	12.7	0.3
	苔草	3.9	0.1	0.0	28.0	**184.4**	20.2	1.0	581.0	0.7
	未知	0.0	0.0	0.0	1.3	2.2	1.5	0.1	6.4	5.6
2000—2004 年		−165.8	−81.4	−0.6	67.6	166.7	481	−551.9	93.5	−9.1

表 5.7　2004—2009 年鄱阳湖洪泛湿地景观类型变化转移矩阵　（单位：km^2）

		2009 年								
		蓼子草-藨草	浮叶	林地	蒌蒿	芦荻	泥滩	水体	苔草	未知
	蓼子草-藨草	38.2	0.3	0.0	1.4	3.6	4.6	0.2	18.4	0.0
	浮叶	0.4	16.0	0.0	0.0	1.3	0.7	1.3	1.7	0.0
	林地	0.0	0.0	0.0	0.0	0.0	0.0	0.0	0.0	0.0
	蒌蒿	0.9	0.1	0.0	30.0	51.0	1.0	0.2	22.3	1.2
2004 年	芦荻	5.4	2.9	0.2	33.7	263.2	6.3	3.4	112.7	1.7
	泥滩	**278.7**	11.1	0.0	6.5	49.2	578.8	55.8	**167.8**	0.6
	水体	22.9	15.9	0.0	0.1	2.0	77.5	357.9	6.1	0.2
	苔草	40.8	2.2	0.0	14.5	**134.2**	15.1	1.4	704.3	0.3
	未知	0.0	0.0	0.0	0.4	0.9	0.2	0.0	0.8	5.5
2004—2009 年		320.6	27.1	0.2	−20.1	75.9	−464.3	−62.4	121.3	1.7

表 5.8 2009—2014 年鄱阳湖洪泛湿地景观类型变化转移矩阵 （单位：km²）

		2014 年								
		蓼子草-虉草	浮叶	林地	蒌蒿	芦荻	泥滩	水体	苔草	未知
2009 年	蓼子草-虉草	241.0	0.1	0.0	0.9	3.5	79.0	24.3	37.9	0.7
	浮叶	0.7	9.8	0.0	0.0	1.2	9.3	27.0	0.5	0.0
	林地	0.0	0.0	0.1	0.0	0.1	0.0	0.0	0.0	0.0
	蒌蒿	2.5	0.2	0.0	19.0	38.7	6.1	0.6	18.6	0.9
	芦荻	25.7	3.1	0.6	44.3	229.5	58.0	18.7	**123.6**	1.9
	泥滩	101.8	0.8	0.0	1.3	8.7	460.6	71.5	38.9	0.7
	水体	4.1	0.9	0.0	0.0	1.0	45.6	368.0	0.6	0.1
	苔草	79.7	1.3	0.2	16.6	**196.2**	75.6	18.6	643.9	1.8
	未知	0.1	0.0	0.1	0.9	1.4	0.5	0.1	0.4	6.1
2009—2014 年		68.2	−32.3	0.8	−3.6	−25.1	50.4	108.5	−169.5	2.6

表 5.9 2014—2020 年鄱阳湖洪泛湿地景观类型变化转移矩阵 （单位：km²）

		2020 年								
		蓼子草-虉草	浮叶	林地	蒌蒿	芦荻	泥滩	水体	苔草	未知
2014 年	蓼子草-虉草	191.3	0.9	0.0	0.2	9.3	**150.4**	32.9	70.3	0.2
	浮叶	0.1	3.6	0.0	0.0	2.7	6.3	2.8	0.7	0.0
	林地	0.0	0.0	0.8	0.0	0.1	0.0	0.0	0.0	0.0
	蒌蒿	3.5	0.1	0.1	12.5	43.9	1.3	0.2	20.3	1.2
	芦荻	11.1	0.9	1.8	7.4	158.4	10.0	3.5	**285.5**	1.7
	泥滩	32.4	6.3	0.0	0.3	12.7	456.9	**183.3**	42.4	0.5
	水体	0.1	7.9	0.0	0.0	1.6	24.8	492.2	2.2	0.0
	苔草	48.5	1.6	0.3	2.2	78.9	45.5	9.4	677.7	0.5
	未知	0.8	0.0	0.1	0.4	1.0	1.3	0.3	1.6	6.4
2014—2020 年		−167.7	5.1	2.2	−60.1	−171.7	−38.3	195.8	236.1	−1.4

5.7 鄱阳湖洪泛湿地景观类型变化影响因素

湿地植被演替及空间格局动态变化受多种因素影响，其中水文过程起到关键作用，水位的变化会对湿地植被生长发育和植物群落结构等产生重要影响（谭志强　等，2022；姚鑫　等，2014）。本章研究发现，鄱阳湖湿地植被面积在 2000 年以来呈一定程度的增加，并不断向湖心扩张，这与他人研究结果具有较好的一致性。Zheng等（2021）比较了三峡工程运行前后鄱阳湖湿地植被覆盖度，发现 2003 年后植被增长速率加快。Han 等（2018）研究发现 2000—2014 年鄱阳湖湿地植被总面积及苔草、虉草-蓼子草、芦苇-南荻群落面积均有明显的增加趋势。2000 年以来，鄱阳湖水位持续偏低，8 m 以下水位持续时间延长了 13 d，尤其 9—10 月退水速率显著增加，退水时间提前了 20～75 d（张萌　等，2013；刘晓波　等，2021；叶许春　等，2022）。洲滩出露时间提前，面积扩大，这为植被生长提供了良好的条件，使得蓼子草-虉草群落和苔草群落快速占据低高程区生态位，尤其是苔草群落面积在极端干旱的 2011 年达近 1 500 km^2，为历年来最大，并且随着远离水边界区域水体的减少，芦苇、南荻等耐旱植被也加速生长和扩张。游海林等（2016）、Chen 等（2014）研究发现，鄱阳湖湿地各类型植物群落面积与水位呈负相关关系，退水季节的低水情提高了鄱阳湖湿地植被正向演替的速率。Han 等（2018）发现，当水深从 1.8～2.1 m 降低到 1.5～1.8 m 时，苔草群落出现的概率从 24.5％增加到 41.8％，当水深从 0.9～1.2 m 下降到 0.6～0.9 m 时，芦苇-南荻群落出现概率增加到 64.8％。于文琪等（2018）的研究也发现，苔草带出露时间在 3 个月以上，年内水位极差大于 11.3 m 且年内平均水位在 14 m 以下时，苔草群落会具有更好的长势。另一方面，水位过高及持续时间延长会抑制湿地植物群落的增长。例如，在欧洲近 60 个湖泊湿地的研究中发现，极端洪水导致芦苇群落面积显著减少（Brix，1999），持续的高水位在一定程度上抑制了芦苇、南荻的生长（Vretare et al.，2001）。而鄱阳湖最近几年苔草群落面积减小，尤其是 2012 年、2016 年和 2020 年芦荻群落面积显著低于其他年份，这可能与这几年鄱阳湖水位偏高有关。Dai 等（2019）的研究也有类似发现，他们认为鄱阳湖丰水季节的高水情会抑制南荻-芦苇面积的增长。

同时，近十年来鄱阳湖湿地景观格局演变表现出苔草和芦荻两种优势植物群落相互转化的特征，这可能与水情变化影响不同植物群落间的竞争关系有关。苔草与芦苇、南荻生境毗邻，由于种间竞争对生存空间及资源产生争夺（陈伟 等，2004；秦先燕 等，2010），使两大群落分布面积呈现此消彼长的变化态势。有研究发现，淹水后，苔草为减少呼吸消耗的能量，地上部分逐渐枯萎，将大部分营养集中在地下，依靠发达的根状茎耐受淹水（王秋林 等，2017；Gao et al.，2016），而芦苇、南荻淹水时会伸长茎节来获取更多光照（Sakagami et al.，2013；Wang et al.，2014），这种逃逸策略会使茎节变纤细，抵御环境变化的能力下降。Tan 等（2016）及王若男等（2021）的研究发现，苔草的耐淹能力更强，当淹水时长超过 150 d，淹没深度超过 2 m 时，芦苇、南荻的恢复生长会受到抑制（李文 等，2018），而苔草的二次萌发却不受影响。但当受淹水的影响较小时，芦苇、南荻有更明显的繁殖竞争优势（王鑫 等，2019）。因此，在枯水年与丰水年，鄱阳湖退水后芦苇、南荻与苔草表现出不同的相对竞争优势，从而抢占彼此的生态位。

另外，研究发现鄱阳湖湿地植被分布存在明显的空间差异性，北部及东部湖区以苔草群落和蓼子草-虉草群落为主，而南部湖区主要为苔草和芦荻群落，且苔草群落在北部和东部湖区的增长趋势更为明显。Wang 等（2020）的研究同样发现鄱阳湖松门山岛北部和东部区域比其他区域的植被增长趋势更显著，并且认为地形高程和坡度之间的相互作用可以解释 55.8%的植被分布空间异质性。鄱阳湖北部湖区湖盆空间狭小，植物生长的滩地离水域较近，该区域受长江干流水情及湖泊水位变化的影响较大，更适宜耐淹能力较强的蓼子草-虉草群落和苔草群落；而鄱阳湖南部地势较高，与北部区域的高程差约 2～4 m，因此，芦荻群落和蒌蒿群落大多集中在该区域，而在北部湖区分布面积很小。总之，水文条件是鄱阳湖洪泛湿地植物群落分布与演替的主控因子，它直接影响湿地物种的萌发、存活、生长和繁殖，并通过种间竞争进一步决定植物群落的分布、演替、优势种群结构和物种多样性等（章光新 等，2008；Hammersmark et al.，2009），而地形的影响本质上也是水情影响的进一步延伸。

5.8 小　结

本章通过解译 2000—2020 年鄱阳湖洪泛湿地植被空间分布格局，分析了不同植物群落的时空动态特征及转移变化过程。主要结论如下：

(1) 鄱阳湖洪泛湿地植被EVI在年内呈现双峰形变化规律，分别在4月和9月达到峰值，且上半年峰值为年内最大值。这种双峰形变化特征主要是受植被本身生长节律和湖泊年内水位巨大波动造成的湿地植被淹没与出露变化的双重影响。在空间上，鄱阳湖区EVI年均值空间变化范围为−0.195～0.605，整体上呈现“北低南高”，并由湖心至洲滩至湖区边缘逐渐增加的分布格局。在年际变化上，EVI季节变化趋势大小依次为秋季(0.06/10 a)＞冬季(0.05/10 a)＞春季(0.04/10 a)＞夏季(−0.004/10 a)。春、秋两季，年际植被EVI的变化过程波动较大，夏、冬两季植被EVI的变化过程波动较小，湖区年EVI的长期增加趋势主要是由秋、冬两季EVI的增加所致。

(2) 鄱阳湖湿地植被主要以苔草群落为主，次优势种为芦荻群落，但在北部湖区蓼子草-虉草群落比苔草群落分布更广。在年际变化过程中，2014年前鄱阳湖湿地植被总体呈显著增加趋势，之后植被面积微弱减少。特别是蓼子草-虉草群落面积在不同区域均呈显著增加趋势，而苔草群落面积先增加后减小，芦荻群落未出现显著的趋势变化。

(3) 鄱阳湖湿地沿从低到高的高程梯度生长着蓼子草-虉草群落、苔草群落、芦荻群落、蒌蒿群落，且蓼子草-虉草群落和苔草群落在南部湖区的分布高程最高，其次是西部湖区，而芦荻群落和蒌蒿群落与之相反。湿地植被高程分布下限整体呈显著下降趋势，尤其是蓼子草-虉草群落在北部湖区的降幅最大，而苔草群落在西部和南部湖区的下降相对较快，蒌蒿群落的最大降幅在东部湖区。

(4) 鄱阳湖湿地景观的转移变化呈现出从水体→泥滩→低滩地植被(苔草群落、蓼子草-虉草群落)到苔草群落与芦荻群落相互转化的过渡性特征，尤其是与2000年湿地植被分布格局相比，2020年自湖心向外的水陆过渡带有大量的水体和泥滩被蓼子草-虉草群落及苔草群落侵占，同时，低滩地的部分苔草群落又被芦荻群落所代替，整体呈现高滩地植被向低滩地扩张，而低滩地植被向湖心扩张的态势。

【参考文献】

[1] Brix H, 1999. The European research project on reed die-back and progression (EUREED)[J]. Limnologica, 29(1): 5 - 10.

[2] Chen B, Chen L, Huang B, et al., 2018. Dynamic monitoring of the Poyang Lake wetland by integrating Landsat and MODIS observations[J]. ISPRS journal of

photogrammetry and remote sensing, 139: 75 - 87.

[3] Chen L, Jin Z, Michishita R, et al., 2014. Dynamic monitoring of wetland cover changes using time-series remote sensing imagery[J]. Ecological informatics, 24: 17 - 26.

[4] Dai X, Wan R, Yang G, et al., 2019. Impact of seasonal water-level fluctuations on autumn vegetation in Poyang Lake wetland, China[J]. Frontiers of Earth science, 13 (2): 398 - 409.

[5] Gao H, Tan H, Xie Y, et al., 2016. Morphological responses to different flooding regimes in Carex brevicuspis[J]. Nordic journal of botany, 34(4): 435 - 441.

[6] Hammersmark C T, Rains M C, Wickland A C, et al., 2009. Vegetation and water table relationships in a hydrologically restored riparian meadow[J]. Wetlands, 29 (3): 785 - 797.

[7] Han X, Feng L, Hu C, et al., 2018. Wetland changes of China's largest freshwater lake and their linkage with the Three Gorges Dam [J]. Remote sensing of environment, 204: 799 - 811.

[8] Sakagami J-I, John Y, Sone C, 2013. Complete submergence escape with shoot elongation ability by underwater photosynthesis in African rice, Oryza glaberrima Steud[J]. Field crops research, 152: 17 - 26.

[9] Tan Z Q, Zhang Q, Li M F, et al., 2016. A study of the relationship between wetland vegetation communities and water regimes using a combined remote sensing and hydraulic modeling approach[J]. Hydrology research, 47: 278 - 292.

[10] Vretare V, Weisner S E B, Strand J A, et al., 2001. Phenotypic plasticity in Phragmites australis as a functional response to water depth[J]. Aquatic botany, 69 (2 - 4): 127 - 145.

[11] Wang Q, Chen J, Liu F, et al., 2014. Morphological changes and resource allocation of Zizania latifolia (Griseb.) Stapf in response to different submergence depth and duration[J]. Flora, 209(5 - 6): 279 - 284.

[12] Wang S, Zhang L, Zhang H, et al., 2020. Spatial-temporal wetland landcover changes of Poyang Lake derived from Landsat and HJ - 1A/B data in the dry season from 1973 - 2019[J]. Remote sensing, 12(10).

[13] Xu P, Niu Z, Tang P, 2017. Comparison and assessment of NDVI time series for seasonal wetland classification[J]. International journal of digital Earth, 11(11): 1103 -1131.

[14] Zheng L, Xu J, Wang D, et al., 2021. Acceleration of vegetation dynamics in hydrologically connected wetlands caused by dam operation [J]. Hydrological processes, 35(2).

[15] Zhu X L, Jin C, Feng G, et al., 2010. An enhanced spatial and temporal adaptive reflectance fusion model for complex heterogeneous regions[J]. Remote sensing of environment, 114 (11):2610 - 2623.

[16] 陈伟，薛立，2004. 根系间的相互作用—竞争与互利[J]. 生态学报，24(6)：1243－1251.
[17] 纪伟涛，2017. 鄱阳湖—地形・水文・植被[M]. 北京：科学出版社.
[18] 李文，王鑫，何亮，等，2018. 鄱阳湖洲滩湿地植物生长和营养繁殖对水淹时长的响应[J]. 生态学报，38(22)：8176－8183.
[19] 李文，王鑫，潘艺雯，等，2018. 不同水淹深度对鄱阳湖洲滩湿地植物生长及营养繁殖的影响[J]. 生态学报，38(9)：3014－3021.
[20] 蔺亚玲，李相虎，谭志强，等，2023. 基于遥感时空融合的鄱阳湖洪泛湿地植物群落动态变化特征[J]. 湖泊科学，35(4)：1408：1422.
[21] 刘晓波，韩祯，王世岩，等，2021. 长江大保护视角下鄱阳湖湿地保护的研究思考[J]. 中国水利水电科学研究院学报，19(2)：201－209.
[22] 秦先燕，谢永宏，陈心胜，2010. 湿地植物间竞争和促进互作的研究进展[J]. 生态学杂志，29(1)：117－123.
[23] 谭志强，李云良，张奇，等，2022. 湖泊湿地水文过程研究进展[J]. 湖泊科学，34(1)：18－37.
[24] 王秋林，陈静蕊，程平生，2017. 湿地植物灰化苔草对淹水的生态响应[J]. 水生态学杂志，38(1)：24－29.
[25] 王若男，刘晓波，韩祯，等，2021. 鄱阳湖湿地典型植被对关键水文要素的响应规律研究[J]. 中国水利水电科学研究院学报，19(5)：482－489.
[26] 王鑫，李文，郝莹莹，等，2019. 土壤湿度对鄱阳湖湿地植物芽库萌发和生长的影响[J]. 南昌大学学报(理科版)，43(3)：274－279.
[27] 姚鑫，杨桂山，万荣荣，等，2014. 水位变化对河流、湖泊湿地植被的影响[J]. 湖泊科学，26(6)：813－821.
[28] 叶春，2013. 基于遥感的鄱阳湖典型湿地植被生物量变化及其干旱响应研究[D]. 北京：中国科学院大学.
[29] 叶许春，吴娟，李相虎，2022. 鄱阳湖水位变化的复合驱动机制[J]. 地理科学，42(2)：352－361.
[30] 游海林，徐力刚，刘桂林，等，2016. 鄱阳湖湿地景观类型变化趋势及其对水位变动的响应[J]. 生态学杂志，35(9)：2487－2493.
[31] 于文琪，戴雪，杨颖，等，2018. 基于CART模型的鄱阳湖草滩苔草分布与水位波动要素关系[J]. 湖泊科学，30(6)：1672－1680.
[32] 余莉，2010. 基于遥感方法的鄱阳湖湿地动态变化研究[D]. 北京：中国科学院大学.
[33] 张萌，倪乐意，徐军，等，2013. 鄱阳湖草滩湿地植物群落响应水位变化的周年动态特征分析[J]. 环境科学研究，26(10)：1057－1063.
[34] 章光新，尹雄锐，冯夏清，2008. 湿地水文研究的若干热点问题[J]. 湿地科学，6(2)：105－115.

第六章　鄱阳湖湿地植物群落稳定性与生物量对水情变化的响应

6.1　引　　言

稳定性是生态系统存在的必要条件和功能表现，也是决定生态系统结构和功能能否正常运作的重要特征之一（张鹏　等，2016）。当外界干扰超过生态系统所能承受的阈值时，生态系统结构和功能就会发生相应改变，系统的稳定性降低，从而使生态平衡遭到破坏，造成生态系统退化（廖玉静　等，2009）。同时，稳定性也是一个非常难以量化的指标，在实际应用中，不同学者根据各自的研究背景解释稳定性，研究生物多样性保护的学者认为物种多样性和丰富度是保证稳定性的核心；还有学者认为初级生产力和生物量的变化也不容忽视（李荣　等，2011）。另外，对于稳定性的维持机制也一直是稳定性研究的热点，并提出了很多重要的理论，其中影响力最大的就是多样性-稳定性理论（高东　等，2010），该理论最早由 MacArthur 和 Elton 提出，他们发现生态系统的稳定性取决于系统的复杂性和多样性，认为大型复杂系统比简单系统的稳定性更强。之后，Tilman 等（1994，1996）、Naeem 等（1997）、Mcgrady-Steed 等（2000）经过长期的实验分析，也为多样性-稳定性理论提供了强有力的支撑。在国内，王国宏（2002）认为在种群和群落层次上，物种多样性可以提高群落稳定性。张立敏等（2010）利用中性理论分析方法同样得出群落中物种越丰富其结构就越稳定的结论。

本章侧重于分析不同水情条件下鄱阳湖洲滩湿地典型植物群落稳定性的变化特征；同时，基于遥感估算模型，分析典型植被生物量的时空分布格局，并进一步揭示其与鄱阳湖水情变化的响应关系。本章研究对维持鄱阳湖湿地生态系统的健康，保障其生态服务功能的发挥等具有重要的参考价值。

6.2 鄱阳湖湿地典型植物群落稳定性与多样性

6.2.1 植物群落稳定性与多样性分析方法

(1) 群落稳定性分析方法

本研究根据郑元润(2000)改进的 M.Godron 稳定性测定方法对鄱阳湖湿地植物群落稳定性进行评价。首先将群落中各物种的相对频度从大到小排列,然后计算出相对频度的累积百分数以及相对应的总种数倒数的累积百分数,建立数学模型拟合出最适宜的平滑曲线,其与直线 $y=100-x$ 的交点即稳定性参考点 (x,y)。交点坐标越接近稳定点 (20,80),群落稳定性越好;反之,稳定性越差。因此用曲线交点与稳定点之间的欧氏距离(ESD 值)作为指标进行比较,ESD 值越小的群落稳定性越好(闫东锋 等,2011),计算公式如式(6.1):

$$ESD=\sqrt{(x-20)^2+(y-80)^2} \tag{6.1}$$

经分别对线性、对数、二次函数和幂函数四种曲线类型平滑曲线拟合结果进行对比分析,发现采用二次函数的曲线拟合精度最高,R^2 达 0.90~0.99。因此,研究中基于二次曲线计算各植物群落稳定性值,即求解平滑曲线 $y=ax^2+bx+c$ 与直线方程 $y=100-x$ 的交点,交点坐标为$\left(\frac{-(b+1)\pm\sqrt{(b+1)^2-4a(c-100)}}{2a},100-\frac{-(b+1)\pm\sqrt{(b+1)^2-4a(c-100)}}{2a}\right)$。选择 x 值在 0~100 的坐标点,求其与稳定点(20,80) 之间的欧式距离。

(2) 物种多样性分析方法

本研究选取 Shannon-Wiener 多样性指数(H')、Pielou 均匀度指数(J)进行物种多样性分析。其中,H'可综合反映群落内的均匀度和丰富度,值越大表明群落复杂程度越高,即群落内所含信息量越大;J 可反映群落内个体数量分布的均匀程度,值越大代表种间的个体差异程度越小,群落中各物种分布越均匀。计算公式如式(6.2)和式(6.3)：

$$H' = -\sum P \cdot \ln P \tag{6.2}$$

$$J = H'/\ln S \tag{6.3}$$

其中，重要值 P =(相对高度+相对密度)/2，相对高度=某物种的高度/样方内所有物种平均高度和；相对密度=某物种的数量/所有物种的数量；S 是某样方中的物种总数。

6.2.2 鄱阳湖典型湿地植物群落稳定性特征

根据改进的 M.Godron 法计算的典型洲滩湿地狗牙根群落和芦苇-南荻群落的 ESD 值如图 6.1 所示。可以看出，狗牙根群落的 ESD 值分布在 0～42，但以 25～35 区间最为集中，均值为 28.42；芦苇-南荻群落的 ESD 值也在 0～42 范围内，但大部分值分布在 10～30，均值为 17.82。整体而言，芦苇-南荻群落的稳定性显著高于狗牙根群落($p<0.05$)。

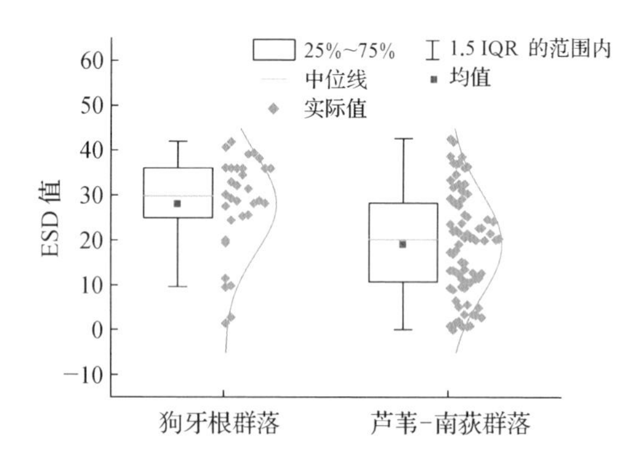

图 6.1 鄱阳湖典型洲滩湿地不同植物群落稳定性对比

为进一步探究典型洲滩湿地植物群落稳定性在不同水情阶段的变化规律，图 6.2 分析了狗牙根群落和芦苇-南荻群落的 ESD 值在不同水情阶段的分布。从图中可看出，狗牙根群落的 ESD 均值在涨水期(3—5 月)、丰水期(6—8 月)、退水期(9—11 月)及枯水期(12—2 月)分别为 25.38、36.60、27.68 和 24.00，其中丰水期的 ESD 值最大，即狗牙根群落在丰水期稳定性最差，其余三个时段的 ESD 值无显著差异($p>0.05$)。

芦苇-南荻群落在不同水情阶段的ESD均值分别为24.60、26.04、10.28和10.38，其中涨水期和丰水期的值显著高于退水期和枯水期（$p<0.05$），表明芦苇-南荻群落的稳定性在退水期和枯水期较好。另外，通过对比发现，在鄱阳湖涨水期，狗牙根群落与芦苇-南荻群落ESD值分布范围较接近，两个群落稳定性无显著性差异（$p>0.05$）。在其他水情阶段，狗牙根群落ESD值都高于芦苇-南荻群落，尤其是在退水期和枯水期，二者ESD值差异更显著，表明在鄱阳湖退水和枯水期，芦苇-南荻群落稳定性比狗牙根群落更好（薛晨阳 等，2022）。

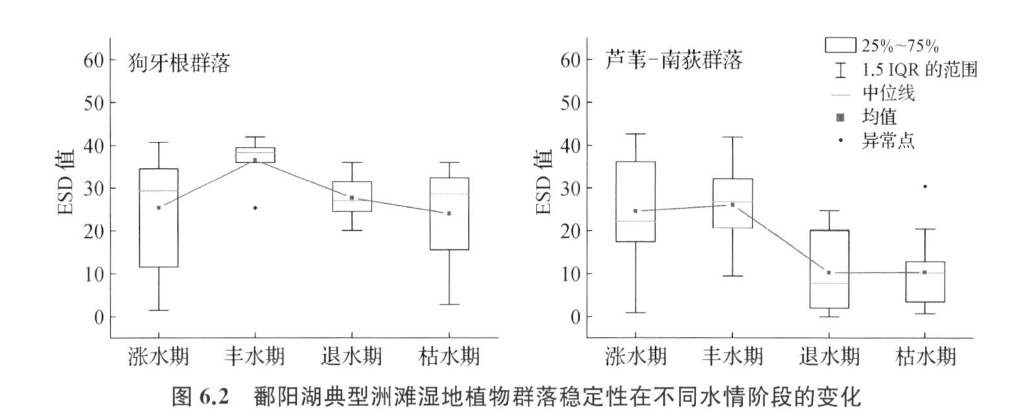

图6.2 鄱阳湖典型洲滩湿地植物群落稳定性在不同水情阶段的变化

6.2.3 鄱阳湖典型湿地植物群落物种多样性特征

鄱阳湖典型洲滩湿地狗牙根群落和芦苇-南荻群落的Shannon-Wiener多样性指数、Pielou均匀度指数值分布如图6.3所示。从图中可以看出，狗牙根群落的Shannon-Wiener值大致分布在0.3～0.7，均值为0.52，芦苇-南荻群落的Shannon-Wiener值在0.1～1.5，均值为0.65，芦苇-南荻群落的物种多样性显著高于狗牙根群落（$p<0.05$）。而对于Pielou指数，狗牙根群落的变化范围为0.4～1.0，均值为0.62，芦苇-南荻群落在0.1～1.0，均值为0.64，二者很接近且无显著差异（$p>0.05$），表明两个植物群落的物种均匀程度相似（薛晨阳 等，2022）。

图6.4为典型洲滩湿地植物群落的Shannon-Wiener多样性指数、Pielou均匀度指数值在不同水情阶段的变化。由图可知，狗牙根群落在涨水期（3—5月）、丰水期（6—8月）、退水期（9—11月）及枯水期（12—2月）的Shannon-Wiener指数均值分别为

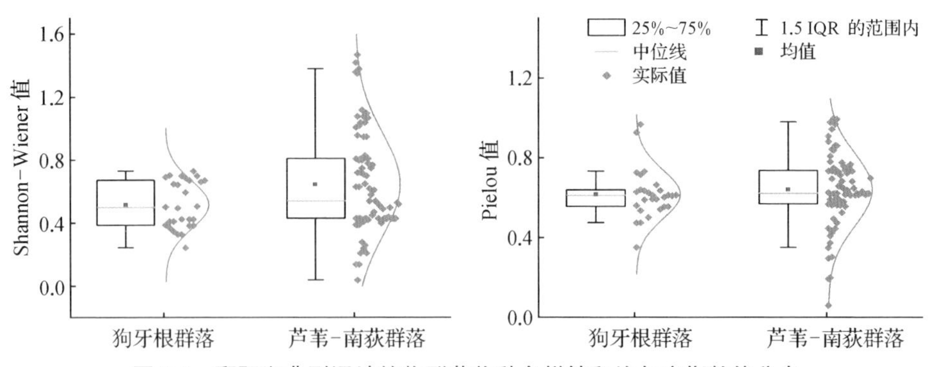

图 6.3 鄱阳湖典型湿地植物群落物种多样性和均匀度指数值分布

0.50、0.51、0.58 和 0.50，Pielou 指数平均值分别为 0.61、0.64、0.60 和 0.63，二者在不同水情阶段并无显著性差异($p>0.05$)。芦苇-南荻群落在不同水情阶段的 Shannon-Wiener 指数均值分别为 0.81、0.70 、0.41 和 0.54，Pielou 指数均值分别为 0.69、0.70、0.54和 0.59，不同水情阶段的差异性显著($p<0.05$)，涨水期和丰水期的多样性指数高于退水期和枯水期。鄱阳湖的涨水期和丰水期是湿地植物的生长期，其中丰水期是植物迅速生长的时期，但群落多样性并没有显著升高，说明丰水期的水位波动会对物种多样性产生一定的影响(薛晨阳 等，2022)。

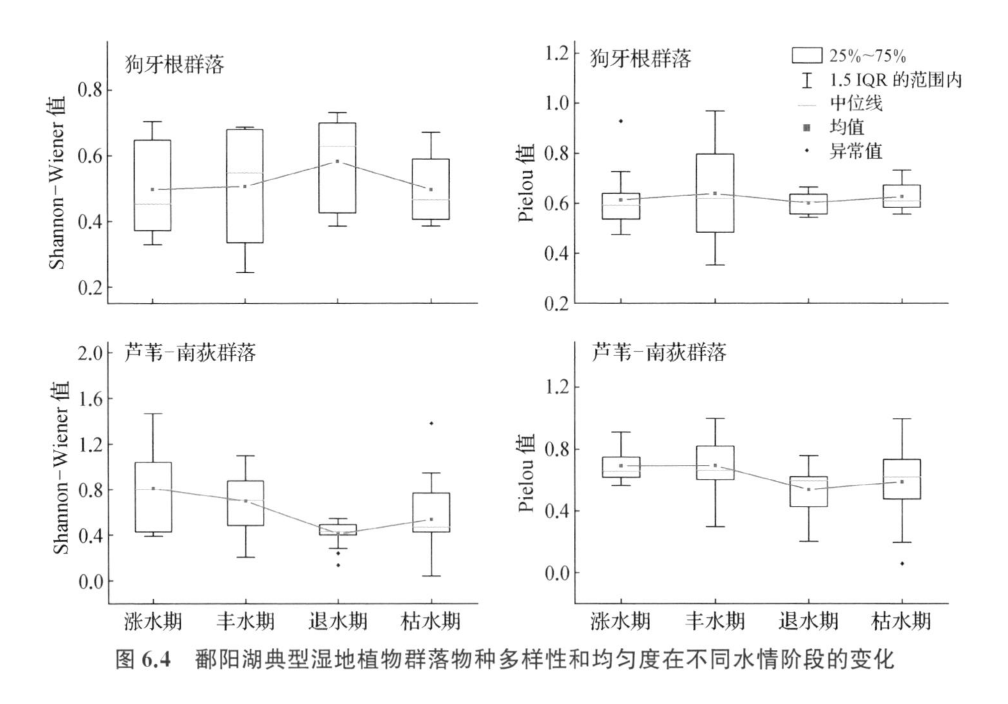

图 6.4 鄱阳湖典型湿地植物群落物种多样性和均匀度在不同水情阶段的变化

6.2.4　鄱阳湖典型湿地植物群落稳定性与物种多样性的关系

对狗牙根群落和芦苇-南荻群落的 ESD 值与 Shannon-Wiener 指数、Pielou 指数分别进行相关分析，结果如图 6.5 所示。由图可知，狗牙根群落的 ESD 值与 Shannon-Wiener 指数呈负相关关系（$r=-0.12$），而与 Pielou 指数呈正相关关系（$r=0.11$），但二者的相关性均不显著（$p>0.05$），表明狗牙根群落物种多样性的年内变化对群落稳定性的影响作用不明显，可能因为该群落的物种多样性较低且年内变幅小。对于芦苇-南荻群落，ESD 值与 Shannon-Wiener 指数和 Pielou 指数均呈显著的正相关关系（$p<0.05$），即物种多样性和均匀度越高，ESD 值也越大，其群落稳定性有降低趋势，但这种相关关系极弱，没有很好的预测效果（薛晨阳　等，2022）。

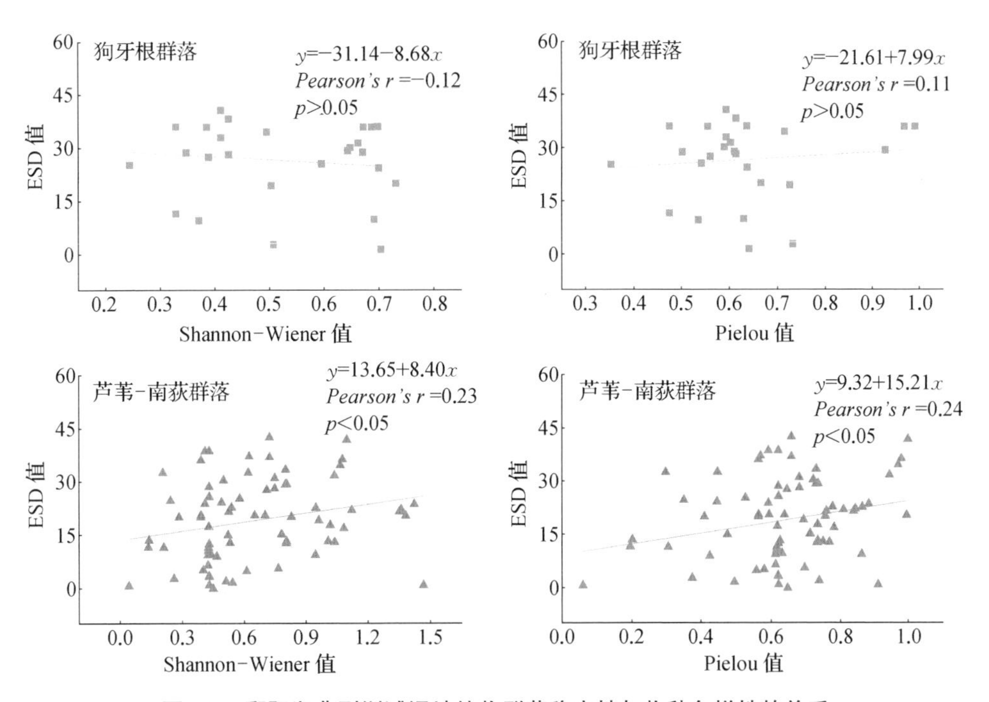

图 6.5　鄱阳湖典型洲滩湿地植物群落稳定性与物种多样性的关系

在鄱阳湖水情变化的不同阶段，湿地植物群落 ESD 值与 Shannon-Wiener 指数（H'）、Pielou 指数（J）的相关关系也存在一定的差异（表 6.1）。从表中可以看出，在涨水期，狗牙根群落的 ESD 值与多样性指数无显著相关关系，芦苇-南荻群落的

ESD值与 H'和 J 显著负相关，即物种多样性和均匀度越高，群落稳定性越高；在丰水期，狗牙根群落与芦苇-南荻群落 ESD值都与 H'和 J 呈正相关关系，其中芦苇-南荻群落 ESD值与 H'的关系达到了 0.01 的显著性水平，即物种多样性越高，群落稳定性越低；而在退水期正好相反，两个湿地植物群落的 ESD值与 H'和 J 都呈负相关关系，其中狗牙根群落的 ESD值与物种多样性指数达到 0.05 的显著性水平，表明在退水时段，物种多样性越高，群落稳定性也越高；在枯水期，芦苇-南荻群落 ESD值与 H'和 J 呈显著正相关（$p<0.05$）。这可能是因为狗牙根群落的物种多样性在退水期较高（$H'=0.58$），芦苇-南荻群落的物种多样性在涨水期较高（$H'=0.81$），所以能通过互补效应和保险效应实现对群落稳定性的正效应（薛晨阳 等，2022）。

表 6.1　典型湿地植物群落 ESD 值与物种多样性在不同水情阶段的相关系数

	涨水期		丰水期		退水期		枯水期	
	H'	J	H'	J	H'	J	H'	J
狗牙根群落	−0.19	0.07	0.72	0.70	**−0.73***	−0.64	/	/
芦苇-南荻群落	**−0.49****	**−0.50***	**0.54****	0.37	−0.36	−0.43	**0.42***	**0.43***

注：* 代表在 0.05 水平上显著，** 代表在 0.01 水平上显著。

大量研究认为植物群落的物种多样性在一定程度上促进了群落的稳定性，并以物种多样性的大小来表征群落稳定性（姚天华 等，2016；Yang et al.，2012；Cottingham et al.，2001）。本研究发现鄱阳湖湿地植物群落的物种多样性对稳定性没有明显的促进作用，仅在多样性较高的阶段有一定的正效应。这可能是因为物种多样性仅在一定阈值内能促进群落稳定性（于晓文 等，2015），并不能完全代表群落稳定性高低。其他一些研究也认为多样性与稳定性没有明确的相关关系，陈璟（2010）认为多样性与稳定性的关系与群落自身特征有关；张景慧等（2016）认为非生物因子会同时影响稳定性和多样性，从而使生物多样性对稳定性的影响难以预测；近来还有一些研究认为种间关系和群落结构是影响群落稳定性的重要因素（简小枚 等，2018）。鄱阳湖水位年内变幅巨大，使得植物群落处于一定的动态变化之中，且水分条件会同时影响多样性和群落稳定性，但以往的研究多关注多样性在不同季节的变化（李冰 等，2016），对稳定性随季节的变化关注较少，本研究发现群落稳定性在不同季节的情况也有所差异,但与多样性的变化不同,相关分析的结果也表示难以通过物种多样性预测群落稳定性的变化。因此,鄱阳湖湿地植物群落稳定性与多样性并非单一的线性相关关系,物种多样性只能体现群落稳定性的某些方面,但不是群落稳定性的决定因素,群落所含物种的自身特征以及所处环境因子均会影响群落稳定性(薛晨阳 等,2022)。

6.2.5 土壤含水量与养分对植物群落稳定性和多样性的影响

(1) 土壤含水量的影响

鄱阳湖典型洲滩湿地狗牙根群落带和芦苇-南荻群落带土壤含水量特征如图 6.6 所示。由图可知,狗牙根群落带由于地势较高,土壤含水量普遍较低,大致在 0～25% 变化,均值为 11.76%,其中在退水期和枯水期,土壤含水量不足 10%;芦苇-南荻群落带的土壤含水量较高,基本在 30%～55%,均值为 44.46%,退水期和枯水期相对较低。经分段统计狗牙根群落带和芦苇-南荻群落带不同土壤含水量区间所对应的群落 ESD 值,发现植物群落稳定性对土壤水分存在最优区间(图 6.7)。对于狗牙根群落,当土壤含水量在 15%～20%时,群落 ESD 值最低,此时对应的狗牙根群落稳定性最高,当土壤含水量超过 20%或低于 15%时,群落 ESD 值都有增大的趋势,都不利于群落稳定性的提高。对于芦苇-南荻群落,当土壤含水量在 35%～40%时其 ESD 值最小,群落稳定性最高,当土壤含水量超过 40%,甚至 45%以上时,群落 ESD 值增大,并不利于群落稳定性的提高(薛晨阳 等,2022)。

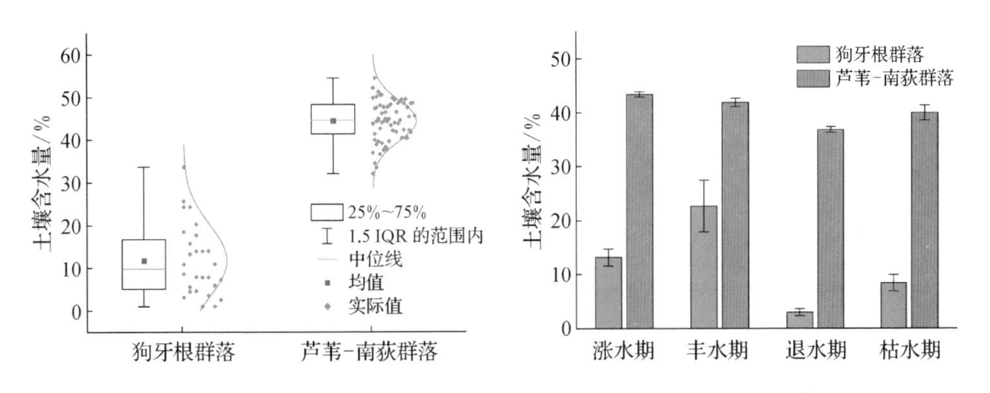

图 6.6 鄱阳湖典型洲滩湿地不同植物群落土壤含水量特征

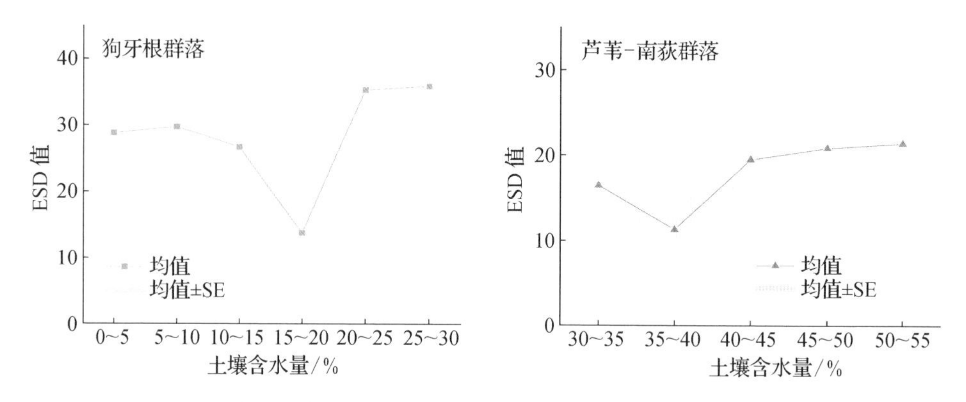

图 6.7　鄱阳湖典型洲滩湿地植物群落稳定性与土壤含水量的关系

另外,有研究表明稳定性受植物的生活型、生活史特征以及环境因子等的影响(张继义 等,2010)。在本研究中,狗牙根群落的物种多为中生性和旱生植物,植株矮小,根系分布浅,以降水和土壤含水量为主要水分来源,但降雨主要集中在4—6月,且其分布高程的土壤含水量一般低于15%,较低的土壤水分含量易使植物根系水分不足,限制植物的生长发育,进一步造成群落多样性和稳定性较低(王恒方 等,2017)。而芦苇-南荻群落距离湖面近,受湖水和地下水的补给较多,其分布高程的土壤含水量始终在40%左右,且全年变化较稳定,适宜的水分条件保证了湿生植物的生长发育,所以该群落的物种多样性和稳定性较高(王鲜鲜 等,2013)。丰水期正值植物的生长旺期,其群落结构和物种组成更复杂,但湖水位上涨造成大面积洲滩被淹没,狗牙根群落带的土壤含水量超过了20%,芦苇-南荻群落带的土壤含水量接近45%,均超过了群落稳定性的最优区间,所以稳定性偏低。而芦苇和南荻植株高大,在淹水时可以通过茎秆伸长等逃逸的策略来抵抗厌氧和淹水胁迫,所以其稳定性依然高于狗牙根群落(李文 等,2018;李晓宇 等,2016)。

(2) 土壤养分的影响

湿地土壤pH和养分状况对植物群落稳定性和多样性也有一定的影响。研究发现,pH值低的土壤中微生物多样性较大,有利于腐殖质的分解,可增加土壤中有机质的含量(李秀清 等,2019),而有机质和养分丰富的土壤有利于植物的生长(沈艳 等,2015)。许加星等(2013)发现鄱阳湖洲滩土壤有机碳含量、全氮含量和全磷含量对植物群落优势种高度有较大的促进作用；罗琰等(2016)也在内蒙古辉河湿地发现土壤TN、TP含量是影响植物多样性的主要因子。在本研究区，芦苇-南荻群落带的土壤pH值最低，而TP、TK、TN及TC含量最高，这也进一步提高了芦苇-南荻群落的稳定性和多样性。而茵陈蒿群落带土壤pH值最大，土壤中TP、TK、TN和TC含量较低，较差的土壤养分状况限制了植被的生长，使该群落稳定性及物种多样性最低(表6.2)。

表6.2　鄱阳湖湿地植物群落的土壤养分状况

	pH	TP (mg/g)	TK (mg/g)	TN (mg/g)	TC (mg/g)
茵陈蒿群落	5.8	0.22	22.18	0.69	6.80
芦苇-南荻群落	5.2	0.50	24.78	2.68	33.60
灰化薹草群落	5.7	0.46	23.07	1.91	21.10

6.3　鄱阳湖湿地典型植物群落生物量时空格局特征

6.3.1　生物量遥感估算模型优选

湿地植被生长过程并非直线性递增，为构建鄱阳湖湿地植被生物量最优遥感估算模型，将2019—2020年45个实测地上生物量数据(AGB)及对应日期的NDVI数据构建散点图，分别选择线性、二次多项式、三次多项式、指数和乘幂函数5种模型进行回归分析，如图6.8所示。其中，三次多项式回归对AGB-NDVI对应关系的拟合效果最佳，决定性系数R^2=0.83。因此，本研究选择的鄱阳湖湿地植被生物量最优遥感估算模型为三次多项式回归模型，其公式为

$$y = 8\,368.25x^3 - 7\,576.17x^2 + 3\,243.42x + 75.49 \tag{6.4}$$

式中：y表示估算的生物量，单位为g/m^2；x为NDVI值。

此外，结合预留的19个样点实测数据，采用预测吻合度G和均方根误差RMSE指标，对构建的估算模型进行精度验证。估算生物量同实测生物量之间RMSE=51.8 g/m^2，G=71.7%，整体精度较好。

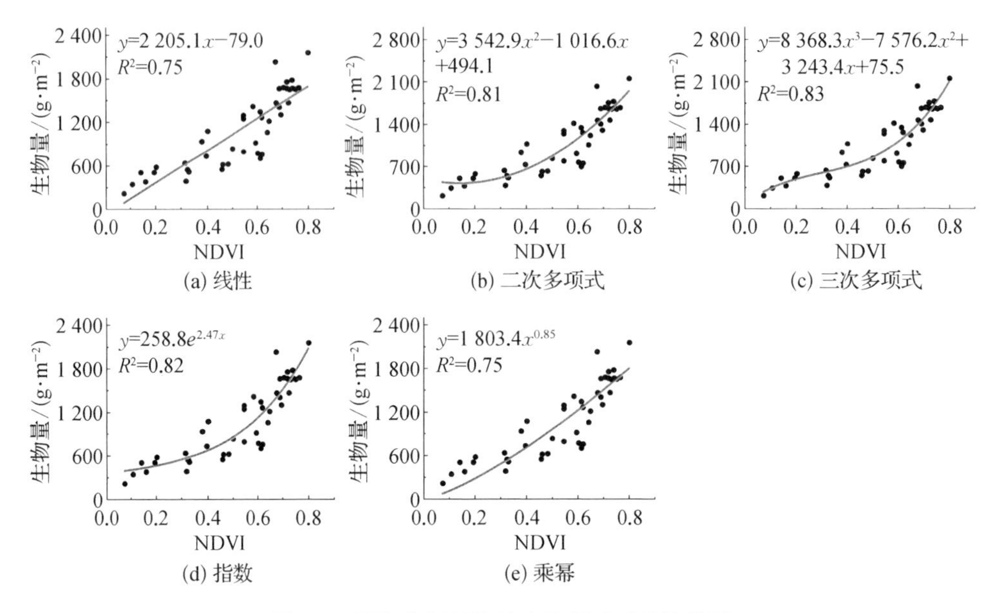

(a) 线性　(b) 二次多项式　(c) 三次多项式　(d) 指数　(e) 乘幂

图 6.8　鄱阳湖湿地植被生物量遥感估算模型

6.3.2　典型植物群落生物量时间变化特征

(1) 典型湿地植物群落生物量年内变化

基于 NDVI 指数时序影像，通过已建立的生物量最优拟合模型对鄱阳湖湿地植被生物量进行估算，有效重建了鄱阳湖不同湿地植被生物量的年内动态变化过程。图 6.9 显示了 2000—2020 年鄱阳湖湿地植被生物量和生物量总值年内变化过程。由图可知，鄱阳湖湿地植被生物量存在明显的季相变化，即春季、秋季为生物量主要增长期，夏季高水位期、冬季低温期为生物量增长抑制期。春初，鄱阳湖湿地植被进入萌发生长期，植株地上部分生物量开始增加，在 3—5 月进入生长旺盛期，4 月达到春季最高，多年平均值为 1 115.75 g/m²，之后随着汛期来临，洲滩湿地大部分被洪水淹没，生物量逐渐降低，在 7、8 月降至最低。秋季，在汛期湖水退落之后，苔草再次萌发，芦苇、南荻等植被继续生长，植被生物量随之增长至 10 月达到秋季最高值 775.73 g/m²。在两个生长旺盛期，春季植被活动明显强于秋季，春季(3—5 月)植被生物量多年均值为 1 022.14 g/m²，高于秋季(9—12 月)的 731.52 g/m² 约 40%。湿地植被生物量总值年内动态变化过程与生物量年内动态变化过程相似，在 4 月达到春季峰值 224.75×10^7 kg，但秋季生物量总值高峰一直持续至 12 月，达到 151.55×10^7 kg(图 6.9(b))。

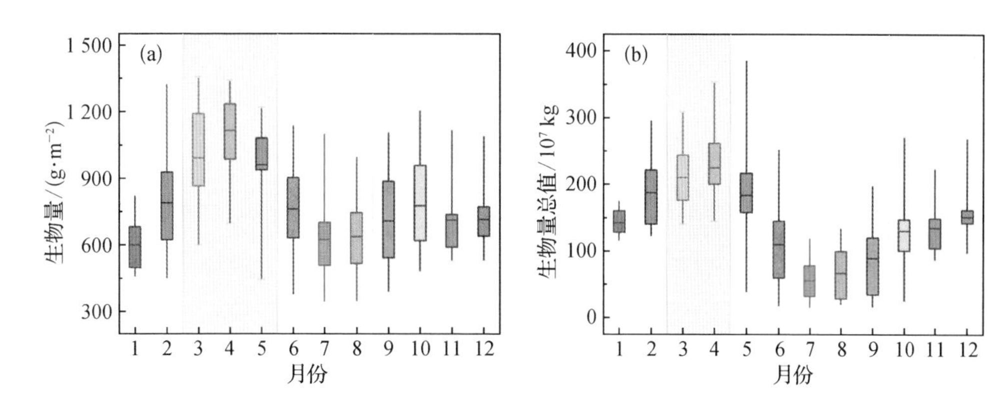

图 6.9　2000—2020 年鄱阳湖湿地植被生物量和生物量总值年内变化

结合解译的 2000—2020 年鄱阳湖湿地景观格局分布，以鄱阳湖洪泛湿地内最为典型的苔草、芦荻、蒌蒿和蓼子草-虉草四种植物群落为例，分析其生物量(图 6.10)和生物量总值(图 6.11)的年内变化规律。由图 6.10 可知，苔草群落和芦荻群落有春季和秋季两个主要的生长期，并且春季生物量整体高于秋季，而蒌蒿群落和蓼子草-虉草群落为单生长期。春季，苔草群落和芦荻群落都在 4 月达到生物量最高值，分别为 1 351.84 g/m^2 和 1 528.47 g/m^2，但苔草群落的生长旺季主要在 3—4 月，随着汛期的来临，到 5 月生物量已降低 24%，而芦荻群落的生长旺季主要在 4—5 月，其在汛期被淹水的时间晚于苔草群落，至 6 月生物量才大幅下降。秋季，在湖泊退水后，芦荻群落率先生长，至 10 月达到秋季生物量峰值 971.84 g/m^2，随后枯萎死亡，苔草群落出露水面时间相对较晚，但可旺盛生长至 12 月，甚至持续到下一年，生物量从 9 月持续增长至 12 月达到 889.17 g/m^2。蒌蒿群落的主要生长期在 4—6 月，其生物量峰值出现在 5 月，为 1 220.32 g/m^2，随后逐渐降低直至枯萎死亡。蓼子草-虉草群落的生物量整体在 500～700 g/m^2 波动，生物量高值主要出现在 2 月、3 月和 12 月，2 月达到最高值 655.94 g/m^2。总体来看，芦荻群落的生物量最高，苔草群落和蒌蒿群落分列二、三位，蓼子草-虉草群落生物量最低。

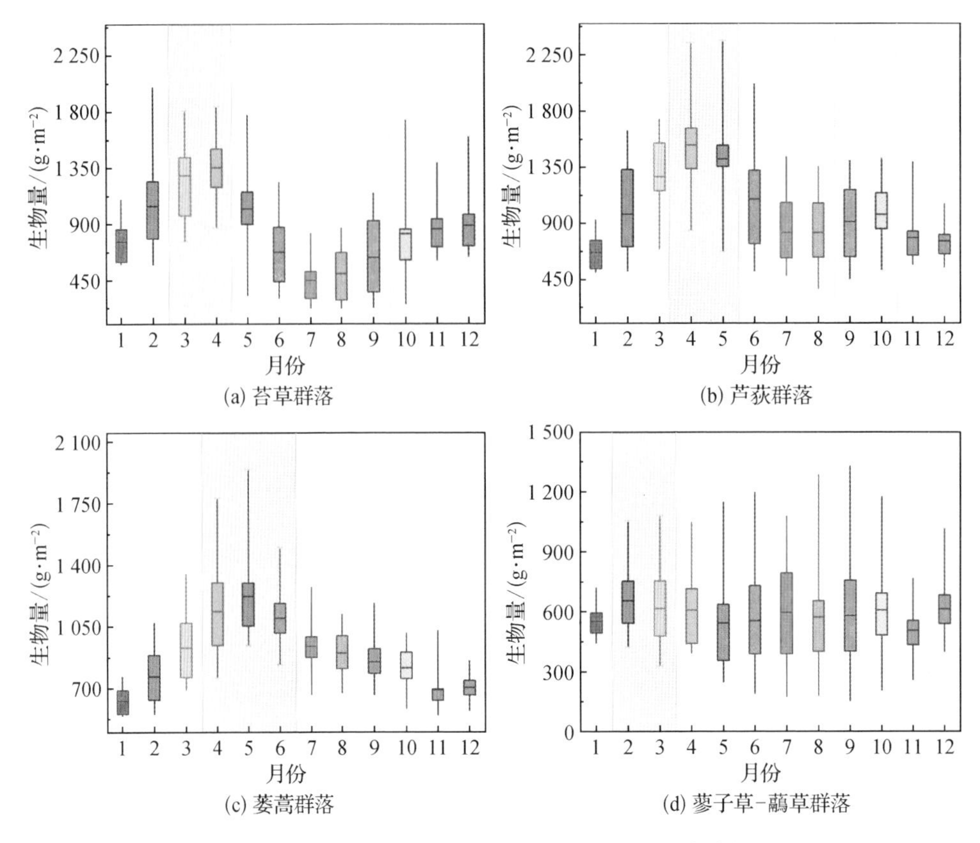

图 6.10　鄱阳湖典型湿地植物群落生物量年内变化

对比图 6.10 和图 6.11 发现，苔草群落、芦荻群落和蒌蒿群落的生物量总值年内变化规律与其生物量年内变化规律类似。由图 6.11 可知，苔草群落和芦荻群落在 4 月达到春季生物量总值最高值，分别为 123.72×10^7 kg 和 61.67×10^7 kg，二者又分别在 12 月和 10 月达到秋季生物量总值峰值 80.39×10^7 kg 和 38.95×10^7 kg。蒌蒿群落的生物量总值峰值 8.49×10^7 kg 同样出现在 5 月。蓼子草-虉草群落在 2 月达到最高生物量总值 20.22×10^7 kg，但其生物量总值年内变化规律与生物量年内变化规律在湖泊丰水期存在较大差异，可能是由于蓼子草-虉草群落分布高程较低，距离水域很近，受湖泊水位变化的影响较大，在丰水期出露面积很小，因此在 6—9 月的生物量总值很低。此外，与四种典型植物群落生物量高低顺序不同，湿地内分布最广的苔草群落生物量总值远高于其他植物群落，芦荻群落和蓼子草-虉草群落位列其后，生物量总值最低的是蒌蒿群落。

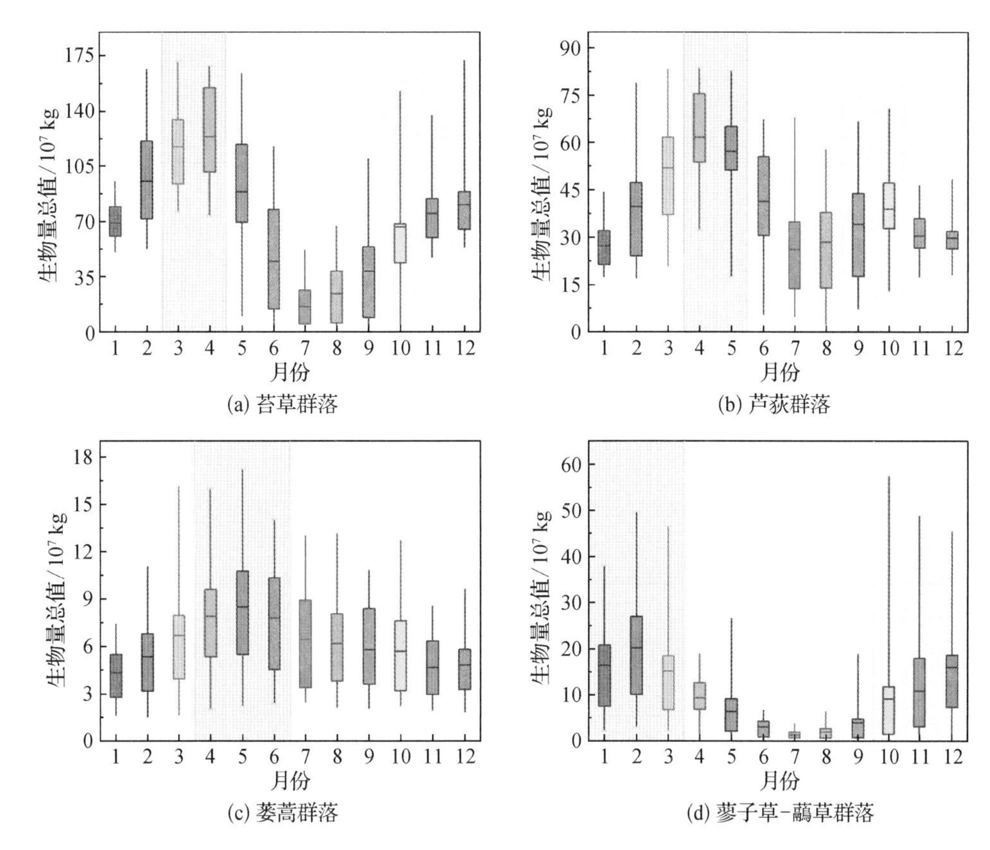

图 6.11　鄱阳湖典型湿地植物群落生物量总值年内变化过程

(2) 典型湿地植物群落生物量年际变化

以最优生长条件下的生物量，即逐像元月生物量最大值代表年生物量。图 6.12 显示了 2000—2020 年鄱阳湖湿地植被生物量和生物量总值的年际变化过程。湿地植被生物量整体呈先减小后增加趋势，从 2000 年到 2004 年直线下降，由最高值 1 589.22 g/m^2 降低至最低值 942.26 g/m^2，在随后几年增加至 1 100 g/m^2 左右，而后在 2019 年达到 1 453.66 g/m^2，但仍低于 2000 年的水平，多年平均值为 1 203.29 g/m^2 (图 6.12(a))。湿地植被生物量总值变化趋势与其生物量变化趋势相似，但在近几年已增加至超过 2000 年，在 2019 年达到年际最大值 366.34×10^7 kg，多年平均生物量总值为 302.05×10^7 kg(图 6.12(b))。

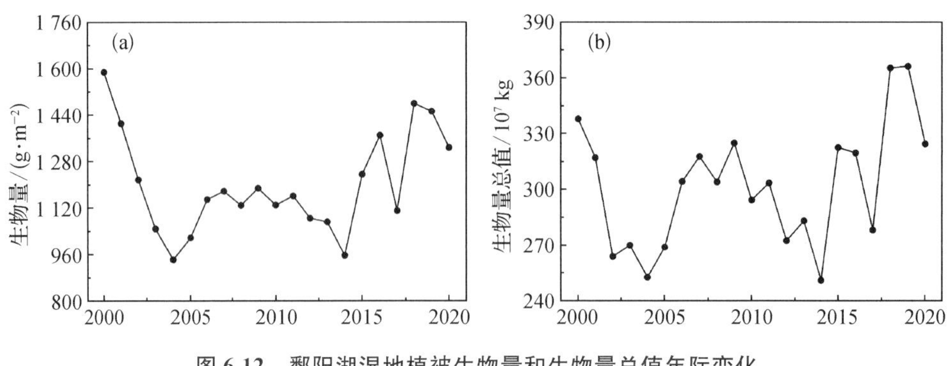

图 6.12　鄱阳湖湿地植被生物量和生物量总值年际变化

从湿地内苔草、芦荻、蒌蒿和蓼子草-虉草四种典型植物群落生物量的年际变化对比来看(图 6.13(a)),苔草群落生物量变化趋势与植被整体变化趋势一致,呈先减小后增加的态势,2000 年最大,为 2 065.88 g/m²,随后至 2014 年减小到最低值 1 090.87 g/m²,与最高值相差近一倍,在最近几年又增加到接近 2000 年的高值状态,其多年平均生物量为 1 610.05 g/m²。芦荻群落与蒌蒿群落生物量呈显著($p<0.05$)下降趋势,下降速度分别为每年－16.57 g/m² 和－18.18 g/m²,最高值都在 2000 年,分别达到 2 466.24 g/m² 和 1 944.40 g/m²,而芦荻群落在 2010 年降至最低 1 443.48 g/m²,蒌蒿群落的生物量最低值 1 092.91 g/m² 在 2011 年。蓼子草-虉草群落生物量也呈先降低后增加趋势,在 2018 年达到最高值 1 262.67 g/m²。总体而言,芦荻群落多年平均生物量最高,为 1 785.04 g/m²,其次为苔草群落和蒌蒿群落(1 610.05 g/m² 和1 415.96 g/m²),蓼子草-虉草群落最低,为 864.03 g/m²。

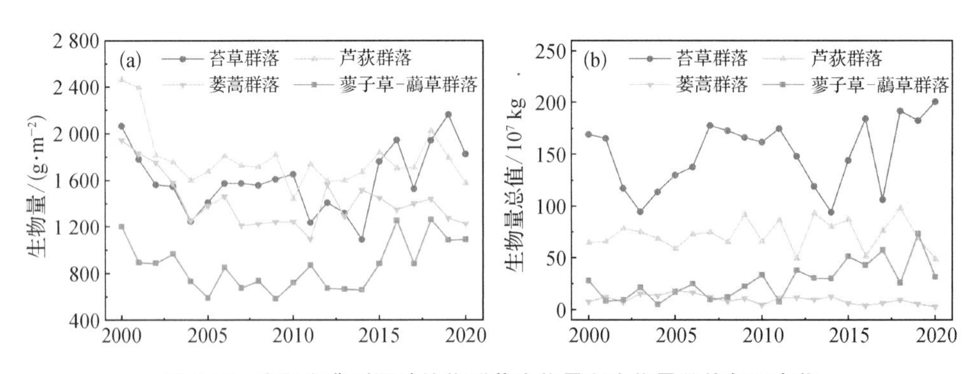

图 6.13　鄱阳湖典型湿地植物群落生物量和生物量总值年际变化

不同植物群落生物量总值的年际变化趋势如图 6.13(b)所示，苔草群落和芦荻群落的生物量总值较高，年际波动剧烈，整体分别在 $90\times10^7\sim210\times10^7$ kg 和 $40\times10^7\sim100\times10^7$ kg 之间波动，多年平均值为 150.16×10^7 kg 和 72.61×10^7 kg。蓼子草-虉草群落生物量总值呈显著($p<0.05$)增加趋势，多年平均值为 27.48×10^7 kg。与蓼子草-虉草群落变化趋势相反，生物量总值最低的蒌蒿群落呈显著($p<0.05$)下降趋势，多年平均值为 9.81×10^7 kg。

另外，由于苔草群落和芦荻群落有春季和秋季两个主要的生长期，并且春季生物量整体高于秋季，所以上述年生物量未能反映二者的秋季生物量年际间变化情况。因此，取 9—12 月逐像元月生物量最大值作为秋季生物量，分析苔草群落和芦荻群落秋季生物量和生物量总值的年际变化趋势，如图 6.14 所示。苔草群落生物量呈先降低后升高态势，从 2000 年到 2012 年降低了 766.73 g/m^2，之后逐渐升高至 2019 年的 1 789.58 g/m^2，与最低值相差两倍以上，其多年平均值为 1 161.30 g/m^2。芦荻群落生物量先从 2000 年的最高值 1 547.22 g/m^2 大幅下降至 2010 年的 800 g/m^2 左右，随后逐渐增加至 2018 年的 1 498 g/m^2，接近 2000 年的水平，多年平均值为 1 186.99 g/m^2。芦荻群落秋季生物量依然高于苔草群落，但二者相差不大。从生物量总值变化来看(图 6.14(b))，苔草群落和芦荻群落的生物量总值都呈显著($p<0.05$)上升趋势，在 2020 年苔草群落生物量总值最高达 179.30×10^7 kg，芦荻群落在 2018 年达到生物量总值最高值 72.41×10^7 kg。苔草群落秋季生物量总值接近芦荻群落的 2.5 倍，多年平均值分别为 108.05×10^7 kg和 48.44×10^7 kg。

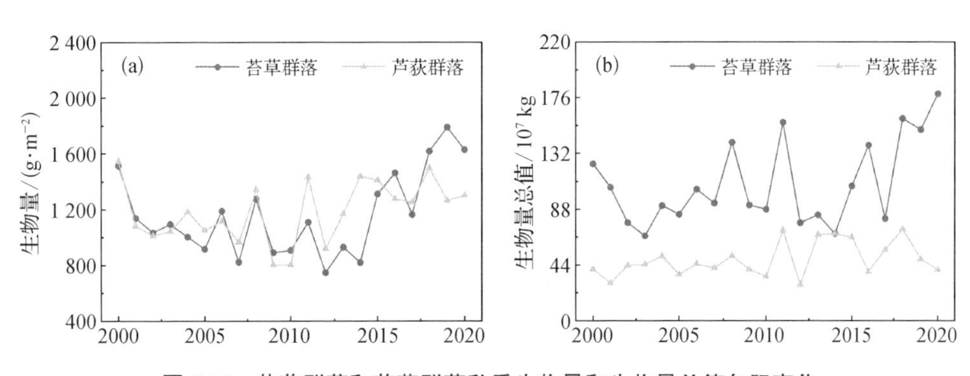

图 6.14　苔草群落和芦荻群落秋季生物量和生物量总值年际变化

6.3.3 典型植物群落生物量空间分布特征

2000—2020 年鄱阳湖湿地植被多年平均生物量分布如图 6.15 所示，为清晰地展示其空间分布规律，根据生物量多年均值的直方图频率分布，将其分布格局划分了六个等级。湿地植被生物量总体上表现为南高北低的带状、弧状分布格局，<290 g/m^2 和 290～900 g/m^2 的低生物量区大多分布于通江水道两岸、湖中心和碟形湖中心的低洼地带，占整个湖区植被区域面积的 47%，平均生物量仅有 205.78 g/m^2 和 570.72 g/m^2。随着距离水域越远，植被生长逐渐茂盛，生物量也呈现逐步增加的趋势，该区域植被生物量基本上在 900～1 400 g/m^2 和 1 400～1 850 g/m^2 之间，平均生物量分别为 1 145.61 g/m^2 和 1 624.96 g/m^2，总占比达到 34%。在碟形湖外围的环湖高滩地区域，植被的生物量均较高，对应于 1 850～2 150 g/m^2 和>2 150 g/m^2 的高生物量区，约占整体面积的 19%，平均生物量高达 2 003.34 g/m^2 和 2 261.53 g/m^2。

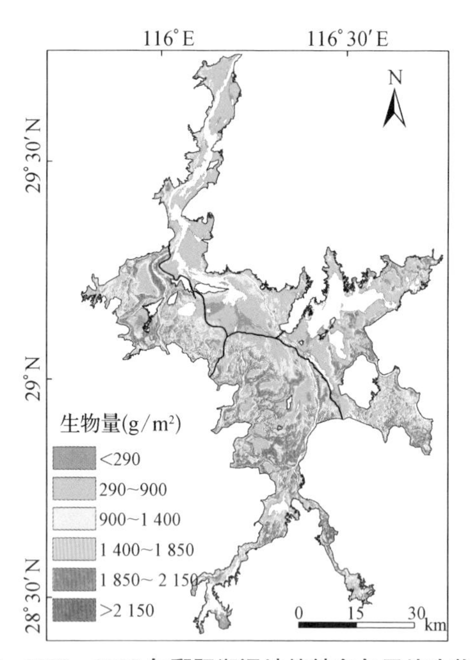

图 6.15　2000—2020 年鄱阳湖湿地植被多年平均生物量分布

从不同湖区的植被生物量分区面积比重差异来看(图 6.16)，北部湖区和东部湖区以低生物量区分布为主，面积占比分别达到 76%和 51%，高生物量区在北部湖区仅有2%。西部湖区和南部湖区的中生物量区占比都在40%以上,高生物量区的分布也较广,分别占23%和29%,但相比之下,南部湖区的高生物量区比重较大,特别是2 150 g/m² 以上的区域占比达到11%,并且南部湖区的面积接近西部湖区的2倍,由此可见高生物量区集中分布于该区域。总体来看,南部湖区的生物量最高,平均为1 339.84 g/m²,西部湖区和东部湖区位列二、三,分别为1 283.34 g/m² 和1 057.52 g/m²,北部湖区生物量最低,仅为700.14 g/m²。

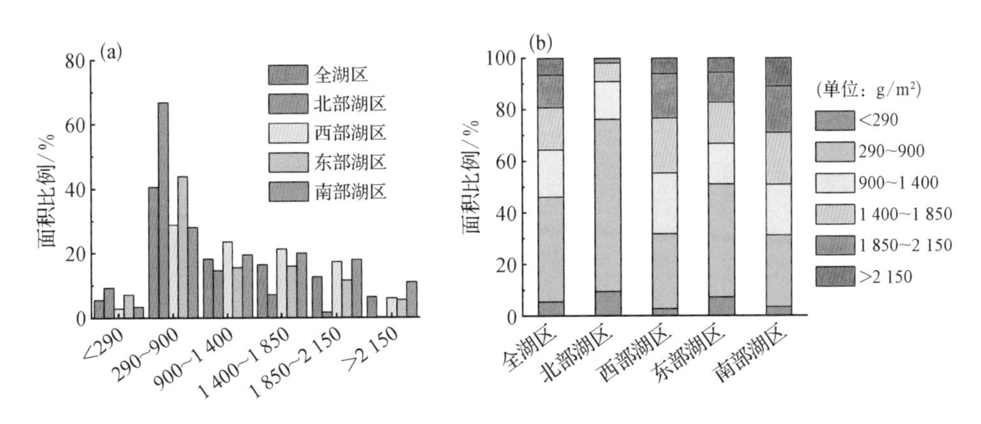

图6.16　不同湖区植被生物量分区面积比重

结合解译的2000—2020年鄱阳湖湿地景观格局分布,分析不同湖区内苔草、芦荻、蒌蒿和蓼子草-虉草四种典型植物群落的多年平均生物量分区面积比重。由图6.17可知,苔草群落在北部湖区主要分布于290～1 400 g/m² 的中低生物量区,该区域在此湖区的苔草群落面积中占比达到50%以上,在东部湖区中主要分布在900～1 850 g/m² 的中生物量区,占比49%,而西部和南部湖区的苔草群落以中高生物量区分布为主,特别是2 150 g/m² 以上的最高值区域占比分别达到22%和25%。芦荻群落在北部湖区的中生物量区分布面积比重达到54%,在西部、东部和南部湖区都主要分布在中高生物量区,特别是在西部和南部湖区更偏向高值区域,70%以上都超过1 400 g/m²。蒌蒿群落在北部、西部、东部和南部湖区都集中分布于中生物量区,并且多位于900～1 400 g/m² 的偏低值区域,仅该区域占比都在40%以上。蓼子草-虉草群落以低生物量区分布为主,在北部和东部湖区占比都接近80%,在西部和南部湖区生物量值相对较高,在900～1 400 g/m² 区域占比增加至近25%。

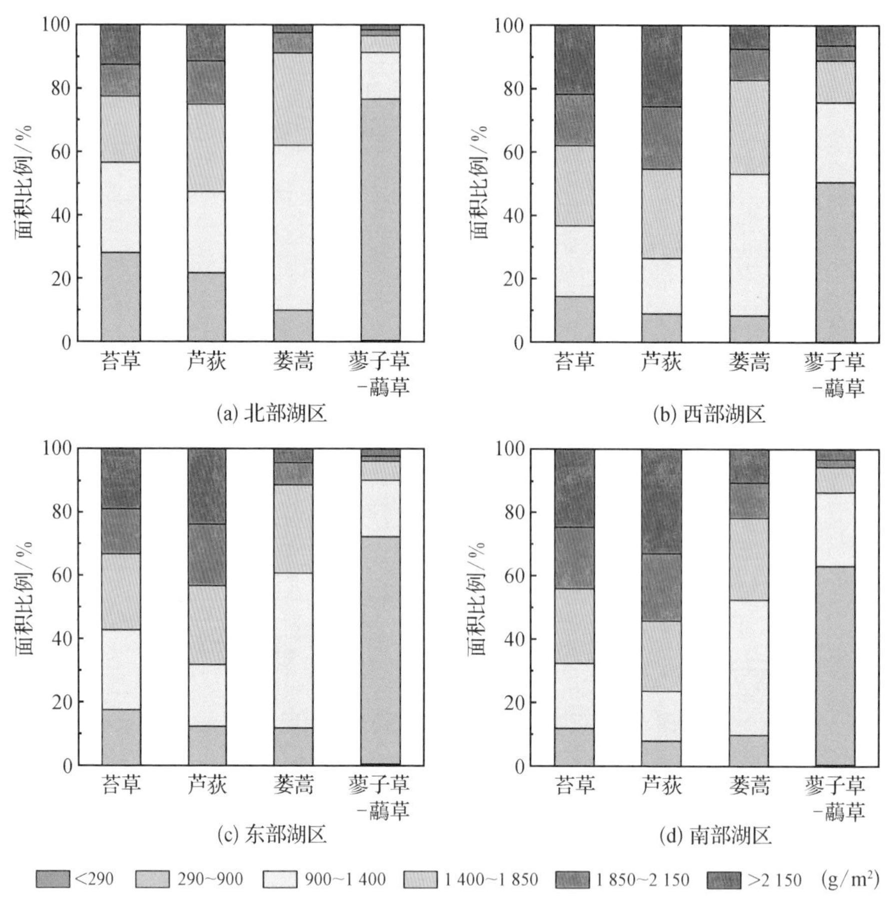

图 6.17　不同湖区内典型植物群落生物量分区面积比重

6.3.4　典型植物群落在高程梯度上的生物量分配

图 6.18 为鄱阳湖湿地植被平均生物量和生物量总值沿以 0.5 m 为步长的 6～23 m 间 36 个高程梯度的分布情况。由图可知，随着分布高程的升高，全湖各区域的植被生物量都呈先增加后略微降低，再基本维持稳定的趋势。整个湖区的植被生物量先增加至 14.0～14.5 m 区间内达到峰值 1 669.05 g/m^2，随后略微下降，至 17.0～17.5 m 区间内为 1 423.58 g/m^2，而后在该值上下波动。北部湖区的植被生物量在 12.5～13.0 m 区间内达到小高峰 1 303.59 g/m^2，随着高程的升高，微弱下降后又增长

至 1 400 g/m² 左右。西部湖区的生物量高峰值 1 706.05 g/m² 位于 14.0～14.5 m 高程区间，大于 1 300 g/m² 的生物量高值主要分布在 12.5～17.5 m 范围内。东部湖区的 12.5～16.0 m 高程范围内生物量较高，在 1 350 g/m² 以上，最高值 1 575 g/m² 分布在 14.0～14.5 m 区间，16 m 以上的区域生物量值基本在 1 500 g/m² 左右。从 11.0～11.5 m 至 14.5～15.0 m 的 4 m 范围内，南部湖区植被生物量从 500 g/m² 左右迅速增加到三倍以上，达到峰值 1 768.79 g/m²，在高高程区域下降后维持在 1 450 g/m² 左右。

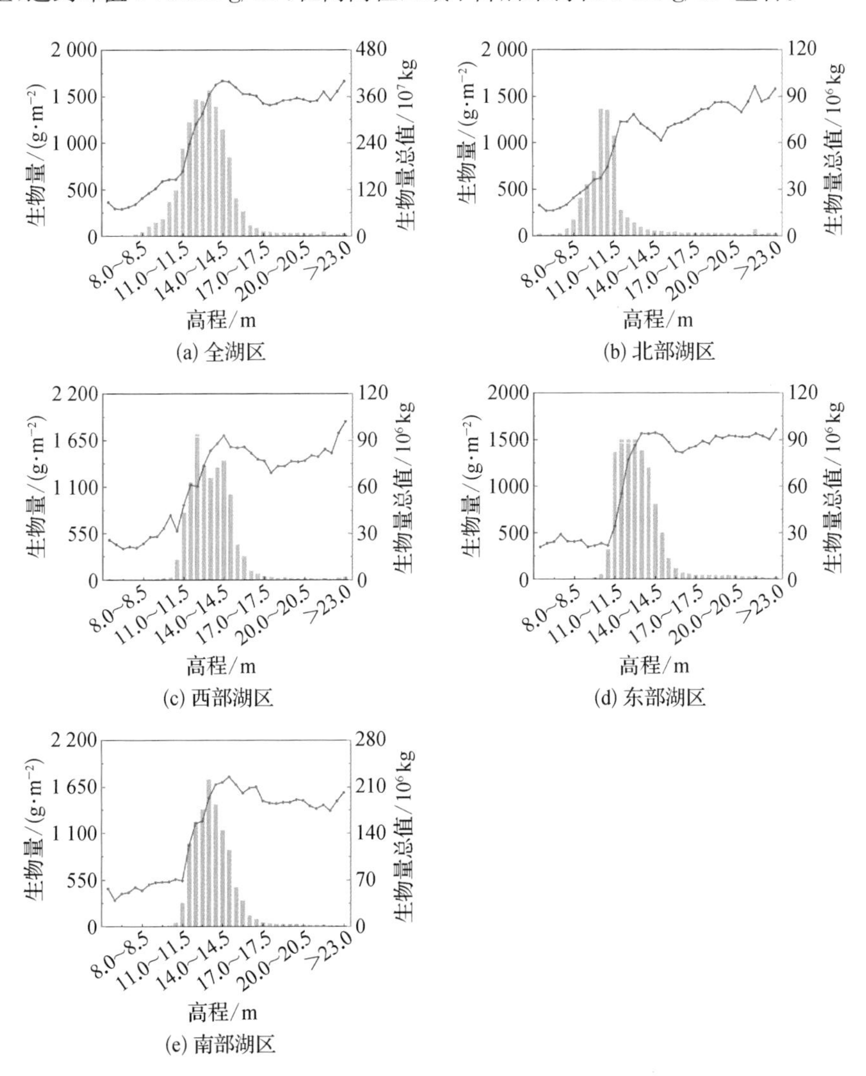

图 6.18　鄱阳湖湿地植被平均生物量和生物量总值沿高程梯度分布

从湿地植被生物量总值的分布高程特征来看，沿不同高程梯度，在全湖各区域都呈单峰形分布。全湖的植被生物量总值在 13.0～13.5 m 区间内达到峰值 376.34×10^7 kg，北部湖区的生物量总值最高值 81.91×10^6 kg 分布在较低的 10.0～10.5 m 区间内，西部湖区、东部湖区和南部湖区分别在 12.0～12.5 m、12.5～13.0 m 和 13.0～13.5 m 高程区间内达到生物量总值峰值。此外，对比发现，不同区域的生物量总值峰值分布高程都比生物量峰值的分布高程低 1～2 m。

图 6.19 为苔草群落生物量和生物量总值沿不同高程梯度分布情况。随着分布高程的升高，苔草群落生物量在全湖各区域呈单峰形分布，特别是在整个湖区以及北部、西部湖区，低高程区和高高程区生物量相差不大，基本在 1 200 g/m^2 左右，而在东部、南部湖区的高高程区生物量比低高程区高 300 g/m^2 左右。全湖区域内，苔草群落 1 600 g/m^2 以上的生物量高值集中在 12.0～15.5 m 高程范围内，在 13.5～14.0 m 区间内达到峰值 1 781.68 g/m^2。北部湖区的苔草群落生物量最高值 1 489.90 g/m^2 在 12.5～13.0 m 区间，并且在 11.0～12.5 m 范围内都非常接近最高值，相差不到 30 g/m^2。西部湖区和南部湖区的苔草群落生物量峰值都在 13.5～14.0 m 区间，分别为 1 753.21 g/m^2 和 1 877.99 g/m^2。苔草群落在东部湖区的最高生物量在 1 700 g/m^2 左右，位于 13.0～13.5 m 高程区间。

与植被总体的生物量总值变化趋势类似，苔草群落生物量总值在各区域沿高程梯度也呈单峰形分布。从全湖区来看，在 12.0～13.5 m 范围内，苔草群落生物量总值高达 250×10^6 kg 左右。北部湖区内 200×10^5 kg 以上的生物量总值高值集中分布在 10.0～11.5 m 高程区间，在 11.0～11.5 m 区间内达到峰值 375.24×10^5 kg，随后在 11.5～12.0 m 区间内迅速下降至 130.42×10^5 kg，降比超过 60%。西部、东部和南部湖区的苔草群落生物量总值最高值分别位于 12.0～12.5 m、12.5～13.0 m 和 13.0～13.5 m 高程范围内。其中，西部湖区内生物量总值上升速度是下降速度的两倍，从 10.5～11.0 m 至 12.0～12.5 m 的 1.5 m 范围内，生物量总值从 30.49×10^5 kg 急剧升高至 635.14×10^5 kg。与之相反，南部湖区内生物量总值降速高于升速，达到峰值后分布高程仅升高 1.5 m，生物量总值从 $1\,415.95\times10^5$ kg 下降至 343.09×10^5 kg，降比达 76%。

图 6.20 为芦荻群落生物量和生物量总值沿不同高程梯度分布情况。芦荻群落生物量在全湖各区域沿高程梯度的变化趋势与植被总体的变化趋势相似，全湖区域的

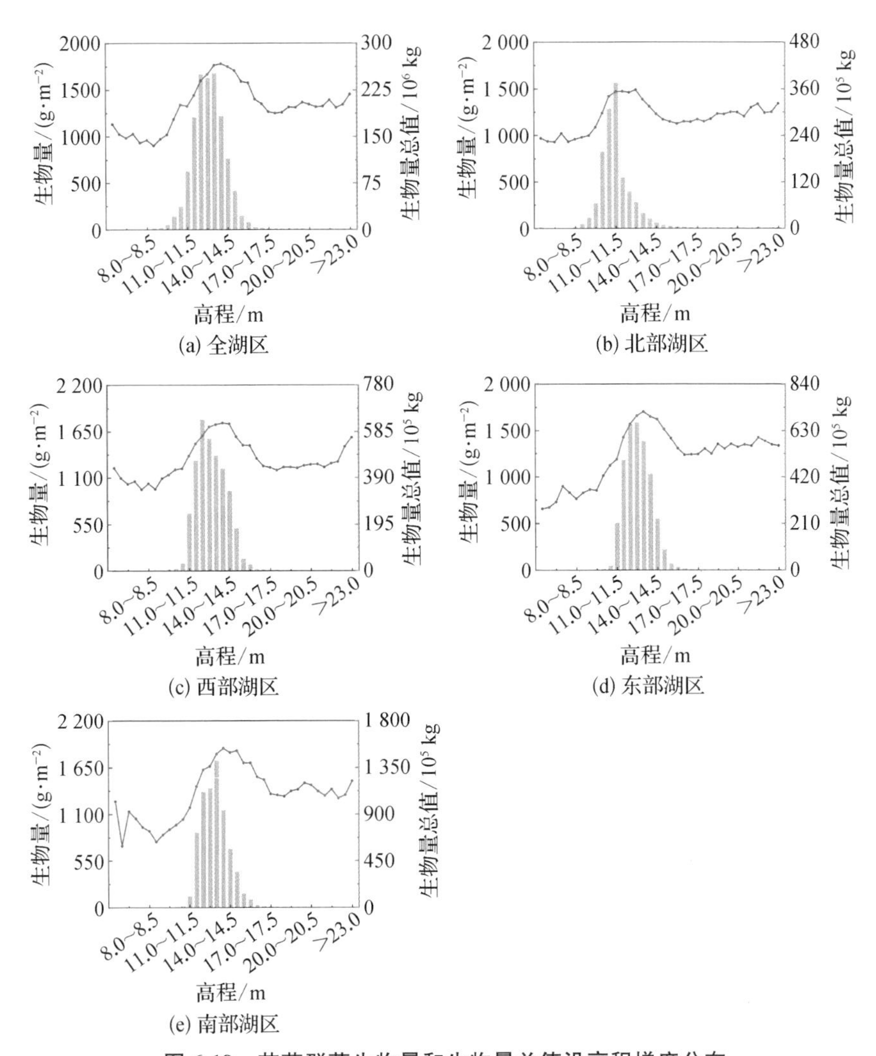

图 6.19　苔草群落生物量和生物量总值沿高程梯度分布

生物量峰值 1 906.02 g/m² 分布高程在 14.0～14.5 m，北部湖区的生物量在 12.5～14.0 m 区间内达到小高峰，近 1 400 g/m²，在西部湖区的 14.0～14.5 m 范围内，芦荻群落生物量达到最高值 1 907.25 g/m²，东部湖区和南部湖区的生物量最高值分别位于 13.5～14.0 m 和 14.5～15.0 m 高程区间。除北部湖区外，其余各区域的生物量总值沿分布高程也呈单峰形分布，全湖区域的生物量总值峰值 134.83×10⁶ kg 位于 14.0～14.5 m，峰宽 4 m，西部湖区和南部湖区同样在 14.0～14.5 m 达到最高生物量总值，但西部湖区的高值分布相对更密集，东部湖区的最高生物量总值分布高程相对偏低，位于 13.5～14.0 m 区间内。芦荻群落在北部湖区的分布面积极少，以至于其生物量总值沿高程分布也极为松散。

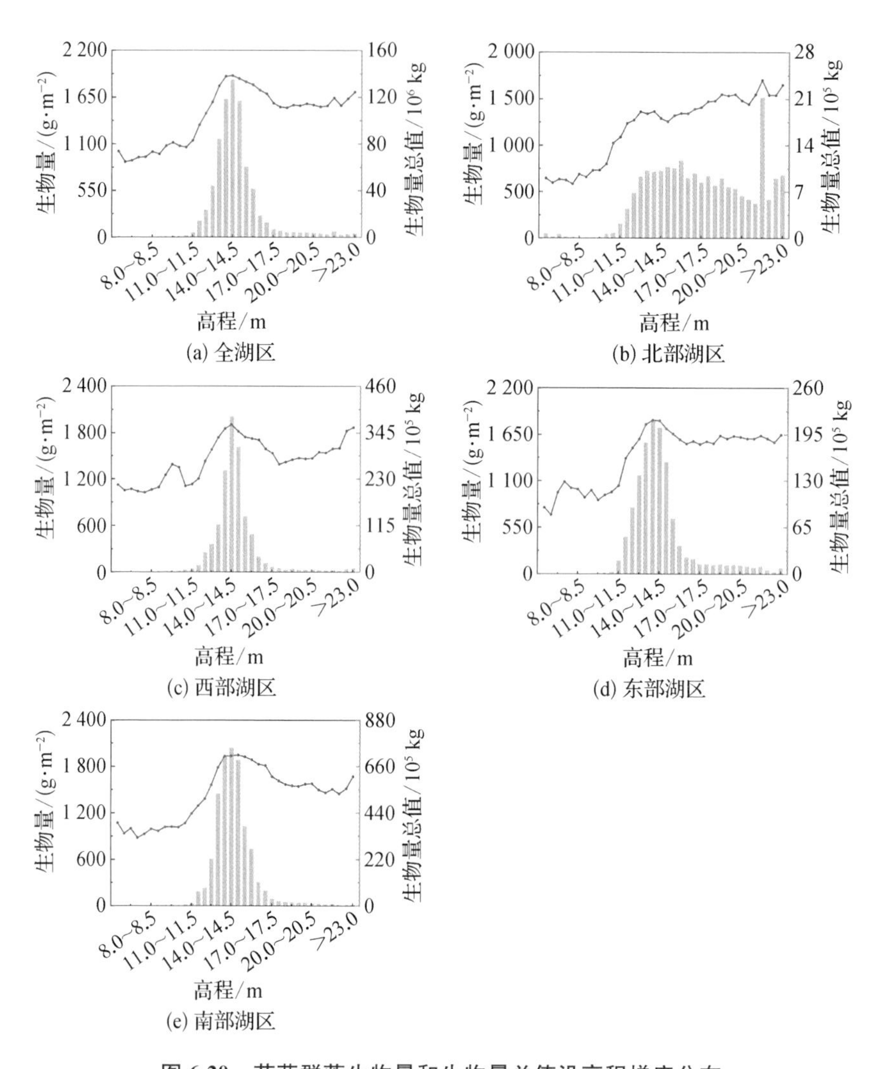

图 6.20　芦荻群落生物量和生物量总值沿高程梯度分布

图 6.21 为蒌蒿群落生物量和生物量总值沿不同高程梯度分布情况。除北部湖区外，蒌蒿群落生物量在全湖各区域沿高程梯度也呈先增加后稍许降低，再基本维持稳定的态势，如图 6.21 所示。然而，与苔草群落和芦荻群落不同的是，蒌蒿群落的峰宽变大，峰顶较为平缓，这与其具有最大的生态幅宽相对应。蒌蒿群落生物量在全湖区

的 14.5～15.0 m 区间内达到最大值 1 489.88 g/m²，在西部、东部和南部湖区分别于 14.0～14.5 m、13.5～14.0 m 和 14.5～15.0 m 范围内达到峰值。生物量总值沿高程梯度的分布依然呈单峰形，但在高高程区域的分布增加，使得整体峰形拖尾。全湖区域的生物量总值峰值 13.40×10⁶ kg 位于 14.5～15.0 m 区间内，西部、东部和南部湖区也都在 14.5～15.0 m 区间达到最高生物量总值。

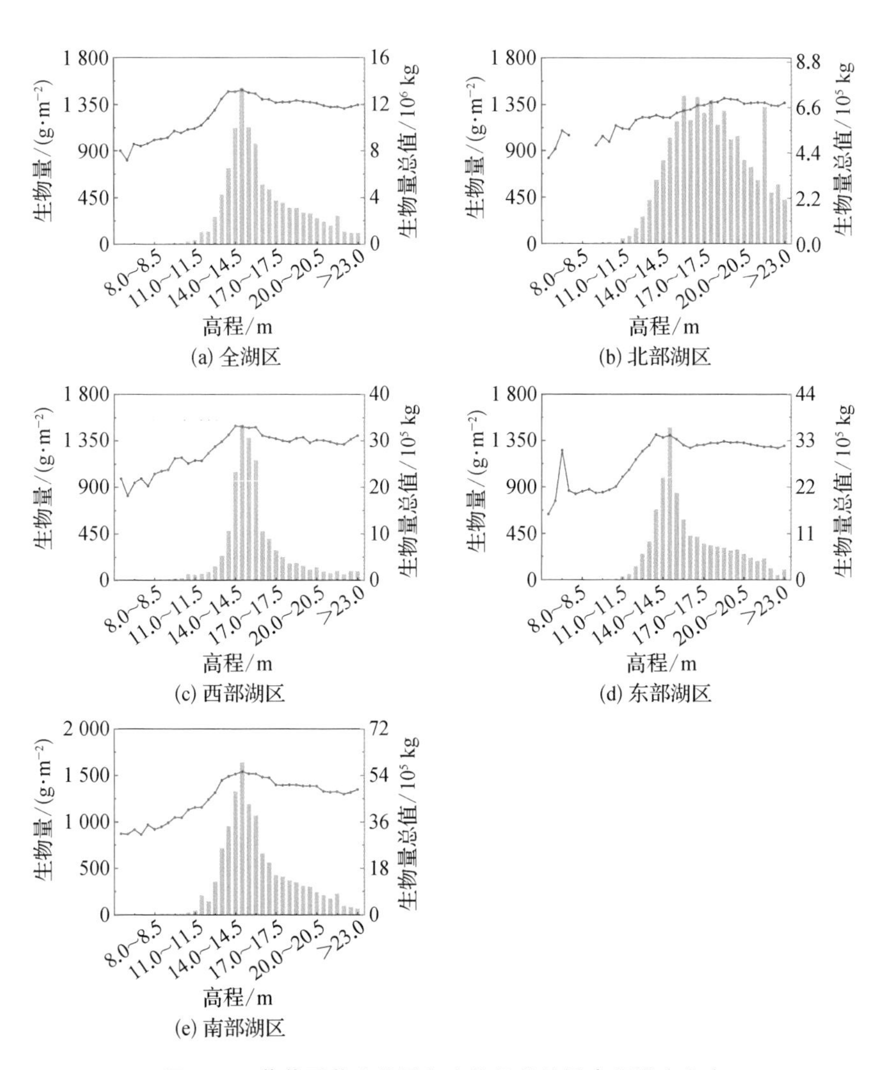

图 6.21　蒌蒿群落生物量和生物量总值沿高程梯度分布

图 6.22 为蓼子草-虉草群落生物量和生物量总值沿不同高程梯度分布情况。由图可知，蓼子草-虉草群落生物量整体呈先缓慢增加后陡然上升，再基本维持稳定的变化趋势。生物量总值沿高程梯度为单峰分布，全湖区域的峰值分布于 11.0～11.5 m 区间。在北部湖区的 10.0～10.5 m 区间，蓼子草-虉草群落生物量总值达到顶峰，并且在 12 m 以上的区域几乎没有分布。西部、南部和东部湖区的最高生物量总值分别位于 12.0～12.5 m、11.5～12.0 m 和 11.0～11.5 m 区间内。

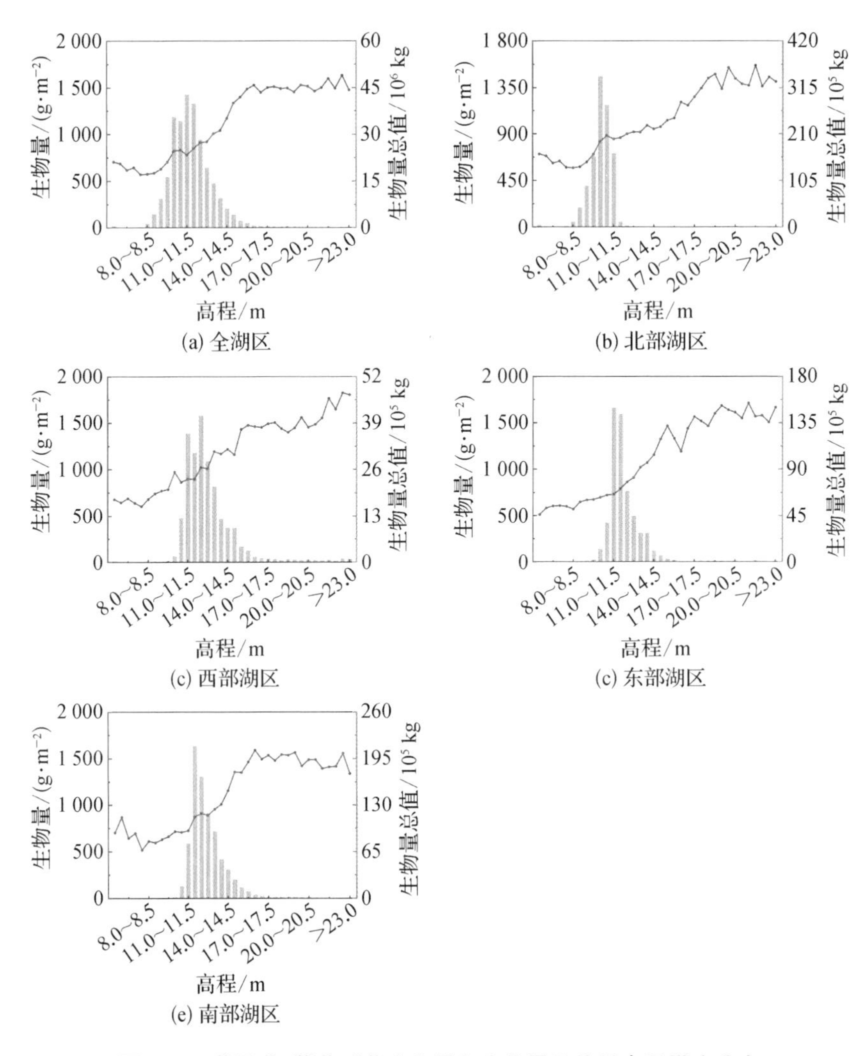

图 6.22　蓼子草-虉草群落生物量和生物量总值沿高程梯度分布

6.4 鄱阳湖湿地植物群落生态特征变化对水情的响应

6.4.1 鄱阳湖水情因子筛选与变化特征

选取鄱阳湖水位平均值、最高值、最低值、变幅以及特征丰枯水位出现时间和持续时间等共 27 个水情因子来刻画 2000—2020 年鄱阳湖水文情势的变化过程。利用 MK 趋势检验法分析 27 个水情因子的变化趋势，结果如表 6.3 所示。各水文期最低水位皆呈下降趋势，但变化都不显著（$p>0.05$）。涨水期最高水位、退水期最高水位和平均水位亦呈现下降趋势，Z 值分别为－0.33、－0.82 和－0.63。相反，丰水期、枯水期和年尺度的最高水位以及丰枯水期的平均水位均呈现上升趋势，Z 值分别为 1.78、1.06、1.78、0.15 和 0.03。从水位变幅来看，除涨水期水位变幅呈减小趋势外，其余皆呈增大趋势，其中，年水位变幅和丰水期水位变幅变化趋势显著（$p<0.05$），Z 值分别为 2.34 和 2.14。从特征水位出现时间来看，枯水位（11 m）到来时间有提前趋势，而丰水位（15 m）到来时间有推迟的趋势，Z 值分别为－1.45 和 0.76。从特征水位持续时间来看，11 m 以下水位持续时间、17 m 和 19 m 以上水位持续时间延长，而 9 m 以下水位持续时间、15 m 以上水位持续时间缩短。枯水期提前、枯水时间延长以及各水文期最低水位的下降都反映了鄱阳湖枯水越来越严峻的趋势。

表 6.3　鄱阳湖水情因子筛选及其 MK 趋势检验结果

水情因子	Z 值	水情因子	Z 值
年最低水位 Y_{min}	－0.60	年最高水位 Y_{max}	1.78
涨水期最低水位 R_{min}	－0.03	涨水期最高水位 R_{max}	－0.33
丰水期最低水位 F_{min}	－0.94	丰水期最高水位 F_{max}	1.78
退水期最低水位 T_{min}	－1.03	退水期最高水位 T_{max}	－0.82
枯水期最低水位 D_{min}	－1.63	枯水期最高水位 D_{max}	1.06
年平均水位 Y_{mean}	0	年水位变幅 Y_f	2.34*
涨水期平均水位 R_{mean}	0	涨水期水位变幅 R_f	－0.36
丰水期平均水位 F_{mean}	0.15	丰水期水位变幅 F_f	2.14*

续 表

水情因子	Z值	水情因子	Z值
退水期平均水位 T_{mean}	−0.63	退水期水位变幅 T_f	0.21
枯水期平均水位 D_{mean}	0.03	枯水期水位变幅 D_f	1.66
11 m 水位出现时间 BD_{11}	−1.45	15 m 水位出现时间 BF_{15}	0.76
水位<9 m 持续时间 DD_9	−0.09	水位>15 m 持续时间 DF_{15}	−0.75
水位<11 m 持续时间 DD_{11}	0.45	水位>17 m 持续时间 DF_{17}	1.09
		水位>19 m 持续时间 DF_{19}	1.48

* 表示变化趋势显著($\alpha=0.05$)

6.4.2 典型湿地植物群落生物量与水情因子的相关关系

分别对鄱阳湖湿地植被生物量(VG)、苔草群落生物量(TC)、芦荻群落生物量(LD)、蒌蒿群落生物量(LH)以及蓼子草-虉草群落生物量(LY)与各水情因子进行相关分析,结果如图 6.23 所示。湿地植被生物量与丰水期水位变幅、枯水期平均水位、枯水期最低水位呈正相关($p<0.05$),相关系数分别为 0.54、0.47、0.46,与丰水期最低水位呈负相关($p<0.05$),相关系数为−0.55。从不同植物群落生物量与水情因子间的关系来看,苔草群落生物量与丰水期水位变幅、枯水期平均水位呈显著正相关关系($p<0.05$),相关系数分别为 0.59 和 0.55。芦荻群落生物量与枯水期最低水位呈正相关,而与年水位变幅呈负相关($p<0.05$),相关系数分别为 0.58 和−0.54。蒌蒿群落生物量与年最低水位、退水期最低水位、枯水期平均水位、枯水期最低水位、枯水位(11 m)出现时间呈正相关($p<0.01$),相关系数分别为 0.60、0.63、0.57、0.61、0.57,与 11 m 以下水位持续时间呈负相关,相关系数为−0.57。蓼子草-虉草群落生物量与丰水期水位变幅、退水期平均水位呈正相关关系($p<0.05$),相关系数分别为 0.65 和 0.52,与丰水期最低水位、9 m 以下水位持续时间呈负相关关系($p<0.05$),相关系数分别为−0.50 和−0.47。在苔草和芦荻的秋季生长期,苔草群落生物量与丰水期水位变幅、丰水期最低水位在 $p<0.01$ 的水平上相关,相关系数分别为 0.70 和−0.58;芦荻群落生物量与涨水期水位变幅呈负相关($p<0.05$),相关系数为−0.44。

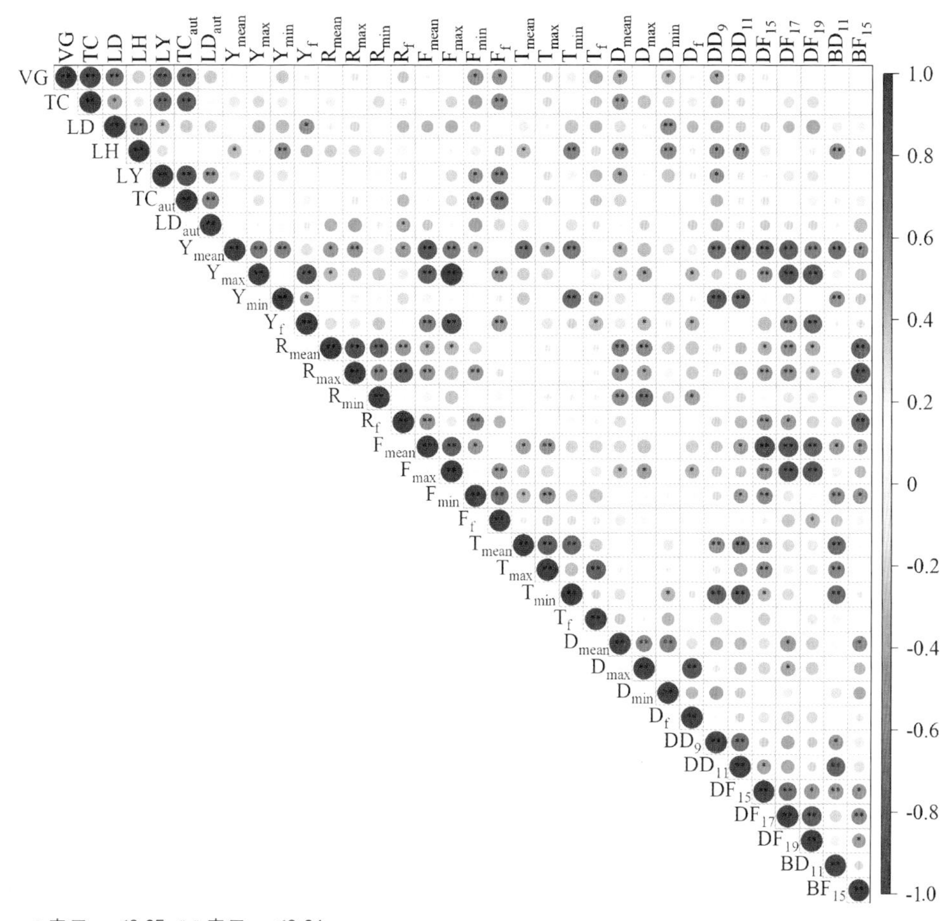

* 表示 $p<0.05$，** 表示 $p<0.01$

图 6.23　鄱阳湖典型湿地植物群落生物量与水情因子变化相关性

6.4.3　典型植物群落生物量对关键水情因子的响应关系

为进一步探究鄱阳湖湿地植被生物量对水情变化的响应关系，采用最优子集法筛选出影响鄱阳湖典型湿地植物群落生物量的关键水情因子，并构建定量关系模型，如表 6.4 所示。由表可知，影响苔草群落生物量的关键水情因子为丰水期最低水位、枯水期平均水位和 11 m 以下水位持续时间（$R^2_{adj}=0.51$）。当枯水期平均水位在 9.6 m 以上且丰水期最低水位在 14.7 m 以下时，苔草群落生物量维持在较高水平，为 1 830 g/m² 左右，并且随着丰水期偏枯，枯水期偏丰的情势变化，苔草群落生物量呈增加态势(图 6.24)。影响芦荻群落生物量的关键水情因子为丰水期最低水位、枯水期平均水位、9 m 以下水位持续时间、15 m 以上水位持续时间、17 m 以上水位持续时间和枯水位(11 m)出现时间($R^2_{adj}=0.80$)。模型显示,枯水期平均水位对芦荻群落生物量的影响最强,呈正相关关系,而丰水期最低水位对芦荻群落生物量产生负向影响,其余因子的影响作用较小。影响蒌蒿群落生物量的关键水情因子为年水位变幅、退水期平均水位和枯水期平均水位($R^2_{adj}=0.72$)。当枯水期平均水位高于 8.8 m、退水期平均水位高于 11 m 且年水位变幅较小时,蒌蒿群落生物量较大,为 1 500 g/m^2 左右,而枯水不断加剧会降低蒌蒿群落生物量(图 6.25)。而影响蓼子草-虉草群落生物量的关键水情因子较多,包括涨水期平均水位、涨水期水位变幅、丰水期最低水位、枯水期平均水位、枯水期最高水位、枯水期最低水位、9 m 以下水位持续时间和 15 m 以上水位持续时间($R^2_{adj}=0.86$),其中枯水期平均水位和涨水期平均水位为正向影响,而枯水期最低水位、枯水期最高水位和涨水期水位变幅为负向影响。

表 6.4　鄱阳湖典型湿地植物群落生物量与关键水情因子最优子集回归模型

植物群落	准则	关键水情因子	回归模型
苔草群落	R^2_{adj}	R_{mean}、F_{min}、T_{min}、D_{mean}、DD_9、DD_{11}、DF_{15}、DF_{17}	$TC=1\,281.0-86.2F_{min}+170.0D_{mean}-1.8DD_{11}$ ($R^2=0.51$, $p<0.01$)
	BIC		
	Cp	**F_{min}、D_{mean}、DD_{11}**	
芦荻群落	R^2_{adj}	F_{min}、D_{mean}、D_{min}、DD_9、DF_{15}、DF_{17}、BD_{11}	$LD=504.5-71.6F_{min}+183.6D_{mean}-3.0DD_9+3.4DF_{15}-6.9DF_{17}+2.3BD_{11}$ ($R^2=0.80$, $p<0.01$)
	Cp	**F_{min}、D_{mean}、DD_9、DF_{15}、DF_{17}、BD_{11}**	
	BIC		
蒌蒿群落	R^2_{adj}	R_{mean}、R_{min}、F_{min}、T_{mean}、D_{mean}、DF_{17}、DF_{19}、BD_{11}	$LH=-298.2-68.7Y_f+56.7T_{mean}+182.4D_{mean}$ ($R^2=0.72$, $p<0.01$)
	Cp	**Y_f、T_{mean}、D_{mean}**	
	BIC	R_{mean}、R_{min}、R_f、D_{mean}、DF_{19}、BD_{11}	
蓼子草-虉草群落	R^2_{adj}	**R_{mean}、R_f、F_{min}、D_{mean}、D_{max}、D_{min}、DD_9、DF_{15}**	$LY=1\,790.0+67.6R_{mean}-90.8R_f-51.6F_{min}+290.9D_{mean}-137.0D_{max}-237.6D_{min}-3.0DD_9+1.7DF_{15}$ ($R^2=0.86$, $p<0.01$)
	Cp		
	BIC		
苔草群落(秋季)	R^2_{adj}	**F_{min}、T_{min}、T_f、D_{mean}、D_{max}、D_{min}、DD_9**	$TC_{aut}=2\,462.6-30.8F_{min}+10.3T_{min}+39.1T_f+192.9D_{mean}+1.3D_{max}-206.2D_{min}-4.1DD_9$ ($R^2=0.60$, $p<0.01$)
	Cp		
	BIC		

续 表

植物群落	准则	关键水情因子	回归模型
芦荻群落（秋季）	R^2_{adj}	R_{min}、R_f、T_{min}、D_{mean}、D_{max}、D_{min}、DD_{11}、BD_{11}	$LD_{aut}=3\,274.1-58.2F_{min}+97.3T_{mean}-66.3D_{max}-3.3DD_{11}-5.8BD_{11}$（$R^2=0.64$，$p<0.01$）
	BIC		
	Cp	**F_{min}、T_{mean}、D_{max}、DD_{11}、BD_{11}**	

注：黑体为最终筛选的关键因子。

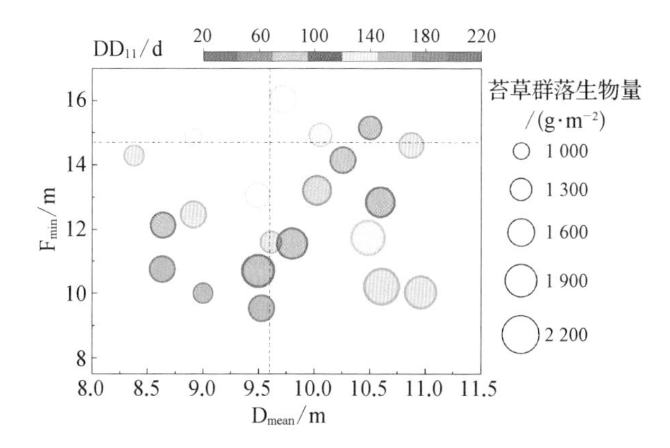

图 6.24 苔草群落生物量与关键水情因子的关系

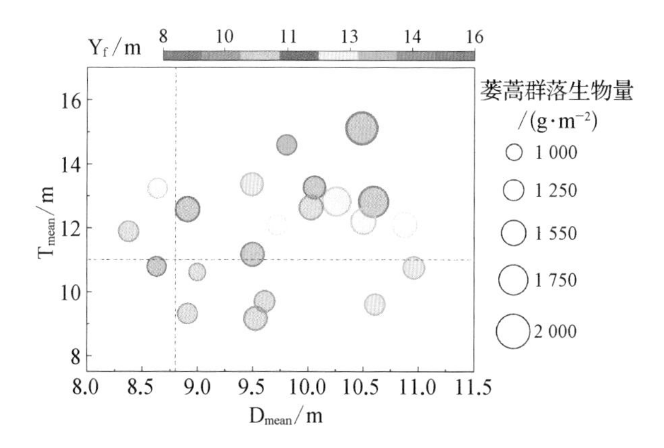

图 6.25 蒌蒿群落生物量与关键水情因子的关系

另外，对于秋季生长季而言，影响苔草群落秋季生物量的关键水情因子有丰水期最低水位、退水期最低水位、退水期水位变幅、枯水期平均水位、枯水期最高水位、枯水期最低水位和 9 m 以下水位持续时间（$R^2_{adj}=0.60$），其中，枯水期最低水位的影响最强，与苔草群落秋季生物量呈负相关关系，而枯水期平均水位对苔草群落秋季生物量有较强的正向影响。影响芦荻群落秋季生物量的关键水情因子包括丰水期最低水位、退水期平均水位、枯水期最高水位、11 m 以下水位持续时间和枯水位(11 m)出现时间($R^2_{adj}=0.64$)，其中退水期平均水位为正向影响，而枯水期最高水位和丰水期最低水位为负向影响。

6.5 小　　结

本章分析了在不同水情阶段鄱阳湖典型洲滩湿地植物群落稳定性变化特征以及典型植被生物量时空分布格局与鄱阳湖水情的响应关系。主要结论如下：

(1) 鄱阳湖典型洲滩湿地芦苇-南荻群落的 Shannon-Wiener 指数显著高于狗牙根群落($p<0.05$)，两个群落 Pielou 指数无显著差异($p>0.05$)。狗牙根群落的物种多样性和均匀度指数在各水情阶段无显著差异，但芦苇-南荻群落差异显著，在涨水期和丰水期的多样性指数与均匀度指数均高于退水期和枯水期。芦苇-南荻群落的稳定性(ESD 值为 17.82)显著高于狗牙根群落(ESD 值为 28.42)。狗牙根群落稳定性在丰水期最低，在其他时段无显著差异；而芦苇-南荻群落稳定性在退水期和枯水期明显高于涨水期和丰水期。不同植物群落稳定性对土壤水分存在不同的最优区间，当土壤含水量在 15%～20%时，狗牙根群落 ESD 值最低，其群落稳定性最高；而当土壤含水量在 35%～40%时，芦苇-南荻群落 ESD 值最小，其群落稳定性最高。

(2) 鄱阳湖湿地苔草、芦荻群落的生物量和生物量总值都存在明显的季相变化，有春季、秋季两个累积增长期，且春季植被活动强于秋季，但苔草群落在春季的生长高峰早于芦荻群落，在秋季却相对较晚。在年际变化过程中，苔草群落的生物量呈先减小后增加态势，都以 2000 年最高，在最近几年又增加至接近 2000 年的高值状态。芦荻群落和蒌蒿群落生物量呈显著下降趋势。蓼子草-虉草群落的生物量先降低后增加，但生物量总值呈明显增加趋势。生物量总体以芦荻群落的最高，其次为苔草群落和蒌蒿群落，蓼子草-虉草群落生物量最低。在空间上，鄱阳湖湿地植被生物量总体上表现为南高北低的带状、弧状分布格局，沿由水及陆方向逐渐增加，但在不同湖区的空间分布差异明显。

(3) 影响鄱阳湖湿地植被生物量最关键的水情变量是枯水期水位,除芦荻群落秋季生物量对退水期平均水位更为敏感外,其余植物群落生物量均受到枯水期平均水位的强烈正向影响,枯水期和退水期适度偏丰对植被生物量累积起到促进作用。蓼子草-虉草群落和苔草群落秋季生物量同时还受枯水期最低水位的强烈负向影响。丰水期最低水位是影响苔草群落和芦荻群落生物量次重要的水情因子,丰水期偏低的水情有利于苔草群落和芦荻群落生物量的累积。

【参考文献】

[1] Cottingham K L, Brown B L, Lennon J T, 2001. Biodiversity may regulate the temporal variability of ecological systems[J]. Ecology letters, 4(1): 72 - 85.

[2] Li S, Naeem S, 1997. Biodiversity enhances ecosystem reliability[J]. Nature, 390 (6659): 507 - 509.

[3] Mcgrady-Steed J, Morin P, 2000. Biodiversity, density compensation, and the dynamics of populations and functional groups[J]. Ecology, 81(2): 361 - 373.

[4] Naeem S, Li S, 1997. Biodiversity enhances ecosystem reliability[J]. Nature, 390: 507 - 509.

[5] Riis T, Hawes I, 2002. Relationships between water level fluctuations and vegetation diversity in shallow water of New Zealand lakes[J]. Aquatic botany, 74(2): 133 - 148

[6] Tilman D, 1996. Biodiversity: population versus ecosystem stability[J]. Ecology, 77 (2): 350 - 363.

[7] Tilman D, Downing J A, 1994. Biodiversity and stability in grasslands[J]. Nature, 367(6461): 363 - 365.

[8] Yang H, Jiang L, Li L, et al., 2012. Diversity-dependent stability under mowing and nutrient addition: evidence from a 7-year grassland experiment[J]. Ecology letters, 15(6): 619 - 626.

[9] 陈璟,2010. 莽山自然保护区南方铁杉种群物种多样性和稳定性研究[J]. 中国农学通报, 26(12): 81 - 85.

[10] 高东, 何霞红,2010. 生物多样性与生态系统稳定性研究进展[J]. 生态学杂志, 29(12): 2507 - 2513.

[11] 韩祯,王世岩,刘晓波,等,2019. 基于淹水时长梯度的鄱阳湖优势湿地植被生态阈值[J]. 水利学报, 50(2): 252 - 262.

[12] 简小枚, 税伟, 王亚楠, 等,2018. 重度退化的喀斯特天坑草地物种多样性及群落稳定性——以云南沾益退化天坑为例[J]. 生态学报, 38(13): 4704 - 4714.

[13] 李冰, 杨桂山, 王晓龙, 等,2016. 鄱阳湖典型洲滩植物物种多样性季节动态特征[J]. 土壤, 48(2): 298 - 305.

[14] 李荣，张文辉，何景峰，等，2011. 不同间伐强度对辽东栎林群落稳定性的影响[J]. 应用生态学报，22(1)：14－20.

[15] 李文，王鑫，何亮，等，2018. 鄱阳湖洲滩湿地植物生长和营养繁殖对水淹时长的响应[J]. 生态学报，38(22)：8176－8183.

[16] 李晓宇，齐明明，李聪，等，2016. 淹水发生与持续时间对退化盐碱沼泽芦苇生长及土壤理化性质的影响[J]. 水土保持研究，23(6)：83－89.

[17] 李秀清，李晓红，2019. 鄱阳湖湿地不同植物群落土壤养分及微生物多样性研究[J]. 生态环境学报，28(2)：385－394.

[18] 廖玉静，宋长春，郭跃东，等，2009. 三江平原湿地生态系统稳定性评价指标体系和评价方法[J]. 干旱区资源与环境，23(10)：89－94.

[19] 蔺亚玲，李相虎，谭志强，等，2023. 基于遥感时空融合的鄱阳湖洪泛湿地植物群落动态变化特征[J]. 湖泊科学，35(4)：1408－1422.

[20] 罗琰，苏德荣，吕世海，等，2016. 辉河湿地河岸带植物物种多样性与土壤因子的关系[J]. 湿地科学，14(3)：396－402.

[21] 马建波，2016. 鄱阳湖洲滩湿地优势物种的夏季休眠芽特征及对水淹的响应[D]. 南昌：南昌大学.

[22] 沈艳，马红彬，赵菲，等，2015. 荒漠草原土壤养分和植物群落稳定性对不同管理方式的响应[J]. 草地学报，23(2)：264－270.

[23] 王国宏，2002. 再论生物多样性与生态系统的稳定性[J]. 生物多样性，10(1)：126－134.

[24] 王恒方，吕光辉，周耀治，等，2017. 不同水盐梯度下功能多样性和功能冗余对荒漠植物群落稳定性的影响[J]. 生态学报，37(23)：7928－7937.

[25] 王鲜鲜，张克斌，王晓，等，2013. 宁夏盐池四儿滩湿地—干草原植被群落稳定性研究[J]. 生态环境学报，22(5)：743－747.

[26] 许加星，徐力刚，姜加虎，等，2013. 鄱阳湖典型洲滩植物群落结构变化及其与土壤养分的关系[J]. 湿地科学，11(2)：186－191.

[27] 许秀丽，张奇，李云良，等，2014. 鄱阳湖洲滩芦苇种群特征及其与淹水深度和地下水埋深的关系[J]. 湿地科学，12(6)：714－722.

[28] 薛晨阳，李相虎，谭志强，等，2022. 鄱阳湖典型洲滩湿地植物群落稳定性及其与物种多样性的关系[J]. 生态科学，41(2)：1－10.

[29] 闫东锋，朱滢，杨喜田，2011. 宝天曼栎类天然林物种多样性与稳定性[J]. 浙江农林大学学报，28(4)：628－633.

[30] 姚天华，朱志红，李英年，等，2016. 功能多样性和功能冗余对高寒草甸群落稳定性的影响[J]. 生态学报，36(6)：1547－1558.

[31] 于晓文，宋小帅，康峰峰，等，2015. 冀北辽河源典型森林群落稳定性评价[J]. 干旱区资源与环境，29(5)：93－98.

[32] 张继义，赵哈林，2010. 短期极端干旱事件干扰下退化沙质草地群落抵抗力稳定性的测度与比较[J]. 生态学报，30(20)：5456－5465.

[33] 张景慧，黄永梅，2016. 生物多样性与稳定性机制研究进展[J]. 生态学报，36(13)：

3859 - 3870.
[34] 张立敏，陈斌，李正跃，2010. 应用中性理论分析局域群落中的物种多样性及稳定性[J]. 生态学报，30(6)：1556 - 1563.
[35] 张鹏，王新杰，王勇，等，2016. 北京山区 3 种典型人工林群落结构及稳定性[J]. 东北林业大学学报，44(1)：1 - 5.
[36] 郑元润，2000. 森林群落稳定性研究方法初探[J]. 林业科学，36(5)：28 - 32.
[37] 周云凯，白秀玲，宁立新，2018. 鄱阳湖湿地灰化苔草种群生产力特征及其水文响应[J]. 生态学报，38(14)：4953 - 4963.

第七章　鄱阳湖湿地植被 NPP 时空变化特征

7.1　引　　言

植被净初级生产力(Net Primary Productivity,NPP)是指单位时间、单位面积植被光合作用固定的大气中的有机碳扣除自养呼吸后剩余部分的总量(Lieth et al.,1975;Field et al.,1995)。作为湿地生态系统中物质、能量转换和传递的基础,NPP 是一种表征植被活动及生产能力的重要指标,不仅直接反映湿地植被群落在自然环境条件下的生产能力以及湿地生态系统的质量状况,也是判定湿地生态系统碳源/碳汇的重要因子,在全球变化及碳平衡中发挥着重要作用。

与通常的河流湿地、沼泽湿地不同,作为长江中下游典型的通江湖泊湿地,鄱阳湖湿地的动态变化受强烈的湖水面积的萎缩与扩张控制,呈现出典型的洪泛型湿地特征。如何有效评估湿地植被 NPP 的时空演变格局对客观认识变化环境下开放型大湖系统水文生态演变的成因机理具有重要的科学意义。传统 NPP 研究主要采用实地站点测量的方法,但由于实测法无法在大尺度范围上对生态系统的 NPP 进行直接和全面地测量,利用模型模拟间接估算区域与全球尺度 NPP 已成为一种重要而广泛应用的研究方法。近年来,遥感作为一种新的地表监测手段,具有大尺度、周期短、快速同步等特点,能有效弥补常规观测手段在数据时空采样频率上的不足,已被广泛地应用于各类湿地的水文生态研究。

本章基于高时空间分辨率卫星遥感数据驱动的生态模型,并结合生物量数据,对鄱阳湖洪泛湿地植被 NPP 时空格局的演变规律进行模拟分析,并探讨近 20 年来湖泊水情变化对湿地植被 NPP 的影响。研究结果可为鄱阳湖湿地科学保护策略的制定提供参考。

7.2　鄱阳湖湿地植被 NPP 估算模型构建

7.2.1　CASA 模型简介

1972 年，Monteith 基于光能利用率原理，提出了根据植被吸收的光合有效辐射(absorbed photosynthetically active radiation)的观测值和光能利用率(ε)估算植被净初级生产力的方法(Monteith，1972)。Potter 等(1993)在前人的研究基础上建立了 CASA 模型，利用 NDVI 等遥感数据，以光能利用模型为基础进行了全球陆地植被净初级生产力的估算。Field 等(1995)对 CASA 中的光能利用率进行了进一步的研究和改进，从光能利用率的计算及变化范围、模型的校正等方面探索了全球尺度的植被净初级生产力变化的原因。不同植被类型的光能利用率存在较大差异，在 NPP 估算中，将测得的不同植被类型光能利用率应用于模型中可极大地提高 NPP 估算精度(朱文泉 等，2007)。

CASA 模型属于光能利用率模型的一种，该模型全面地考虑了植被本身特点及其环境影响因子，主要是通过遥感技术和手段获取植被参数，结合区域降水量、气温、太阳辐射等气象数据以及植被类型等共同驱动。与其他 NPP 估算模型相比，CASA 模型所需的输入参数较少，除植被参数以外，其他气象数据，植被分类也均可通过遥感方式获取，在很大程度上避免了由于数据获取困难、数据缺乏和人为因素等引起的数据获取及处理过程中的误差。同时，由于遥感数据具有在时间以及空间上的连续性的优势，能够利用连续的多时相遥感对 NPP 进行动态监测，为 NPP 的时间变化研究提供了有力手段，空间上的连续性也避免了站点实测数据通过插值所带来的误差。基于国内外众多学者不同时空尺度上的 NPP 模拟研究，CASA 模型的适用性得到了广泛验证和认可。

在 CASA 模型中，NPP 由植被所能吸收的光合有效辐射 APAR 及其光能转化率 ε 两个参数来求取。植物生产潜力的大小主要取决于光合有效辐射、光能利用率、光能转化率，以及温度、水分调节对光合作用强度的影响。因此，APAR 对估算植物的光合生产力有重要意义。ε(光能转化率)是植物固定太阳能并通过光合作用将所截获吸收的能量转化为 C 有机物干物质总量，代表植被吸收的光合有效辐射转化为有机碳的效率。

NPP具体计算公式如下(孟元可,2018):

$$NPP(x,t)=APAR(x,t)\times \varepsilon(x,t) \tag{7.1}$$

式中,t 表示时段,x 表示像元所处的空间位置;$NPP(x,t)$表示像元 x 在 t 时段内的植被净初级生产力($g\ C\cdot m^{-2}$),$APAR(x,t)$表示像元 x 在 t 时段内吸收的光合有效辐射;$\varepsilon(x,t)$表示像元 x 在 t 时段的实际光能转换率。

植被所吸收的光合有效辐射取决于太阳总辐射和植被对光合有效辐射的吸收比例,其计算公式如下:

$$APAR(x,t)=SOL(x,t)\times FPAR(x,t)\times 0.5 \tag{7.2}$$

式中,$SOL(x,t)$是像元 x 在 t 时段的太阳总辐射量($g\ C\cdot m^{-2}$);$FPAR(x,t)$为植被层对入射光合有效辐射PAR的吸收比例;常数0.5表示植被所能利用的太阳有效辐射(波长为0.4～0.7 μm)占太阳总辐射的比例。

PAR(光合有效辐射)表示可以被植被光合作用利用的那部分太阳辐射,主要是波长范围在0.38～0.76 μm的可见光。光合有效辐射一般占太阳总辐射能量的50%左右。PAR通过植物的光合作用转换为有机物,如森林木材、牧草、农作物粮食等,从而为人们所利用。由于地理纬度、海拔高度和地形天气状况的影响,其分布差异较大。

植被对太阳有效辐射的吸收比例取决于植被类型及其植被覆盖状况。研究表明,基于遥感数据得到的归一化植被指数(NDVI)能很好地反映植物覆盖状况。模型中FPAR由NDVI和植被类型两个因子来表示,并使其最大值不超过0.95,计算公式如下:

$$FPAR(x,t)=\min\left[\frac{SR(x,t)-SR_{min}}{SR_{max}-SR_{min}},0.95\right] \tag{7.3}$$

式中,SR_{min}取值为1.08,SR_{max}的大小与植被类型有关,取值范围在4.14到6.17之间。

$SR(x,t)$由 $NDVI(x,t)$求得:

$$SR(x,t)=\frac{1+NDVI(x,t)}{1-NDVI(x,t)} \tag{7.4}$$

光能利用率 ε 是指植被把所吸收的光合有效辐射(APAR)转化为有机物的效率。在理想状态下，植被具有最大光能利用率ε_{max}，而在现实条件下光能利用率会受到温度和水分的影响，其值为不高于ε_{max}的正值，计算公式如下：

$$\varepsilon(x,t)=T_{\varepsilon1}(x,t)\times T_{\varepsilon2}(x,t)\times W_{\varepsilon}(x,t)\times\varepsilon_{max} \tag{7.5}$$

式中，$T_{\varepsilon1}$和 $T_{\varepsilon2}$反映温度对光能转化率的影响；W_{ε}为水分胁迫影响系数，代表水分条件的影响；ε_{max}为理想状态下的最大光能转化率，通常认为全球中的植被最大光能转化率是 0.389 g C · MJ^{-1}。

① $T_{\varepsilon1}$表示在低温和高温时，植物内在的生化作用对光合的限制而降低净初级生产力：

$$T_{\varepsilon1}(x)=0.8+0.02T_{opt}(x)-0.0005[T_{opt}(x)]^2 \tag{7.6}$$

式中，$T_{opt}(x)$为某一区域一年内 NDVI 值达到最高时的平均气温。当某一月平均温度小于或等于−10 ℃时，$T_{\varepsilon1}$取 0。

② $T_{\varepsilon2}$表示环境温度从最适宜温度 $T_{opt}(x)$向高温和低温变化时植物的光能转化率逐渐变小的趋势：

$$T_{\varepsilon2}(x,t)=1.184/\{1+e^{0.2[T_{opt}(x)-10-T(x)]}\}/\{1+e^{0.3[-T_{opt}(x)-10+T(x)]}\} \tag{7.7}$$

式中，当某一月平均温度 $T(x,t)$比最适宜温度 $T_{opt}(x)$高 10 ℃或低 13 ℃时，该月的$T_{\varepsilon2}$值等于月平均温度 $T(x,t)$为最适宜温度 $T_{opt}(x)$时 $T_{\varepsilon2}$值的一半。

水分胁迫系数反映了植物所能利用的有效水分条件对光能转化率的影响。随着环境中有效水分的增加，W_{ε}逐渐增大。它的取值范围为 0.5(在极端干旱条件下)到 1(非常湿润条件下)，由下列公式计算：

$$W_{\varepsilon}(x,t)=(0.5\times E(x,t))/(E_P(x,t))+0.5 \tag{7.8}$$

其中：W_{ε}是指像元x 在t 月份的水分胁迫影响系数；$E(x,t)$是指像元x 在t 时段的区域的实际蒸散量(mm)；$E_P(x,t)$是指像元 x 在 t 时段的区域潜在蒸散量(mm)。$E(x,t)$的具体计算公式如下：

$$E(x,t)=\frac{[P(x,t)\times R_i(x,t)\times P^2(x,t)+R_i(x,t)+P(x,t)\times R_i(x,t)]}{[P(x,t)+R_i(x,t)]\times P^2(x,t)+(R_i(x,t))^2} \tag{7.9}$$

$$R_i(x,t)=[E_{P0}(x,t)\times P(x,t)]^{0.5}\times[0.589\times(E_{P0}(x,t)/P(x,t))^{0.5}+0.369] \tag{7.10}$$

其中：$P(x,t)$指像元 x 在 t 时段的降水量(mm)；$R_i(x,t)$指像元 x 在 t 时段地表净太阳辐射量。$E_{P0}(x,t)$指像元 x 在 t 时段的局地潜在蒸散量(mm)。区域潜在蒸散量$E_P(x,t)$的计算根据 Boucher 提出的互补关系来计算，其计算公式为

$$E_P(x,t)=\frac{E(x,t)+E_{P0}(x,t)}{2} \tag{7.11}$$

$E_{P0}(x,t)$则根据植被—气候关系模型来计算，模型中，根据温度的不同，局地潜在蒸散量的计算公式分以下三种，具体计算公式如下：

① $T(x,t)<0$ ℃ 时，$E_{P_0}(x,t)=0$，则 $W(x,t)=W(x,t-1)$；

② $T(x,t)\geqslant 26.5$ ℃ 时，$E_{P_0}(x,t)=188\times[1-2.718\ 28^{(-0.000\ 006\ 1\times T(x,t))\ 3.734}]$；

③ $0\leqslant T(x,t)<26.5$ ℃ 时，$E_{P_0}(x,t)=16\times[10\times T(x,t)/Q(x,t)]^{a}$。

其中：a 是常数，因不同地区该常数取值不同；$Q(x,t)$指像元 x 处全年的热量总和。根据上述公式计算出 $E(x,t)$和$E_P(x,t)$，当 $E(x,t)$大于等于$E_P(x,t)$时，$E(x,t)$等于$E_P(x,t)$；当 $E(x,t)$小于$E_P(x,t)$ 时，$E(x,t)$ 等于 $E(x,t)$。

最大光能利用率ε_{max}因不同植被类型取值不同，是在辐射、气温、降水等环境条件最适宜条件下植被对光合有效辐射的转换率，由于最大光能利用率是影响植被 NPP 估算精度的重要参数，一直以来学者们对于它的取值有很大的争议。本研究中基于鄱阳湖湿地实地测量生物量估算获得不同植被的最大光能利用率。

7.2.2 鄱阳湖湿地植被分类与生物量实测

2013 年 12 月 24 日 Landsat 8 遥感影像解译的鄱阳湖湿地植被分布如图 7.1 所示。总体上，由湿地边缘向湖心随地形高程降低依次分布着篱蒿、芦苇-南荻、苔草以及稀疏草洲。其中，篱蒿主要分布在高程 11.4～17.3 m 的高滩地带，芦苇-南荻的分布高程在 10.6～15.9 m，苔草主要分布在高程 9.6～15.3 m 的低滩地带，稀疏草洲主要分布苔草带以下至湖心泥滩、水体之间(表 7.1)。

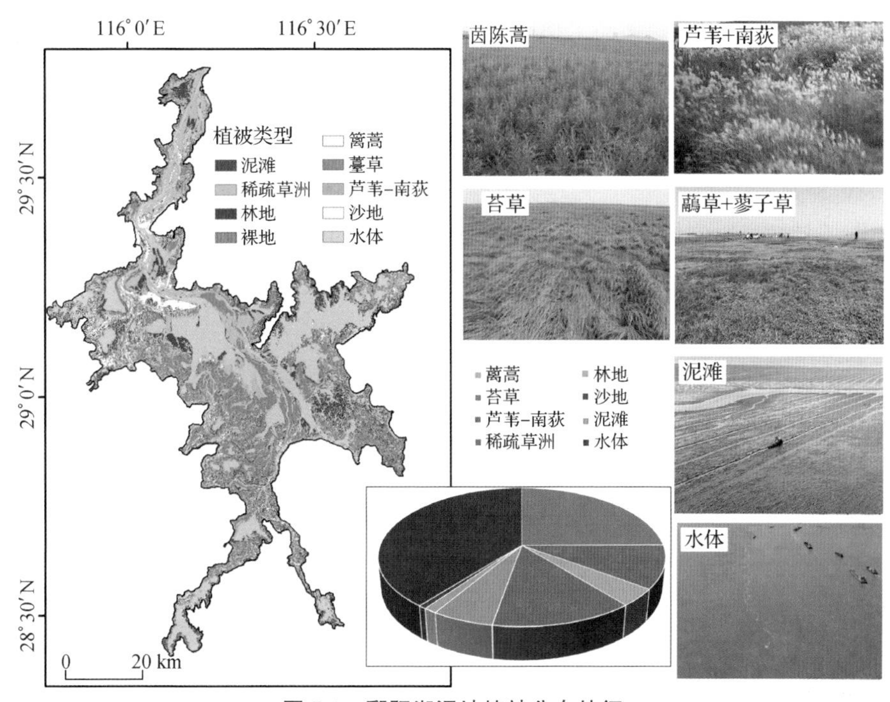

图7.1　鄱阳湖湿地植被分布特征

表7.1　鄱阳湖区主要湿地植被分类组成及其分布

植被类型	空间分布	主要植被组成	面积(占比)
篱蒿群落(*Artemisia* Community)	河道两侧高滩地上,防洪堤下	以藜蒿、狗牙根为主。伴生加拿大蓬、狗尾巴草、看麦娘等	123.7(4.0%)
芦苇-南荻(*Phragmites and Triarrhena* Community)	碟形湖四周高滩地上,河口三角洲等,也常镶嵌于苔草群落中	以南荻、芦苇为主。常伴生苔草,藜蒿,蓼草,益母草、孛荠等	310.7(10.1%)
苔草群落(*Carex* Community)	分布最广,河口三角洲,碟形湖周边浅滩,河道两侧等	以苔草、藨草为主。混生植被有藜蒿、半年粮、下江委陵菜等	761.5(24.8%)
稀疏草洲	分布于草甸与泥滩之间。三角洲的前缘、河漫滩以及碟形湖浅滩等	下江委陵菜、半年粮、水田碎米荠等	418.9(13.7%)
泥滩	常分布于苔草带以下,或者地形起伏的浅滩土丘上	藨草、苔草、蓼草等	182.2(5.9%)
沙地	主要是松门山,以及河流三角洲的一些较高位置	篱蒿、加拿大蓬和狗尾巴草等	29.6(1.0%)
林地	湖盆边缘高地	白杨、柳树和灌木等	40.5(1.3%)

研究中2000—2020年的NPP估算都使用2013年的植被分类图，虽然表面上会造成NPP估算出现误差，但由于鄱阳湖湿地的特殊性，只用一张分类图能将误差降到最低。因鄱阳湖以芦苇-南荻、苔草、篱蒿三种植被群落为主，其光能利用率差异较大，为将其准确分类，一年中只能采用秋季10月中旬至12月水位较低且植被物候期差异较大时的影像进行分类。一方面，保证了植被尽可能完全出露，另一方面，保证了更高的分类精度。若每年均采用一幅影像进行分类，在水位偏高、云量较大、物候期差异不大及缺乏实地验证的情况下，分类将达不到理想效果，对NPP估算造成较大误差。因鄱阳湖湿地受长江及五河水位控制，人为影响较小，虽苔草及稀疏草洲下缘有向湖区延伸的趋势，但整体变化不大，采用一张分类图分类是可行的。

植被生物量采用2013年2—5月梅西湖、赣江主支河口三角洲两个区域的植被生物量实测数据。样地调查方法如下：选取较均一的植被类型区域，用GPS精确定位后布设与遥感数据像元相对应的30 m×30 m的样地，于样地内收割采集4个样方(0.5 m×0.5 m)的植被地表和地下部分，清洗、烘干、称重，计算4个样方植物干重的平均值后乘以干物质碳转换系数(0.475)(许秀丽 等，2014)，换算成单位面积上植被碳含量。调查时间段内，芦苇-南荻、苔草、篱蒿的样地数分别为23，34，20。该生物量数据用于后期各湿地植被类型最大光能利用率的优化及模拟结果验证。

7.2.3 模型优化及验证

CASA模型中最大光能利用率ε_{max}是影响NPP估算精度的最重要的参数之一。不同植被类型之间的最大光能转化率存在较大差异，目前还无法直接测量，只能通过模拟来求取(陈吉龙 等，2017)。在Potter最初建立的CASA模型中，利用Raich等(1991)及McGuire等(1992)等的NPP实测数据推导的最大光能利用率为0.389 g C·MJ^{-1}。该值在后来的植被净初级生产力的估算中得到了广泛应用，但许多学者对不同区域的不同植被类型的NPP模拟结果表明该值取值偏小，导致NPP被低估(如，Goetz et al.，1996；Running et al.，2000)。

对不同植被而言，对最大光能转化率进行本地校正或模拟对精确估算NPP具有十分重要的作用(陈吉龙 等，2017)。朱文泉等(2006)等对我国不同植被类型的最大光能利用率进行了改进，模拟出的我国不同植被的最大光能转化率介于 0.542～0.985 g C・MJ^{-1} 之间。然而我国地域辽阔，不同区域的自然条件差异较大，在全国范围内同种植被的最大光能利用率采用同一个值也是不合适的。鉴于此，本研究借助 2013 年鄱阳湖区三种不同优势植被群落生物量的实测数据，基于 NPP 模型模拟值与实测值的误差最小原则对篱蒿、芦苇-南荻以及苔草群落的最大光能利用率进行了优化，最终获得各主要植被群落类型最大光能利用率（表 7.2）。优化结果表明，鄱阳湖区篱蒿群落的最大光能利用率为 0.523 g C・MJ^{-1}；芦苇-南荻群落的最大光能利用率为1.130 g C・MJ^{-1}；苔草群落的最大光能利用率为 1.054 g C・MJ^{-1}。此三种植被群落根据实测生物量计算得出。稀疏草洲的植被类型主要是苔草，另外还有虉草、蓼草以及水田碎米荠等杂生植物，此植被类型仍采用苔草的最大光能利用率。林地在鄱阳湖区内分布很少，且缺少实测数据，其最大光能利用率采用朱文泉的模拟结果，即 0.985 g C・MJ^{-1}。沙地植被主要是以篱蒿、狗尾草为主，故采用篱蒿的最大光能利用率。泥滩及水体在其他季节或水位更低时仍有稀疏植被生长，故采用苔草的最大光能利用率。

表 7.2　研究区主要湿地植被群落物候特性及最大光能利用率

植被类型	分布高程	物候期	ε_{max}(g C・MJ^{-1})
篱蒿（*Artemisia*）	11.4～17.3 m	篱蒿主要指包括蒌蒿和茵陈蒿等在内的菊科蒿属植物。萌发于 2 月份，3—5 月份为生长期，每年 7—8 月会被汛期洪水淹没，并开始枯萎。开花期在 9 月份，11 月后地上部分大量枯死。	0.523
芦苇-南荻（*Phragmites and Triarrhena*）	10.6～15.9 m	芦苇在每年 3 月中、下旬开始萌发，从地下根茎长出芽；每年 4—5 月为芦苇的生长期，9—10 月开花期，在 11 月形成花絮，12 月下旬后开始枯落。南荻每年 3 月份开始出芽，4—6 月为迅速生长期，7—8 月即停止生长，9—10 月为其开花期，11 月形成花絮，12 月开始枯落。通常情况下芦苇、南荻呈混生状。	1.130
苔草（*Carex*）	9.6～15.3 m	初春或退水后，苔草由腋芽萌发成植株；3 月份之后进入生长繁盛时期；5 月中旬开花结果；5 月后随着鄱阳湖水持续上涨而被淹没，进入休眠期；8 月以后，湖水退落，再次萌发；9 月下旬达到下半年最大的群落覆盖度，冬季植株体再次枯萎。	1.054

图 7.2 为三种主要植被类型 NPP 模拟值与实测值散点图。总体上看，根据模拟的最大光能利用率估算的 NPP 结果与实测值具有较好的一致性，苔草、芦苇-南荻、篱

蒿及三者总体的模拟值与实测值一元线性回归方程的斜率均接近 1，相关系数分别为 0.91、0.84、0.85、0.95（$p<0.001$），平均相对误差分别为 8.24%、7.45%、10.79%、8.55%，表明改进的 CASA 模型模拟结果可靠。

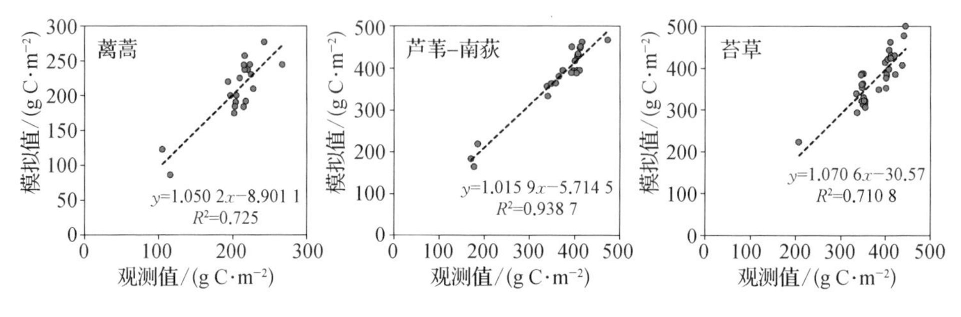

图 7.2　NPP 实测值与模拟值图关系

7.3　鄱阳湖湿地植被 NPP 时空变化特征

7.3.1　NPP 年内变化特征

图 7.3 显示了 2000—2020 年鄱阳湖湿地主要植被类型年内 NPP 16 天均值变化以及湖泊水位的年内波动特征。湿地范围内沙地、泥滩及裸地等分布零星且植被稀少，论文中未对其进行系统的统计分析。整体上，NPP 的年内变化呈双峰形态，分别在上、下半年出现了两个峰值。其中，上半年峰值出现在 4 月中旬至 5 月初，下半年出现在 8 月底至 10 月中旬之间，且上半年峰值远大于下半年。具体来看，1 月初至 2 月中旬，湖区水位低，洲滩出露广泛，但此时植被尚未进入生长期，各植被类型 NPP 较小，为一年中的最低值。自 2 月底开始至 5 月初，鄱阳湖受流域来水增多的影响，湖水位开始上涨，但总体上水位偏低，湖泊洲滩出露仍然较为广泛，而此时正值春季植物快速生长发育的季节，各植被类型 NPP 迅速增大，特别是芦苇-南荻、苔草、篱蒿、林地等在 5 月初达到峰值，最大值芦苇-南荻可达 108 $g\ C \cdot MJ^{-1} \cdot (16\ d)^{-1}$；而稀疏草洲因分布高程较低，较早受水淹影响，在 4 月中上旬达到峰值。5 月份以后至 7 月初，湖泊水位上涨较快，并在 7 月份达到一年中的最高值。此时，鄱阳湖洪水一片，大

片洲滩湿地被淹没，除林地 NPP 变化不大外，其他各植被类型 NPP 迅速下降，其中芦苇-南荻和苔草下降幅度尤为明显。8 月初至 9 月初，随着湖泊水位的下降和洲滩湿地出露面积的增加，除林地 NPP 保持稳定外，其他植被类型的 NPP 呈上升趋势。特别是苔草及芦苇-南荻受植株再次萌发和花期到来的影响，NPP 持续缓慢增加，直至 10 月中下旬出现年内的第二个峰值。9 月之后，分布位置较高的林地、篱蒿均呈下降趋势。11 月以后，湖泊水位继续下降，洲滩大量出露，但此时气温下降，植物生长停止并进入凋落期，各植被类型 NPP 相继回落，并在 12 月以后下降至25 g C • MJ^{-1} • $(16\ d)^{-1}$ 以下。

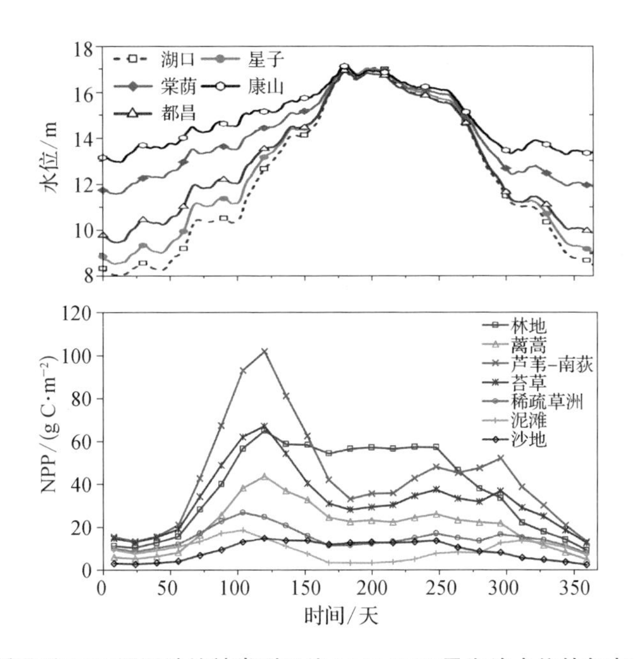

图 7.3 鄱阳湖区不同湿地植被类型平均 16 天 NPP 及湖泊水位的年内变化特征

图 7.4 展示了 2000—2020 年鄱阳湖区平均年、季 NPP 空间分布。由图可知，湖区 NPP 年均值空间变化范围为 0～1 737.8 g C • m^{-2}，呈现出由湖心至洲滩至湖区边缘逐渐增加的特点。其中，NPP 低于 200 g C • m^{-2}的区域主要分布于高程 12 米以下湖区，NPP 较高区域主要分布在湖区西南的赣江三角洲边缘。就各个季节来看，空间上春季年均 NPP 的变化范围为 0～542.2 g C • m^{-2}，高程 12 米以下区域 NPP 值低于 300 g C • m^{-2}。夏季 NPP 的空间变化介于 0～679.0 g C • m^{-2}，受洲滩

淹水影响,除赣江主支、中支以及南支入湖口及部分湖区边缘等高程较高区域外,湖区内其他区域 NPP 基本接近于 0 g C・m^{-2}。秋季 NPP 的空间变化范围介于 0～390.8 g C・m^{-2}之间,其中,高程 12 米以下区域 NPP 大致在 100 g C・m^{-2}以下,12 米以上区域 NPP 大致介于 100～390.8 g C・m^{-2}。冬季 NPP 的空间变化范围介于 0～154.5 g C・m^{-2} ,100 g C・m^{-2}以上区域主要生长苔草及稀疏草洲,并主要分布在高程相对较低的南部湖区中心地带,其他区域 NPP 基本稳定在100 g C・m^{-2}以下。

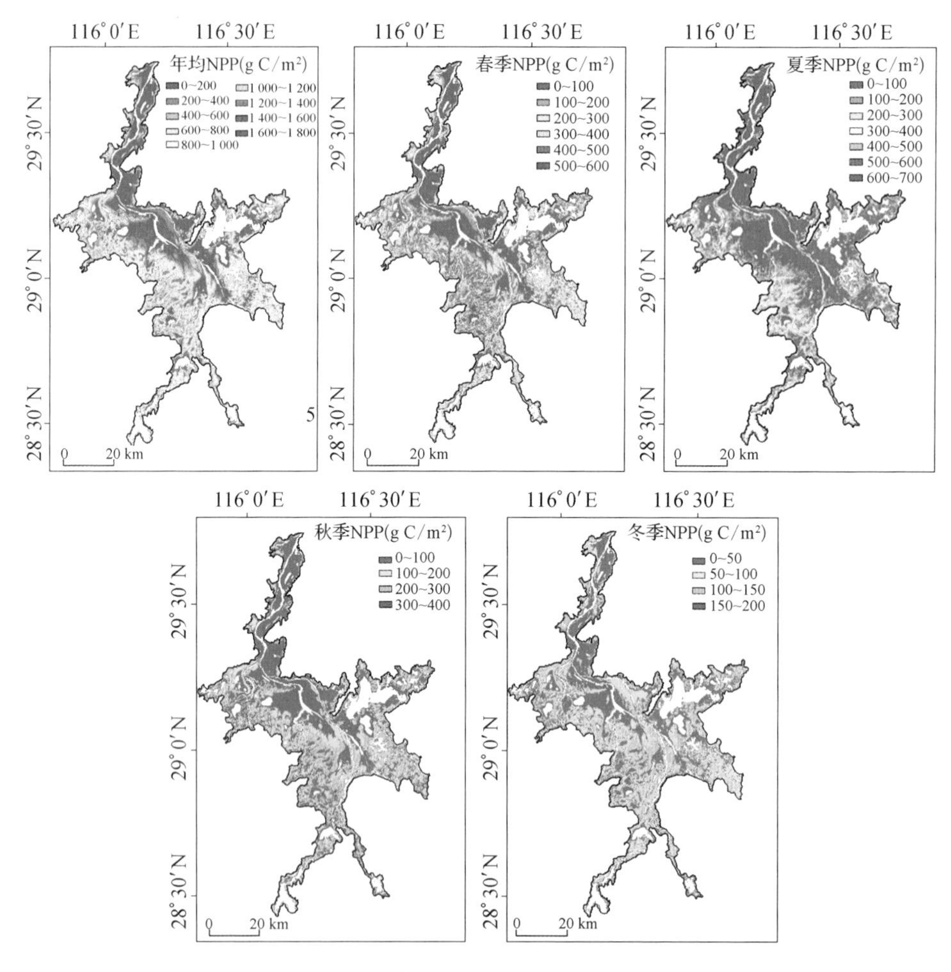

图 7.4　2000—2020 年鄱阳湖区平均年、季 NPP 空间分布

通常情况下，鄱阳湖水位遵循着涨(3月和5月)—丰(6月至9月)—退(10月和11月)—枯(12月至次年3月)的水文节律。年内的水位变化造成湿地植被的淹没与出露，在水文节律与植被生物节律的共同作用下，湖区NPP呈现出年内双峰变化的形态。在空间分布上，水位的年内涨落导致湖区不同高程的湿地植被淹水时长不同，使得植被NPP在全年及各个季节上呈现出从湖岸向湖心递减的空间分布状态。

7.3.2　NPP年际变化特征

图7.5显示了2000—2020年鄱阳湖区年、季NPP的年际变化过程。由图可知，近20年来，湖区年NPP变化范围在360.09～735.94 g C・m^{-2}，其中，2011年达到最高值，2003和2010年对应两个极低的年份。湖区年NPP的多年变化过程呈现不显著上升的趋势($p<0.1$)，年均增长率为6.52 g C・m^{-2}(图7.5(a))。春季NPP的变化范围在110.31～248.68 g C・m^{-2}，其多年变化过程波动较大，总体呈不显著增加趋势($p>0.1$)，年均增长率为2.66 g C・m^{-2}(图7.5(b))。夏季NPP的变化范围在80.01～197.59 g C・m^{-2}，其多年变化过程呈微弱下降趋势($p>0.1$)，年均增长率仅为−1.01 g C・m^{-2}(图7.5(c))。秋季NPP的变化范围在79.84～245.28 g C・m^{-2}，与春、夏两季不同，其多年变化过程呈显著增加趋势($p<0.01$)，特别是2011年以来的NPP相对于之前时期有明显提高，其年均增长率为4.11 g C・m^{-2}(图7.5(d))。冬季NPP的变化范围在32.38～70.82 g C・m^{-2}，除2002—2004年NPP较低外，其他年份相对偏高，多年变化过程呈显著的增加趋势($p<0.05$)，年均增长率为0.84 g C・m^{-2}(图7.5(e))。以上分析表明，在年际变化上，NPP的年均增长率秋季>春季>冬季>夏季，湖区年NPP的长期增加趋势主要是由秋季NPP的增长所致。

图7.6显示了2000—2020年间鄱阳湖区年、季NPP变化率的空间分布。由图可知，空间上，全湖区年均NPP呈显著增加($p<0.05$)的区域面积达925.64 km^2，占湖区总面积30.12%，大致分布在9～13 m的湖区中心。下降区域总体位于湖区边缘地带，特别是赣江三角洲边缘，面积约148.82 km^2，占湖区总面积4.84%。季节上，春、秋和冬季NPP增长率的整体空间分布特征与年均NPP情况相似，夏季略有不同。其中，春季NPP的显著增加区域大致分布在12 m以下湖区中心一带，面积约占湖区总面积14.36%，湖区呈下降趋势的面积约占4.62%。夏季NPP的增加与

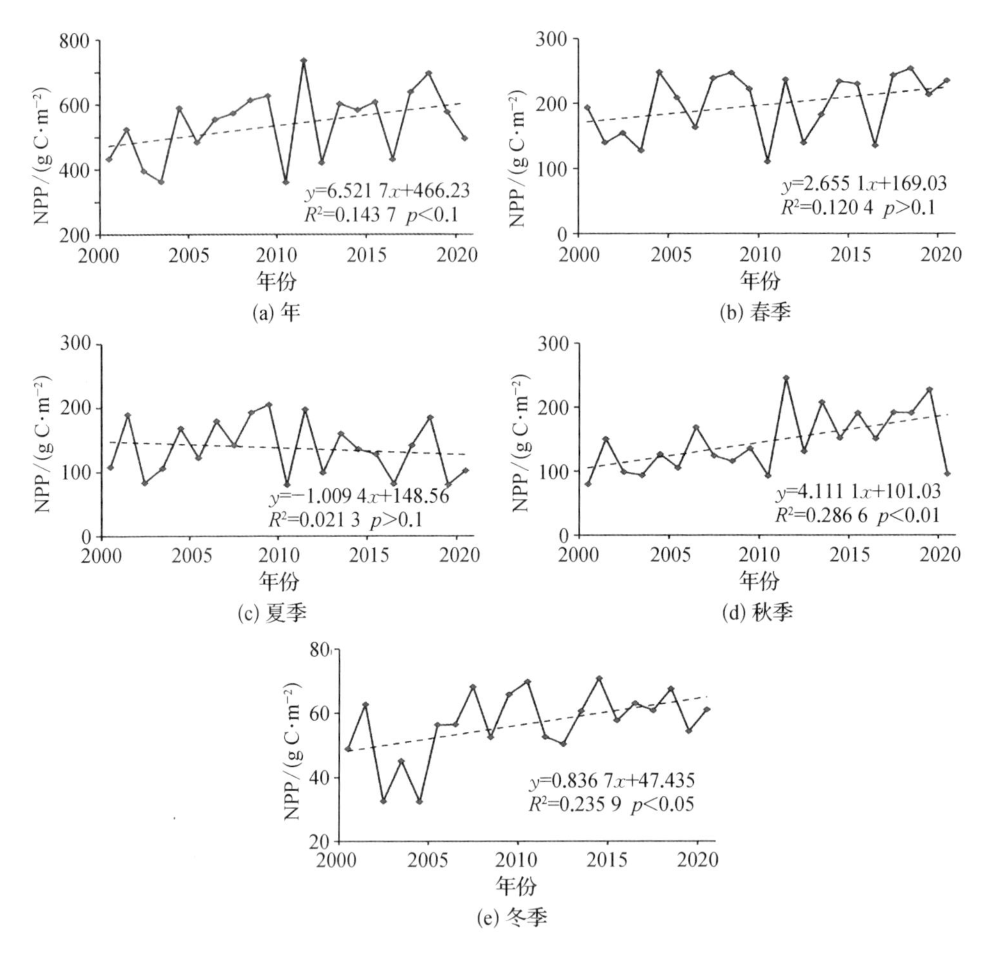

图 7.5　2000—2020 年间湖区年、季 NPP 的年际变化过程及线性趋势

减少区域面积均较小，分别占湖区总面积的 3.58%、4.32%，增加区域主要分布在赣江南支三角洲，减少区域零星分布于湖区边缘。秋季 NPP 基本以增加为主，特别是沿大湖区中部从南到北存在较大范围的增加区域，其增加区域面积占湖区总面积的 34.72%，减少区域面积仅占 3.35%。冬季 NPP 仍以增加为主，增加区域面积占湖区总面积的25.46%。但是，减少区域面积与其他季节相比略有增加，占湖区总面积的 5.78%，主要分布在以赣江南支三角洲为主的湖区边缘地区。

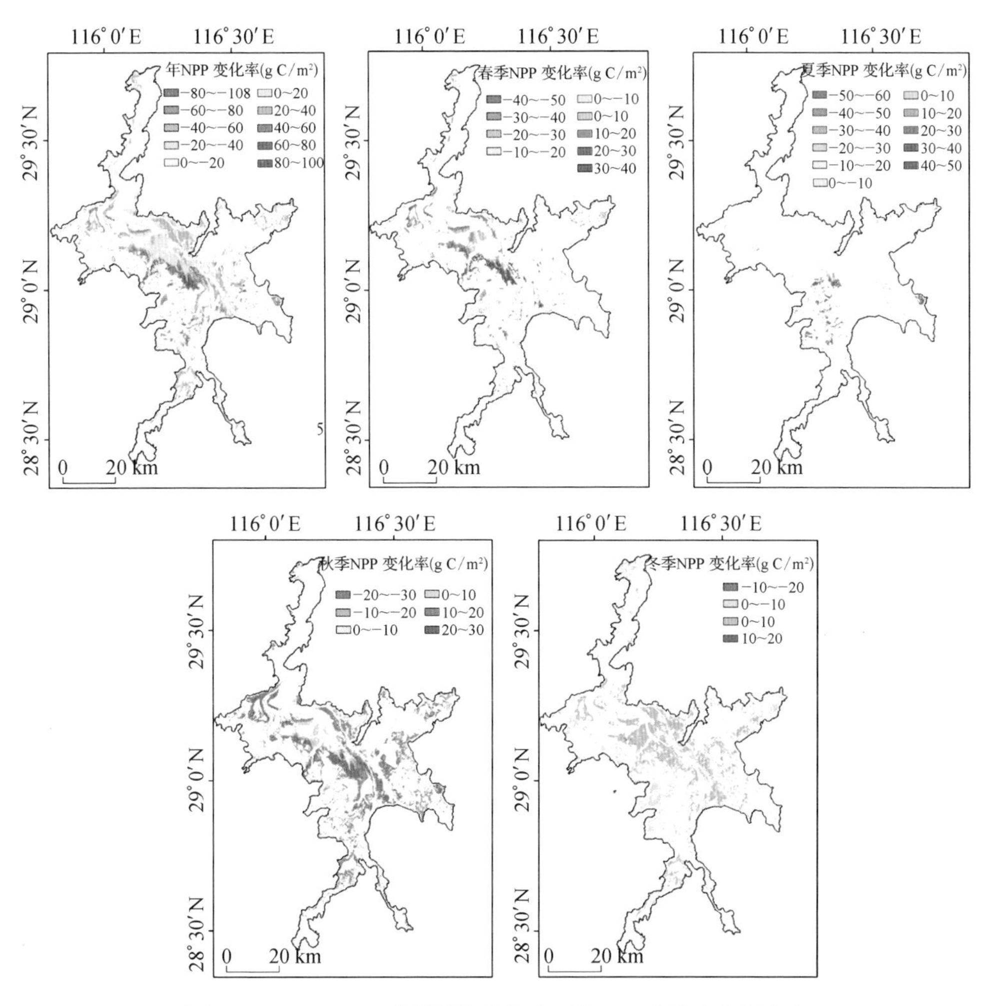

图 7.6　2000—2020 年间鄱阳湖区年、季 NPP 变化率空间分布

7.3.3　不同湿地植被类型 NPP 变化差异

图 7.7 显示了 2000—2020 年间鄱阳湖各主要植被类型的 NPP 年际变化过程。近 20 年来，林地的 NPP 变化介于 701.37～984.08 g C・m^{-2}，最大值出现在 2018 年，最小值出现在 2003 年，多年均值为 880.10 g C・m^{-2}，总体呈现出显著的增加趋势，其线性趋势率为 6.27 g C・m^{-2}・a^{-1}（图 7.7(a)）。篱蒿 NPP 的变化范围为311.86～586.49 g C・m^{-2}，最大值及最小值分别出现在 2004 年、2010 年，多年均值为

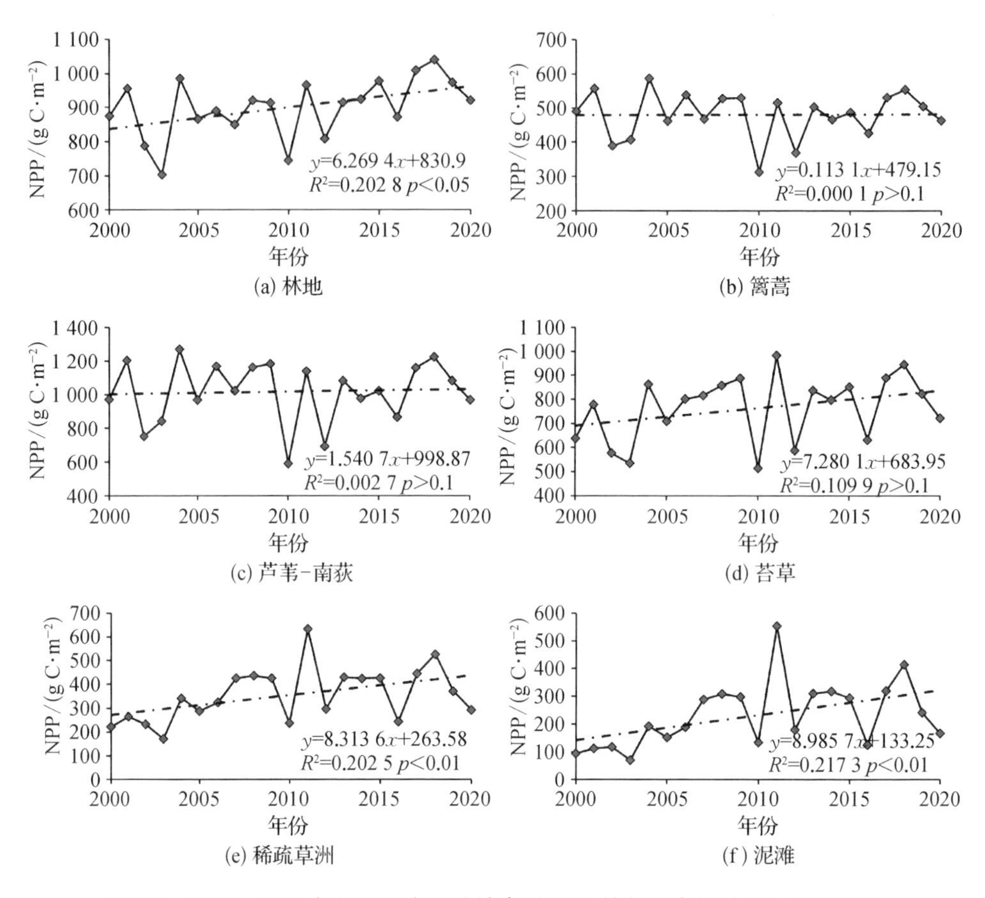

图 7.7　2000—2020 年间湖区主要植被类型 NPP 的年际变化过程及线性趋势

475.53 g C・m^{-2}，表现出微弱的增加趋势，其线性趋势率为 0.11 g C・m^{-2}・a^{-1}(图 7.7(b))。芦苇-南荻的 NPP 变化介于 588.88～1 269.49 g C・m^{-2}，最大值出现在 2004 年，最小值出现在 2010 年，多年均值为 1 002.12 g C・m^{-2}，总体呈现出不显著的增加趋势，其线性趋势率为 1.54 g C・m^{-2}・a^{-1}(图 7.7(c))。苔草 NPP 变化介于 471.51～1 040.11 g C・m^{-2}，最大值出现在 2011 年，最小值出现在 2010 年，多年均值为 752.10 g C・m^{-2}，整体表现出不显著的增加趋势，其线性趋势率为 7.28 g C・m^{-2}・a^{-1}(图 7.7(d))。稀疏草洲 NPP 变化范围为 169.72 至635.38 g C・m^{-2}，最大值及最小值分别出现在 2011 年、2003 年，多年均值为348.60 g C・m^{-2}，表现出显著的增加趋势($p<0.01$)，其线性趋势率为 8.31 g C・m^{-2}・a^{-1}(图 7.7(e))。泥滩 NPP 变化

范围为 70.83～553.88 g C • m^{-2}，与稀疏草洲一样，年 NPP 最大值及最小值分别出现在 2011 年、2003 年，多年均值为 225.40 g C • m^{-2}，表现出显著的增加趋势（$p<0.01$），其线性趋势率为 8.99 g C • m^{-2} • a^{-1}（图 7.7(f)）。

整体来看，各植被类型的 NPP 年均增长率整体表现为：泥滩＞稀疏草洲＞苔草＞林地＞芦苇-南荻＞篱蒿，这种规律大体与各植被类型在湖区的分布位置有关，越靠近湖泊中心地带，植被 NPP 增长趋势相对突出，而离湖泊中心较远位置的植被 NPP 增长趋势相对较低。各植被类型中，以苔草、稀疏草洲为代表的沼生植被 NPP 增加趋势较为突出，更多是因为近年来湖泊淹水范围处于萎缩状态，相关植被生长有向湖心推进的趋势，并且其在每年中的暴露时间增加，生长期延长。林地大多位于湖盆边缘的高地，基本上不受水体淹没情况的影响，其生长状态更多的是受湖区的气候变化的影响，与其他湿地植被的变化完全不同。

综合不同植被 NPP 变化趋势来看，湖区 NPP 的长期增加趋势主要是由苔草及稀疏草洲 NPP 的增长所致；篱蒿和芦苇-南荻多年来的变化趋势基本稳定，而泥滩在湖区分布有限且植被稀疏，生物量低，其对湖区 NPP 的长期增加趋势影响不大。不同季节中，除夏季林地 NPP 最大外，其他季节均是芦苇-南荻最大。各植被类型(尤其是苔草、稀疏草洲)的 NPP 在秋季普遍增加，且年均增长率相对较大，而芦苇-南荻和篱蒿的 NPP 在春、夏、冬季呈现一定的下降趋势。稀疏草洲和苔草各季 NPP 均呈增加趋势。

7.4　鄱阳湖湿地植被 NPP 变化的驱动因素

7.4.1　植被 EVI 与 NPP 的相关性

增强型植被指数(EVI)算法是遥感专题数据产品中生物物理参数产品中的一个主要算法，可以同时减少来自大气和土壤噪音的影响，能够稳定地反映所测地区植被的情况。该指数的计算中，红光和近红外探测波段的范围设置更窄，不仅提高了对稀疏植被探测的能力，而且减少了水汽的影响，同时，引入了蓝光波段对大气气溶胶的散射和土壤背景进行了矫正。相较于反映植被绿度变化的 NDVI 指数，EVI 通过改进了算法和合成方法，减小了土壤、大气背景及异常值的影响，克服了 NDVI 易饱和的问题(王正兴 等,2003),在较好反映高覆盖区域植被生长变化的同时,对于稀疏地区的植被也具有更强的区分能力。增强型植被指数 EVI 受温度、降水、土壤理化性质、太阳辐射等众多因子影响,是综合反映植被生长态势的重要遥感指标(Hird et al.,2009)。许多研究已证实其与植被生物量、绿度、生产力等生理生态参数的显著相关性,并将其广泛应用于植被生物量、碳储量以及生产力等的遥感反演(Buffam et al.,2011)。

通过计算年、季尺度上鄱阳湖湿地 EVI 和 NPP 的相关指数,从而可以清楚反映 EVI 在反映湿地植被生长态势和生物量上的有效性。如图 7.8 所示,在年际尺度上,鄱阳湖湖区 EVI 和 NPP 具有很强的线性相关性,其相关系数达到 0.91,并且通过 $p=0.01$ 的显著性检验。这一结果表明,EVI 在年尺度上能很好地表征湿地植被的生物量的动态变化。在季节尺度上,春季和秋季,鄱阳湖湖区 EVI 和 NPP 的线性相关性仍然十分显著,其相关系数分别达到 0.78 和 0.56,且通过 $p=0.01$ 的显著性检验。根据 NPP 的计算结果可知,对于鄱阳湖洪泛湿地生态系统受洪水淹没的影响,主要湿地植被在每年的春、秋两季分别对应两个植被生长期,在此期间,植被生长较好,生物量相对较高。EVI 与该时期植被 NPP 具有很强的线性相关性,表明 EVI 能很好地

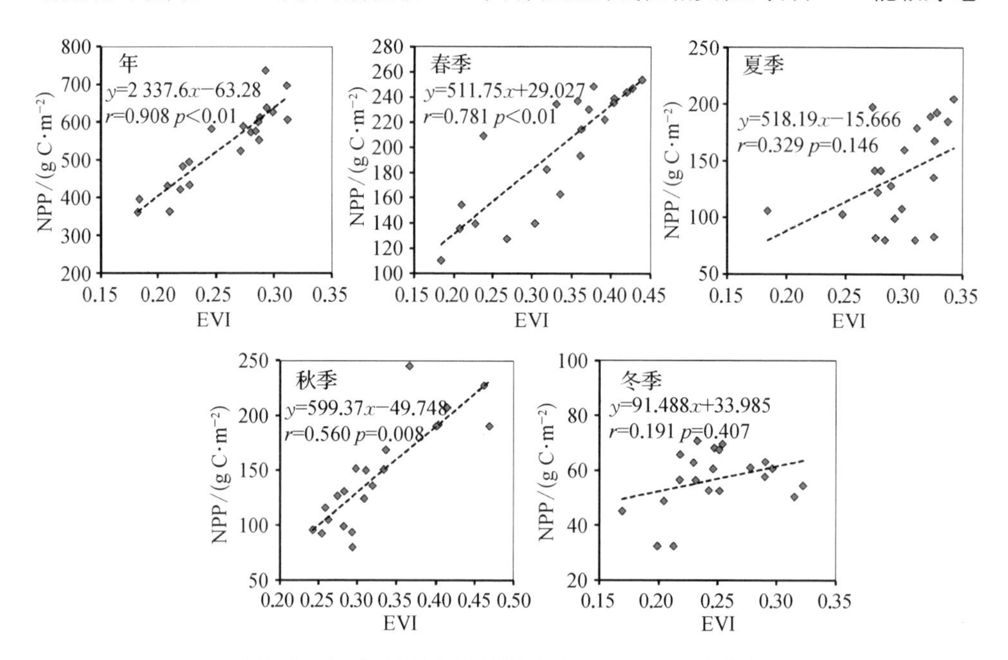

图 7.8 年、季尺度上鄱阳湖湿地 EVI 和 NPP 相关性

反映生长季节植被生产力大小。然而，在夏、冬两季，鄱阳湖湿地植被EVI和NPP的相关性很差，相关系数仅为0.33和0.19，未达到显著性水平。这一结果表明，在夏季洪水泛滥期间和冬季洲滩广泛出露期间的湿地植被EVI并不能很好地反映植被生物量的积累。这可能是因为夏季洪水期间，大量洲滩湿地被淹没导致EVI不能很好地反映相关区域植被覆盖情况，而NPP是基于特定年份枯水季节的植被覆盖范围来计算的，能够反映淹没区域植被的生长态势。冬季因气温低，湖区大多数湿地植被均进入休眠期，地表植被覆盖度低，生物量低，导致遥感监测的EVI指数和模型计算的NPP不能很好地匹配。

7.4.2　湖区气候因子的影响

气候因素是除了植被本身特性及土壤条件外影响植被生长状况的关键因素。Nemani等(2003)研究指出，地球表面40%的植被生长主要受水的限制，而其他33%和27%分别受到温度和太阳辐射的限制。就地理格局而言，降水对干旱和半干旱地区的植被动态影响最大，而温度和太阳辐射的相对作用在湿润地区更为突出(Austin et al.,2006;Miao et al.,2015)。在我国，温度和降水对不同地区NPP变化的影响不同，但总体而言，降水是主要控制因素(陶波　等,2003)。

鄱阳湖区气温因径向纬度差异呈现南高北低的空间分布特征；降水分布情况与此大体相反，呈现出北部高，东南低的特征；太阳辐射大体呈现出西北高、东南低的特征(图7.9)。2000—2020年，湖区年均气温介于17.85～19.15 ℃，多年平均气温为18.62 ℃，年均气温最小值出现在2012年，最大值出现在2018年。近年来，湖区年均气温呈现出显著的增加趋势($p<0.01$)。鄱阳湖湖区年均降水量波动较大，大体介于1 038～2 252 mm。年均降水量最小值出现在2007年，最大值出现在2010年，多年平均降水量为1 615 mm。近年来，湖区年降水量呈微弱上升趋势。鄱阳湖区年均太阳辐射量介于4 786～5 455 MJ・m^{-2}。年均太阳辐射量最小值出现在2020年，最大值出现在2019年，多年平均太阳辐射量为5 185 MJ・m^{-2}。与气温和降水的长期变化趋势相反，近年来湖区年均太阳辐射量呈现出不显著的减小趋势。

图7.10显示了鄱阳湖湿地植被年NPP与年平均温度、降水量和太阳辐射相关性。由此可知，鄱阳湖区年均气温及年均太阳辐射与年NPP之间呈弱的正相关关

系，相关系数气温大于太阳辐射，但均未通过相关性显著性水平检验；年均降水与年均 NPP 之间呈显著的负相关关系，其相关系数为 −0.49（$p<0.05$）。

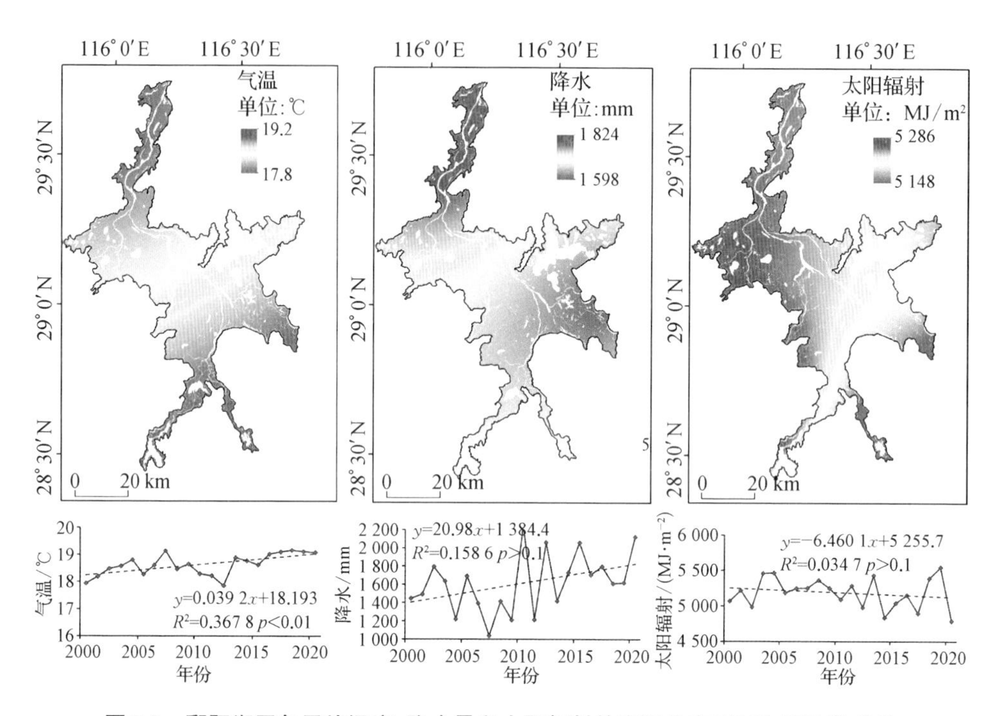

图 7.9　鄱阳湖区年平均温度、降水量和太阳辐射的空间分布及其年际变化趋势

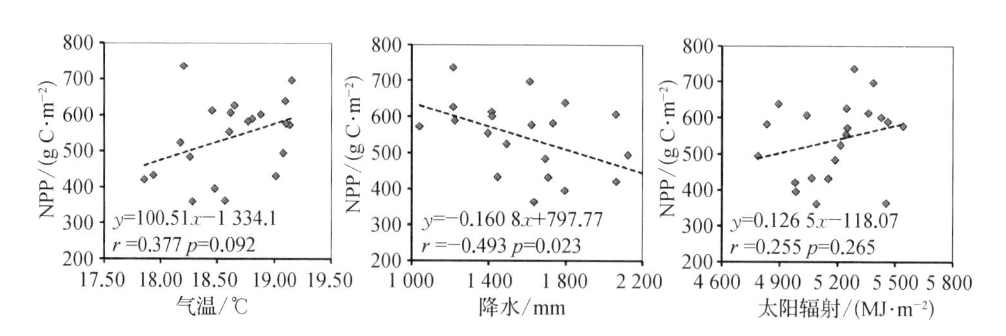

图 7.10　鄱阳湖湿地植被年 NPP 与年平均温度、降水量和太阳辐射相关性

图 7.11 进一步显示了鄱阳湖湿地 NPP 与湖区年平均温度、降水量和太阳辐射相关系数的空间分布特征。由图可知，整个湖区 NPP 与年均气温仅在南部湖区的零星区域存在较高的正相关性，部分较强的负相关关系存在于东南部的湖湾处，从湖泊中

间往北的广大区域，NPP 与年均气温的相关性都很弱(图 7.11(a))。通常情况下，温度对植被生长影响较大的季节主要是春夏生长季，然而此时正值鄱阳湖涨水期与丰水期，湿地植被大量被淹没，而在退水期与枯水期，虽湿地植被大面积出露，但此时气温较低，植被生长缓慢或停止生长，气温对 NPP 的影响均较小。湖泊中、北部区域相对南部广大区域来说，位置低，淹水频率较高，因此 NPP 与年均气温的相关性相对较弱。降水与 NPP 的相关性空间分布较为特殊，两者总体上呈负相关关系，其显著负相关区域主要分布在南部湖区广大边缘地带，包括赣江三角洲南缘和东南部湖湾(图 7.11(b))。此外，湖泊的北部入江通道区，显著负相关区域分布也较广。这种分布特征总体上与流域降雨和湖泊水位的上涨过程密切相关。由于鄱阳湖流域降水主要集中在 4 至 6 月(降水量约占全年的 48.2%)，而此时正值湿地植被萌发生长期，流域内五河来水急剧增加首先导致部分河口三角洲被淹没，洲滩湿地植被生长进程受到抑制，生物量急剧降低，使得湖区年 NPP 与年降水量呈现出显著负相关。图 7.11(b)也可以看出，湖区内鄱阳县附近未受湖泊涨水影响的莲湖乡圩堤内，地表植被与降水呈现密切的正相关关系。这也进一步表明，正常的陆地生态系统，降水量的增加是促进植被生长发育的重要因素，而洪泛湖泊湿地植被的生长很大程度上却受降水的限制。在空间分布上，太阳辐射与 NPP 正相关性较强的区域与降水和 NPP 负相关性较强的区域大体一致，主要分布在西南部的赣江三角洲边缘和东南部湖湾(图 7.11(c))。这些区域湿地植被主

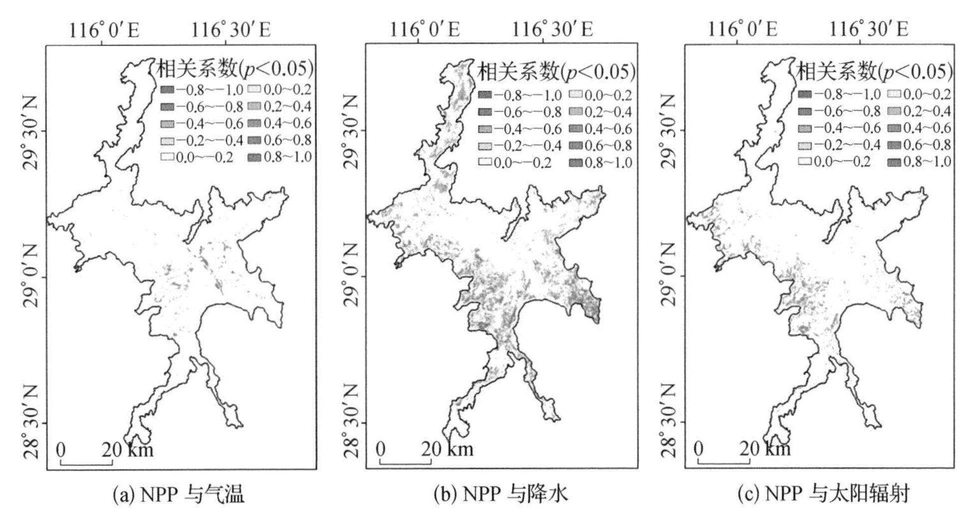

(a) NPP 与气温　　(b) NPP 与降水　　(c) NPP 与太阳辐射

图 7.11　鄱阳湖湿地 NPP 与湖区年平均温度、降水量和太阳辐射相关系数空间分布

要分布篱蒿、芦苇-南荻和苔草群落。由于高程较高,植被淹水时间相对较短,出露时间相对长,广大湿地植被在受降水负面影响的同时,太阳辐射的增加对其生长发育起到重要的促进作用。接受的太阳辐射量越多,越有利于湿地植被的生长。

7.4.3 湖泊水文情势的影响

鄱阳湖水文情势变化对湿地植被的发育演替起到关键性的作用。近 20 年来,鄱阳湖水文情势发生了显著变化。2000—2020 年,鄱阳湖湖区年均淹水时长介于 122～227 d,多年平均淹水时长为 182 d。淹水时长最短出现在 2011 年,对应的都昌站年平均水位 10.94 m;淹水时长最长年份出现在 2002 年,该年都昌站年平均水位 14.66 m。近 20 年来,鄱阳湖区年均淹水时长呈不显著减小趋势,平均每年减少5.6 d。空间上,与淹水频率变化一致,湖区内淹水时长变化也呈现出明显的区域差异,靠近湖区中心的区域淹水时长大多呈减少趋势,显著减少区面积约为 1 056 km^2,占湖区总面积 34.4%;东南部广大的洪泛滩地区淹水时长呈现不同程度的增加趋势,面积约为 436 km^2,占湖区总面积 14.2%(图 7.12)。

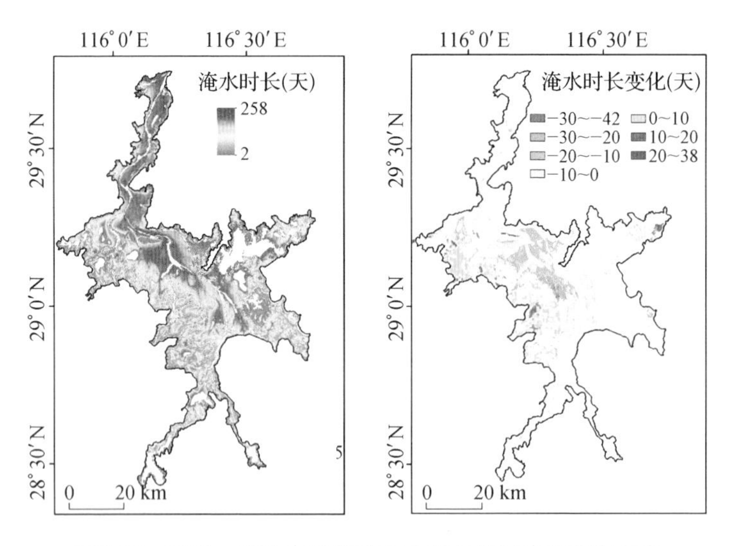

图 7.12 2000—2020 年鄱阳湖淹水时长及其变化空间分布

不同季节,湖泊淹水时长也表现出明显差异。春季淹水时长显著减少区域为 1 105 km^2,占湖区湿地总面积的 35.9%,主要分布在高程 12 m 以下的稀疏草洲及泥滩分布范围内。夏季淹水时长减少面积为 324 km^2，占湖区湿地总面积的 10.5%，主要分布在高程 12～13 m 的苔草群落范围内。秋季淹水时长显著减少区域面积为 468 km^2，占湖区总面积 15.2%，主要分布于洲滩下缘高程 11～13 m 的苔草及稀疏草洲分布区域。冬季淹水时长显著减少区域面积为 475 km^2，占湖区总面积 15.5%，其分布范围与秋季减少区域基本吻合。

鄱阳湖湿地植被年均 NPP 与淹水面积、淹水时长的相关关系如图 7.13 所示。由于淹水时长是淹水面积变化的体现，两者与鄱阳湖湿地植被年均 NPP 之间呈现一致的显著负相关关系（$p<0.01$）。就年均 NPP 与淹水时长的相关系数空间分布来看，统计表明两者之间呈显著负相关（$p<0.05$）区域面积达到 2 218 km^2，占湖区总面积的 72.2%。由此可知，湖泊水位变化导致的淹水时长变化是影响湖区 NPP 变化的决定性因素。在淹水时长主导湖区 NPP 变化的情况下，气象因子的影响则被相对弱化或掩盖。

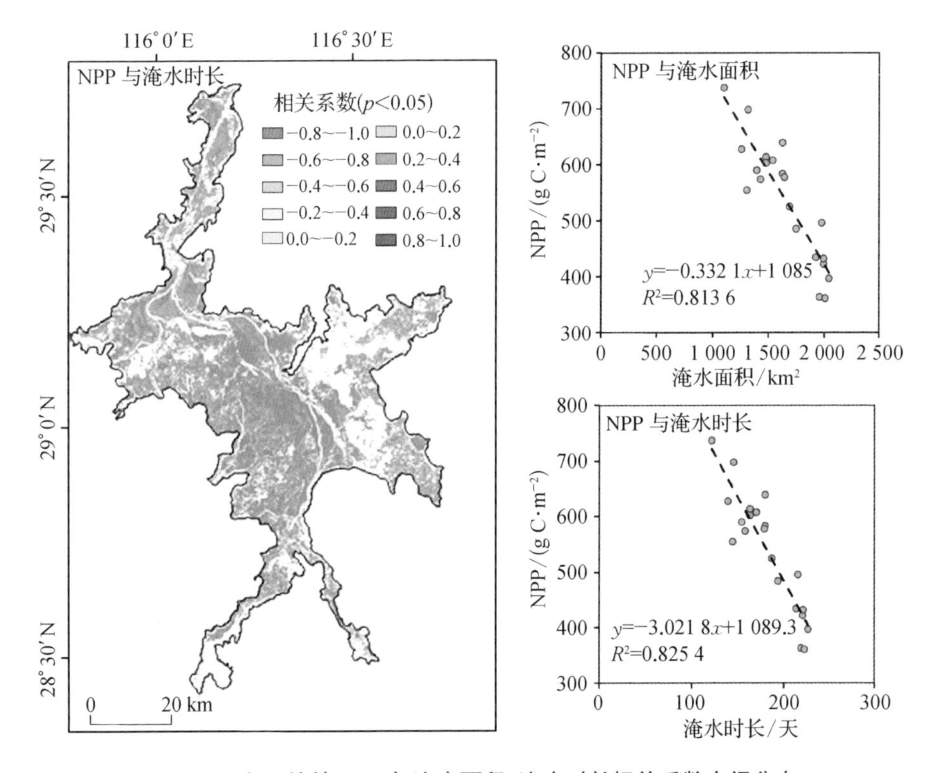

图 7.13 湖区植被 NPP 与淹水面积、淹水时长相关系数空间分布

7.5 小　　结

本章分析了鄱阳湖洪泛湿地植被 NPP 时空格局变化规律及其主要影响因素，主要结论如下：

(1) 2000—2020 年，鄱阳湖湿地植被年均 NPP 变化范围为 360.09～735.94 g C·m^{-2}，呈现不显著上升的趋势，年均增长率为 6.52 g C·m^{-2}。NPP 季节增长率秋季>春季>冬季>夏季，其中秋季 NPP 增长率达到显著性水平。各植被类型的 NPP 年均增长率整体表现为：泥滩>稀疏草洲>苔草>林地>芦苇-南荻>篱蒿，这种规律大体与各植被类型在湖区的分布位置有关，越靠近湖泊中心地带，植被 NPP 增长趋势相对突出，而离湖泊中心较远位置的植被 NPP 增长趋势相对较低。

(2) 在年际尺度上，鄱阳湖湖区 EVI 和 NPP 具有很强的线性相关性，表明 EVI 在年尺度上能很好地表征湿地植被生物量的动态变化。在季节尺度上，主要湿地植被在春、秋两季分别对应两个生长期，在此期间，植被生长较好，生物量相对较高。EVI 与该时期植被 NPP 具有很强的线性相关性，能够很好地反映生长季节植被生产力大小。夏季洪水期间，大量洲滩湿地被淹没导致 EVI 不能很好地反映相关区域植被覆盖情况，其与植被 NPP 相关性较弱。冬季，因气温低，湖区大多数湿地植被均进入枯萎期和休眠期，地表植被覆盖度低，生物量低，使得遥感监测的 EVI 指数和模型计算的 NPP 不能很好地匹配。

(3) 在湖泊水文节律显著改变的情势下，洲滩湿地的出露时间、土壤含水量以及地下水埋深等也将发生相应变化，对湿地植被生物节律及分布格局产生了重大影响，进而导致 NPP 的时空变化。在水情主导湖区 NPP 空间分布的情况下，气象因子的影响则被相对弱化或掩盖。近年来，在江湖关系格局发生改变、湖区采砂等人类活动和气候变化的共同作用下，鄱阳湖年际水位下降明显，导致洲滩出露时间延长和出露面积增大，这在很大程度上解释了湖区年均 NPP 的整体增加趋势。鄱阳湖枯水期水位降低和枯水持续时间延长也导致苔草和低滩地稀疏草洲 NPP 在秋季显著增加。

【参考文献】

[1] Austin AT, Vivanco L I A, 2006. Plant litter decomposition in a semi-arid ecosystem

controlled by photo degradation[J]. Nature, 442, 555 - 558.

[2] Buffam I, Turner M G, Desai A R, et al., 2011. Integrating aquatic and terrestrial components to construct a complete carbon budget for a north temperate lake district [J]. Global change biology, 17(2): 1193 - 1211.

[3] Feng L, Hu C, Chen X, et al., 2012. Assessment of inundation changes of Poyang Lake using MODIS observations between 2000 and 2010 [J]. Remote sensing of environment, 121(2): 80 - 92.

[4] Field C B, Randerson J T, Malmström C M, 1995. Global net primary production: combining ecology and remote sensing[J]. Remote sensing of environment, 51(1): 74 - 88.

[5] Goetz S J, Prince S D, 1996. Remote sensing of net primary production in boreal forest stands[J]. Agricultural & forest meteorology, 78(4): 149 - 179.

[6] Hird J N, Mcdermid G J, 2009. Noise reduction of NDVI time series: an empirical comparison of selected techniques[J]. Remote sensing of environment, 113(1): 248 - 258.

[7] Lieth H, Whittaker R H, 1975. Primary productivity of the biosphere[M]. New York: Springer-Verlag Press.

[8] McGuire A D, Melillo J M, Joyce L A, et al., 1992. Interactions between carbon and nitrogen dynamics in estimating net primary productivity for potential vegetation in North America[J]. Global biogeochemical cycles, 6(2): 101 - 124.

[9] Miao L, Jiang C, Xue B, et al., 2015. Vegetation dynamics and factor analysis in arid and semi-arid Inner Mongolia[J]. Environmental Earth sciences, 73: 2343 - 2352.

[10] Monteith J L, 1972. Solar radiation and productivity in tropical ecosystems[J]. Journal of applied ecology, 9(3): 747 - 766.

[11] Nemani RR, Keeling C D, Hashimoto H, et al., 2003. Climate-driven increases in global terrestrial net primary production from 1982 to 1999[J]. Science, 300: 1560 - 1563.

[12] Potter C S, Randerson J T, Field C B, et al., 1993. Terrestrial ecosystem production: a process model based on global satellite and surface data[J]. Global biogeochemical cycles, 7(4): 811 - 841.

[13] Price J C, 1994. How unique are spectral signatures[J]. Remote sensing of environment, 49(3): 181 - 186.

[14] Raich J W, Rastetter E B, Melillo J M, et al., 1991. Potential net primary productivity in south America: application of a global model[J]. Ecological applications, 1(4): 399 - 429.

[15] Running S W, Thornton P E, Nemani R, et al., 2000. Global terrestrial gross and Net Primary Productivity from the Earth Observing System[J]. Methods in ecosystem science, 44 - 57.

[16] Zhu X L, Jin C, Feng G, et al., 2010. An enhanced spatial and temporal adaptive

reflectance fusion model for complex heterogeneous regions[J]. Remote sensing of environment, 114(11): 2610 - 2623.

[17] 陈吉龙，李国胜，寥华军，等，2017. 辽河三角洲河口湿地典型芦苇群落最大光能转化率模拟[J]. 生态学报，37(7): 2263 - 2273.

[18] 戴雪，杨桂山，万荣荣，等，2023. 后三峡工程时代的鄱阳湖湿地植被生产力演变[J]. 湖泊科学，35(2): 577 - 585.

[19] 胡振鹏，葛刚，刘成林，等，2010. 鄱阳湖湿地植物生态系统及湖水位对其影响研究[J]. 长江流域资源与环境，19(6): 597 - 605.

[20] 黄永喜，李晓松，吴炳方，等，2013. 基于改进的 ESTARFM 数据融合方法研究[J]. 遥感技术与应用，28(5): 753 - 760.

[21] 梅雪英，张修峰，2008. 长江口典型湿地植被储碳、固碳功能研究——以崇明东滩芦苇带为例[J]. 中国生态农业学报，16(2): 269 - 272.

[22] 孟元可，2018. 鄱阳湖湿地植被 NPP 时空变化及驱动因子分析[D]. 重庆:西南大学.

[23] 陶波，李克让，邵雪梅，等，2003. 中国陆地净初级生产力时空特征模拟[J]. 地理学报，58(3): 372 - 380.

[24] 王正兴，刘闯，Huete Alfredo，2003. 植被指数研究进展:从 AVHRR-NDVI 到 MODIS-EVI[J]. 生态学报，23(5): 979 - 987.

[25] 吴琴，尧波，幸瑞新，等，2012. 鄱阳湖典型湿地土壤有机碳分布及影响因子[J]. 生态学杂志，31(2): 313 - 318.

[26] 徐昔保，杨桂山，江波，2018.湖泊湿地生态系统服务研究进展[J].生态学报，38(20): 7149 - 7158.

[27] 许秀丽，张奇，李云良，等，2014. 鄱阳湖洲滩芦苇种群特征及其与淹水深度和地下水埋深的关系[J]. 湿地科学(6):714 - 722.

[28] 杨桂山，陈剑池，张奇，等，2021. 长江中游通江湖泊江湖关系演变及其效应与调控[M]. 北京:科学出版社.

[29] 张奇，等，2018.鄱阳湖水文情势变化研究[M]. 北京: 科学出版社.

[30] 朱文泉，潘耀忠，何浩，等，2006. 中国典型植被最大光利用率模拟[J]. 科学通报，51(6): 700 - 706.

[31] 朱文泉，潘耀忠，张锦水，2007. 中国陆地植被净初级生产力遥感估算[J]. 植物生态学报，31(3): 413 - 424.

第八章　结　语

鄱阳湖作为长江流域最典型和最大的通江湖泊与湿地复合系统，其水安全和生态安全十分重要。受气候变化和人类活动的叠加影响，近年来鄱阳湖水文情势变化以及由此引起的湿地生态系统功能退化、生物多样性下降等诸多生态环境问题，一直是社会舆论关注的焦点。本书较为深入地分析了鄱阳湖枯水特征及干旱的多因素驱动机制，模拟了三峡工程与鄱阳湖流域水库群联合调度对湖区干旱的影响，阐明了鄱阳湖湿地景观类型空间格局转移变化过程，初步揭示了典型湿地植物群落生态特征对水情变化的响应关系。得到了以下主要认识：

(1) 2003 年以来，鄱阳湖水文情势出现了低枯水位全面降低、枯水起始时间提前、持续时间延长以及湖泊内部水位梯度改变等明显变化特征。相对于 1960—2002 年，2003—2018 年鄱阳湖各主要水文站点水位整体降低，特别是都昌站 14 m 以下低枯水位降低尤为突出；2003 年以来，鄱阳湖年最低水位和枯水期平均水位都处在历史低位波动，仍有进一步下降的趋势；鄱阳湖枯水起始时间明显提前，相对于 1960—1999 年，2000—2009 年鄱阳湖枯水起始时间平均提前 28 天，2010—2018 年平均提前 35 天。同时，鄱阳湖不同等级枯水持续天数明显增多，其中，都昌站 12 m、10 m、9 m 以下水位持续时间分别由 1960—2002 年平均每年 99 天、30 天、2 天增加到平均每年 161 天、85 天和 42 天。

(2) 年尺度上鄱阳湖—长江系统水文干旱联合概率为 12.40%，高于鄱阳湖—流域系统的联合概率 8.75%。季节尺度上，鄱阳湖—流域系统春季水文干旱的联合概率最高，为 10.84%，识别出的联合干旱频次也多于其他季节，而鄱阳湖—长江系统秋季水文干旱的联合概率最高，达 26.39%，且其干旱的频次也显著多于其他季节，尤其是2003年以后的水文干旱次数占比达一半，表明鄱阳湖春季水文干旱与流域的水文干旱具有较好的同步性，流域补给对鄱阳湖春季水文干旱的贡献较大，而鄱阳湖秋季水文干旱与长江秋季水文干旱同步性很高，鄱阳湖秋旱与长江来水情况的关系更密切。

(3) 鄱阳湖流域水库群下泄补水可抬高鄱阳湖枯水期的水位，在不同补水情景中，星子站平均水位增加0.19～0.60 m，最低水位上涨0.17～0.53 m。同时，鄱阳湖低枯水持续时间缩短，12 m以下水位持续时间从128天缩短至105～115天。但湖水位和持续时间的变化在湖泊北部最为显著，往南其变化量逐渐减小。流域水库群下泄补水也降低了鄱阳湖干旱的烈度和强度，并显著缩短洲滩湿地的出露时间，尤其是出露时间大于120天的洲滩湿地面积明显减少。另外，在三峡工程与流域水库群联合调度情景下，对鄱阳湖干旱起到更显著的缓解作用。其中，星子站平均水位增加0.37～1.46 m，最低水位上涨0.31～0.88 m，鄱阳湖南部康山站平均水位也增加0.04～0.19 m，最低水位上涨0.10～0.33 m。

(4) 鄱阳湖洪泛湿地植被近20年变化过程中，2014年前植被面积总体呈显著增加趋势，之后微弱减少。特别是蓼子草-虉草群落面积在不同区域均呈显著增加趋势，而苔草群落面积先增加后减小，芦荻群落未出现显著的趋势变化。鄱阳湖湿地景观的转移变化呈现出从水体→泥滩→低滩地植被(苔草群落、蓼子草-虉草群落)到苔草群落与芦荻群落相互转化的过渡性特征，尤其是与2000年湿地植被分布格局相比，2020年自湖心向外的水陆过渡带有大量的水体和泥滩被蓼子草-虉草群落及苔草群落侵占，同时，低滩地的部分苔草群落又被芦荻群落所代替，整体呈现高滩地植被向低滩地扩张，而低滩地植被向湖心扩张的态势。鄱阳湖湿地植被演替及空间格局动态变化受多种因素影响，其中鄱阳湖水文过程起到关键作用。

(5) 2000—2020年，鄱阳湖湿地植被年均NPP变化范围为360.09～735.94 g C·m^{-2}，呈现不显著上升的趋势，年均增长率为6.52 g C·m^{-2}。NPP季节增长率秋季＞春季＞冬季＞夏季，其中秋季NPP增长率达到显著性水平。各植被类型的NPP年均增长率整体表现为：泥滩＞稀疏草洲＞苔草＞林地＞芦苇-南荻＞篱蒿，这种规律大体与各植被类型在湖区的分布位置有关，越靠近湖泊中心地带，植被NPP增长趋势相对突出，而离湖泊中心较远位置的植被NPP增长趋势相对较低。同时发现，鄱阳湖湿地植被NPP在年尺度上与EVI具有较强的线性相关性。在季节尺度上，春、秋两季分别对应湿地植被两个生长期，植被生长较好，生物量相对较高，EVI与该时期植被NPP具有很强的线性相关性，能够很好地反映生长季节植被生产力大小，而在夏、冬两季，鄱阳湖湿地植被EVI和NPP的相关性较差。另外，湖泊水位变化导致的淹水时长变化是影响湖区NPP变化的决定性因素，在淹水时长主导湖区NPP变化的情况下，湖区气象因子对植被NPP的影响也被相对弱化或掩盖。

针对鄱阳湖日益严峻的枯水情势以及由此引发的湿地生态环境问题，为保障鄱阳湖水安全，维持湿地生态系统健康，保障生态服务功能的发挥，建议采取以下几个方面的应对策略，以避免出现生态灾变。

(1) 加强和完善鄱阳湖生态环境监测与监控体系

进一步加强和完善鄱阳湖监测站网，提升原始基础数据覆盖面，强化卫星、遥感、无人机、物联网等技术应用，构建全要素、网格化、立体化的动态感知监测与监控体系，提升鄱阳湖气象、水文、生态、环境、农业等感知自动化、智能化水平。利用5G、大数据、云计算、人工智能等技术手段，全面提升灾害研判、智能分析、风险评估、科学决策等算法能力，提高预测预报预警时效性和准确性。开发智慧鄱阳湖生态-水安全综合预测预警管理平台，建设支撑智能应用的“水利大脑”，全面提升鄱阳湖生态环境精细化管理能力(徐力刚 等，2023)。

(2) 强化长江与鄱阳湖流域水库群联合调度管理

强化水利工程联动机制，实施以三峡水库为核心的长江上游梯级水库群和鄱阳湖“五河”水库群联合调度协调机制，实施科学调度管理。分析总结近年来水库群联合调度的实践，充分考虑上下游、左右岸、干支流的水文联系，结合水库建设情况，进一步扩大联合调度范围，尤其加强重要支流水库联合调度，明确各水库以及水库群针对的不同地区和不同目标，细化联合调度方案。进一步完善水库群联合调度信息共享平台，充分利用物联网、大数据、云计算等技术为实施联合调度提供信息保障。

(3) 加强湿地生态系统保护与湿地水文连通性调控

科学评估鄱阳湖湿地生态系统健康状况和可持续发展水平，着眼于湿地生态系统整体性，开展湖泊湿地生境修复路径与方法体系研究。加快鄱阳湖区生态红线划定，并制定相应的管控措施，严格执行生态红线管理。发挥碟形湖调蓄洪水、缓解干旱的作用，采用湖滨圩地蓄洪补枯，构建韧性湿地，拓展横向水文连通，增加鄱阳湖的生态空间与水生态系统稳定性。开展湿地重要性和优先级分区评估，识别不同湿地植被对水分条件需求的差异性，并因地制宜，因时制宜，因势利导，开展鄱阳湖洪泛区水文连通性调控。

(4) 加强鄱阳湖流域山水林田湖草综合管理

从湖泊-流域生态系统整体性出发，统筹鄱阳湖水文、水资源、水环境、水生态与流域综合管控，把治水、治山、治林、治田有机结合起来，将湖体、湖滨带、环湖缓冲带和整个流域作为不可分割的有机整体，实施湖泊-流域一体化、综合性管理模式。着力解决鄱阳湖水资源、水环境、水生态、水灾害问题，促进当地经济社会发展与流域资源环境承载力相协调，形成鄱阳湖流域生态、经济、社会协调发展新模式。

在全球变化的大背景下，气候变化、水利工程建设运行、土地利用变化、社会经济发展是影响鄱阳湖河—湖系统水与生态环境问题的重要因素，尤其是人类活动影响使得鄱阳湖水文情势与湿地生态相互作用关系更加复杂，也为鄱阳湖水与生态安全研究带来更大挑战。今后仍有许多科学问题有待进一步研究解决。

(1) 鄱阳湖干旱加剧对湿地植被碳汇功能影响的累积滞后效应与机制

干旱对植被的影响具有累积和滞后效应(Drake et al.,2017)，其持续时间、大小以及恢复力的强弱不仅与干旱事件的性质和强度有关，还取决于植被的水分传导属性(Huang et al.,2018)。但目前对这些问题的研究还不够深入，未能揭示干旱加剧对湿地植被生态影响的累积滞后效应与机制，也未能明确湿地植被碳汇功能对干旱事件响应的韧性和敏感性，这直接影响到区域碳收支评估的准确性，也影响到湿地生态系统健康状况和可持续发展水平的评价结果。因此，亟须从湿地植被碳汇功能的角度研究干旱加剧对鄱阳湖湿地生态系统的影响，揭示干旱的累积滞后效应与机制，这既是服务地方政府科学应对鄱阳湖干旱问题，实现趋利避害的重要手段，也是助力实现“碳达峰、碳中和”国家战略目标的迫切需求。

(2) 鄱阳湖洪泛湿地水文连通性变化与生物多样性研究

水文连通性在鄱阳湖江—河—湖洪泛生态系统中担当重要角色，它不仅对鄱阳湖湿地的水文过程起着极为关键的调节或改变作用，也直接参与了洪泛区一系列的物理、化学和生物过程，对鄱阳湖湿地水质、水生态、水环境和生境状况造成联动影响并触发反馈作用(Tan et al.,2021;Li et al.,2021;谭志强 等,2022)。深入研究鄱阳湖洪泛湿地水文连通性多维度转化机理及其生态环境效应，探明典型湿地植被生态系统退化和恢复的临界条件，揭示水文连通变化情景下关键生态指示性因子及生物多